中等职业学校教材

化工原理学习指导与习题解答

张利锋　王振中　编

化学工业出版社
·北京·

本书与已出版的王振中、张利锋编《化工原理》(上、下册，第二版) 相配套。本书紧扣教材，按章给出了学习要求、学习要点、例题与解题分析和习题解答。

本书条理清楚，系统性强，重点突出，主次分明，全面体现教学目标。本书可作为中等职业学校、中等专业学校化工类及相关专业学生学习"化工原理"课程的学习指导书，也可作为教师讲授本课程的参考书，还可作为从事化工工作人员的自学指导书。

图书在版编目 (CIP) 数据

化工原理学习指导与习题解答/张利锋，王振中编.
北京：化学工业出版社，2007.7 (2025.5重印)
中等职业学校教材
ISBN 978-7-122-00605-9

Ⅰ.化… Ⅱ.①张…②王… Ⅲ.化工原理-中等学校-教学参考资料 Ⅳ.TQ02

中国版本图书馆 CIP 数据核字 (2007) 第 082788 号

责任编辑：于 卉　　　　　　　　　装帧设计：于 兵
责任校对：顾淑云

出版发行：化学工业出版社 (北京市东城区青年湖南街 13 号　邮政编码 100011)
印　　装：北京科印技术咨询服务有限公司数码印刷分部
787mm×1092mm　1/16　印张 12½　字数 314 千字　2025 年 5 月北京第 1 版第 8 次印刷

购书咨询：010-64518888　　　　　　　　售后服务：010-64518899
网　　址：http://www.cip.com.cn
凡购买本书，如有缺损质量问题，本社销售中心负责调换。

定　　价：33.00 元　　　　　　　　　　　　　　　　　　　　版权所有　违者必究

前　言

本书是与王振中、张利锋编写的教材《化工原理》（上、下册，第二版）相配套的学习指导书。旨在帮助学生掌握"化工原理"课程的学习方法，加深对基本概念、基本理论的理解，提高分析工程实际问题的能力和解题技能。

本书是按教材的章节顺序编写的，每章的结构组成有以下四个部分：

一、学习要求——为了便于自学，分别列出了掌握的内容和了解的内容，以便学生在学习时做到目标明确，有的放矢。

二、学习要点——将各章的内容进行了简明扼要的叙述、归纳和总结，突出了各章的知识要点，以便学生学习和掌握。

三、例题与解题分析——本部分精选了具有代表性的典型例题，并辅以分析和说明。目的是使学生通过这些例题的学习加深对基本理论的理解，提高解题技能，起到举一反三的作用。

四、习题解答——本部分对教材中各章的习题做出了详细解答，概念清晰、步骤完整、数据准确。

本书由河北化工医药职业技术学院张利锋、王振中合编。其中蒸馏、吸收、液-液萃取、干燥、结晶各章的例题与解题分析、习题解答由王振中执笔；其余各章由张利锋执笔。

在本书编写过程中得到了河北化工医药职业技术学院领导和同事们的大力支持，在此表示感谢。

由于编者水平有限，不妥之处在所难免，恳切希望读者和同仁们给予批评指正。

编者
2007 年 4 月

目录

绪论 ·················· 1
    学习要求 ·················· 1
    学习要点 ·················· 1
    例题与解题分析 ·················· 3
    习题解答 ·················· 4

第一章 流体流动 ·················· 5
    学习要求 ·················· 5
    学习要点 ·················· 5
    例题与解题分析 ·················· 13
    习题解答 ·················· 17

第二章 流体输送 ·················· 32
    学习要求 ·················· 32
    学习要点 ·················· 32
    例题与解题分析 ·················· 38
    习题解答 ·················· 40

第三章 非均相物系的分离 ·················· 50
    学习要求 ·················· 50
    学习要点 ·················· 50
    例题与解题分析 ·················· 55
    习题解答 ·················· 56

第四章 传热 ·················· 62
    学习要求 ·················· 62
    学习要点 ·················· 62
    例题与解题分析 ·················· 73
    习题解答 ·················· 80

第五章 蒸发 ·················· 95
    学习要求 ·················· 95
    学习要点 ·················· 95
    例题与解题分析 ·················· 101
    习题解答 ·················· 103

第六章 蒸馏 ·················· 107
    学习要求 ·················· 107
    学习要点 ·················· 107
    例题与解题分析 ·················· 117
    习题解答 ·················· 119

第七章 吸收 ·················· 132
    学习要求 ·················· 132
    学习要点 ·················· 132
    例题与解题分析 ·················· 141
    习题解答 ·················· 143

第八章 液-液萃取 ·················· 154
    学习要求 ·················· 154
    学习要点 ·················· 154
    例题与解题分析 ·················· 160
    习题解答 ·················· 164

第九章 干燥 ·················· 169
    学习要求 ·················· 169
    学习要点 ·················· 169
    例题与解题分析 ·················· 177
    习题解答 ·················· 179

第十章 结晶 ·················· 188
    学习要求 ·················· 188
    学习要点 ·················· 188
    例题与解题分析 ·················· 192
    习题解答 ·················· 193

参考文献 ·················· 196

绪　论

学　习　要　求

一、掌握的内容

单元操作的概念；单位及单位换算。

二、了解的内容

1. 化工生产过程的构成；
2. 本课程的内容、性质与任务；
3. 物料衡算、能量衡算、平衡关系、过程速率的基本概念。

学　习　要　点

一、化工原理的研究对象

"化工原理"是学习化学工业生产过程中单元操作的一门工程技术课程。

1. 化学工业

是指将原料大规模进行加工处理，使其发生物理和化学变化生成新的物质，而成为所需要产品的加工业。

2. 化工生产过程

（1）概念　是指化工产品的具体加工过程。

（2）构成　原料的预处理过程；反应过程；反应物后处理过程。其中反应过程是化学变化的过程，是化工过程的核心。

3. 单元操作

（1）概念　指化工生产中具有共同物理变化特点和相同目的的基本操作过程。

（2）特点

① 单元操作都是物理性操作，这些操作只改变物料的状态或其物理性质，并不改变物料的化学性质；

② 单元操作都是化工生产过程中共有的操作，只是不同的化工生产中所包含的单元操作数目、名称与顺序不同；

③ 某单元操作用于不同的化工生产过程时，其基本原理相同，所用的设备也是通用的。

（3）化工常用单元操作　流体流动与输送、沉降、过滤、传热、蒸发、蒸馏、吸收、萃取、干燥，结晶等。

二、本课程的内容、性质与任务

（1）性质　技术基础课。本课程具有很强的技术性、工程性及应用性。

(2) 内容　化工生产中常见单元操作过程及设备。
(3) 任务　掌握各单元操作的基本规律，熟悉操作原理及有关典型设备的构造、性能和基本计算方法。并能用以分析和解决工程技术中的一般问题。

三、基本概念

1. 物料衡算

根据质量守恒定律，物料衡算式为

$$\sum F = \sum D + A \tag{0-1}$$

当积累的物料质量 A 为零时，有

$$\sum F = \sum D \tag{0-2}$$

2. 能量衡算

化工生产中常见的是热量衡算，根据能量守恒定律，热量衡算式为

$$\sum Q_F = \sum Q_D + q \tag{0-3}$$

3. 平衡关系

物系在自然发生变化时，其变化必趋向于一定的方向，如任其发展，结果必达到平衡状态为止。平衡状态表示过程可能达到的极限程度。任何一种平衡状态的建立都是有条件的，当条件发生变化时，原有的平衡状态被破坏并发生移动，直至在新的条件下建立新的平衡。可见，平衡状态具有两种属性，即相对性和可变性。生产中常利用它的可变性使平衡向有利于生产的方向移动。而平衡关系常用各种定律来表明，如亨利定律，拉乌尔定律等。

4. 过程速率

(1) 概念　单位时间内过程的变化率称为过程速率，它表明了过程进行的快慢。
(2) 表达式

$$过程速率 = \frac{过程推动力}{过程阻力}$$

四、工程观点

分析和解决化工过程的问题，都具有很强的工程性，具体表现在以下几方面。
(1) 过程影响因素多；
(2) 过程制约条件多；
(3) 经验公式与经验数据多；
(4) 效益是评价工程合理性的最终判据。

五、单位及单位换算

1. 国际单位制单位

国际单位制（SI）的构成：

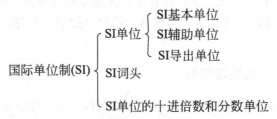

2. 法定计量单位

法定计量单位（简称法定单位）的构成：

法定单位 $\begin{cases} \text{国际单位制(SI)} \\ \text{国家选定的非国际单位制单位及含有这些单位的组合形式的单位} \end{cases}$

3. 过去曾用过的计量单位制单位

(1) 绝对单位制的单位

① 厘米·克·秒制单位，又称物理单位制。其基本单位是厘米、克和秒。

② 米·千克（公斤）·秒制单位，又称实用单位制。其基本单位是米、千克（公斤）和秒。

(2) 重力单位制的单位米·公斤（力）·秒制单位，又称工程单位制。其基本单位是米、公斤（力）和秒。

4. 单位换算

(1) 物理量的单位换算 物理量由一种单位制的单位换算成另一种单位制的单位时，量本身并无变化，只是在数字上改变。在进行单位换算时要乘以两单位间的换算因数，换算因数可从手册中查得。

(2) 单位的正确运用 化工计算中常遇到两类公式，一类是理论公式（物理量方程），另一类是经验公式（数字公式）。公式的种类不同，使用物理量单位的方法也不同。

① 使用理论公式时，开始便应选定一种单位制，并贯彻到底中途不能改变。解出的结果也是属于同一单位制，所以这类公式在单位上总是一致的。

② 使用经验公式时，式中每一个符号都要用指定的单位数值代入。所得结果属于什么单位也是指定的。

例题与解题分析

【例 0-1】 10 千克（力）·米等于多少 J（焦耳）？

分析：千克（力）·米是 MKfS 制中功的单位，而在 SI 制中功、能和热量的单位都是焦耳。因为 1J=1N·m，所以千克（力）·米换算成 J，关键是将千克（力）换算成 N。

解：根据关系 1 千克(力)=9.807N

所以 10 千克(力)·米 = 10 千克(力)·米 $\times 9.087 \dfrac{\text{牛顿}}{\text{千克(力)}}$

$\qquad\qquad = 98.07\text{N·m}(\text{即 J})$

【例 0-2】 液体越过平顶堰上的液面高度可用以下经验式计算

$$h_{ow}=0.48\left(\dfrac{q_v}{l_w}\right)^{\frac{2}{3}}$$

式中 h_{ow}——堰上液面高度，in；

q_v——液体体积流量，gal/min（美加仑/分）；

l_w——堰长，in。

试求流量为 0.05m³/s 的液体越过长度为 2m 的平顶堰，堰上液面高度为多少米？

分析：此题是经验公式的单位换算。首先将所有已知量的单位换算成经验式中规定的单位，然后代入经验式中并计算结果，最后再将以单位 in 表示的结果换算成以单位 m 表示的结果。

解：利用以下关系

$$1\text{m} = 39.37\text{in}$$
$$1\text{m}^3 = 264.2\text{gal}$$
$$1\text{min} = 60\text{s}$$

将已知量的单位换算成经验式中规定的单位

$$q_v = 0.05\frac{\text{m}^3}{\text{s}} = 0.05\left(\frac{\text{m}^3}{\text{s}}\right)\frac{264.2\frac{\text{gal}}{\text{m}^3}}{\frac{1}{60}\left(\frac{\text{min}}{\text{s}}\right)} = 792.6\frac{\text{gal}}{\text{min}}$$

$$l_w = 2\text{m} = 2(\text{m}) \times 39.37\left(\frac{\text{in}}{\text{m}}\right) = 78.74\text{in}$$

将换算后的数值代入经验式，得

$$h_{ow} = 0.48\left(\frac{q_v}{l_w}\right)^{\frac{2}{3}} = 0.48 \times \left(\frac{792.6}{78.74}\right)^{\frac{2}{3}} = 2.24\text{in}$$

$$= 2.24\ (\text{in}) \times \frac{1}{39.37}\left(\frac{\text{m}}{\text{in}}\right) = 0.057\text{m}$$

习 题 解 答

0-1 7kgf/m^2 等于多少 N/m^2？多少 Pa？

解：
$$7\text{kgf/m}^2 = 7 \times \frac{9.807\text{N}}{\text{m}^2} = 68.649\text{N/m}^2 = 68.649\text{Pa}$$

0-2 $5\text{kgf} \cdot \text{m/s}$ 等于多少 $\text{N} \cdot \text{m/s}$？多少 J/s？多少 kW？

解：
$$5\text{kgf} \cdot \text{m/s} = 5 \times \frac{9.807\text{N} \cdot \text{m}}{\text{s}} = 49.035\text{N} \cdot \text{m/s}$$
$$= 49.035\text{J/s} = 4.9035 \times 10^{-2}\text{kW}$$

0-3 将 1kcal/h 换算为功率 W。

解：
$$1\text{kcal/h} = 1 \times \frac{4187\text{J}}{3600\text{s}} = 1.163\text{J/s} = 1.163\text{W}$$

0-4 4L/s 等于多少 L/min？多少 m^3/s？多少 m^3/h？

解：
$$4\text{L/s} = 4 \times \frac{\text{L}}{60^{-1}\text{min}} = 240\text{L/min}$$
$$4\text{L/s} = 4 \times 10^{-3}\text{m}^3/\text{s}$$
$$4\text{L/s} = 4 \times \frac{10^{-3}\text{m}^3}{3600^{-1}\text{h}} = 14.4\text{m}^3/\text{h}$$

第一章 流体流动

学 习 要 求

一、掌握的内容

1. 流体的密度、黏度和压强的定义、单位及其换算;
2. 流体静力学基本方程式、流量方程式、连续性方程式、伯努利方程式及其应用;
3. 流体的流动类型及其判定,雷诺数及其计算;
4. 流体在圆形直管内的阻力及其计算。

二、了解的内容

1. 圆形管内流体流动的速度分布,边界层的基本概念;
2. 非圆形管内流体阻力的计算,当量直径,局部阻力的计算;
3. 测速管、孔板流量计、文丘里流量计与转子流量计的基本结构、测量原理及使用要求;
4. 复杂管路计算的原则。

学 习 要 点

第一节 流体静力学基本方程式

一、流体的密度

1. 密度
(1) 概念　单位体积流体所具有的质量,用 ρ 表示,单位为 kg/m^3。
(2) 定义式

$$\rho = \frac{m}{V} \tag{1-1}$$

(3) 影响因素

① 压强　对液体密度影响较小,一般可以忽略,故称液体是不可压缩流体,对气体有较大的影响,不能忽略,故称气体为可压缩流体。

② 温度　对液体的密度有一定的影响,对气体的密度影响较大。求取时要注意温度。

(4) 求取方法

① 纯净物的密度均可从手册中查取。

② 对气体若压力不太高,温度不太低,可视为理想气体,由理想气体状态方程式可得

$$\rho = \frac{pM}{RT} \tag{1-2}$$

或
$$\rho = \frac{M}{22.4} \times \frac{T_0 p}{T p_0} \tag{1-3}$$

应用上式时要注意各物理量的单位。

③ 对混合物的密度可用下式计算：

液体混合物
$$\frac{1}{\rho_m} = \frac{w_1}{\rho_1} + \frac{w_2}{\rho_2} + \cdots + \frac{w_n}{\rho_n} \tag{1-4}$$

气体混合物
$$\rho_m = \rho_1 \varphi_1 + \rho_2 \varphi_2 + \cdots + \rho_n \varphi_n \tag{1-5}$$

或
$$\rho_m = \frac{p M_m}{RT} \tag{1-6}$$

$$M_m = M_1 y_1 + M_2 y_2 + \cdots + M_n y_n \tag{1-7}$$

2. 比体积

(1) 概念 单位质量流体的体积，用 v 表示，单位是 m^3/kg。它与密度互为倒数。

(2) 定义式
$$v = \frac{1}{\rho} \tag{1-8}$$

若已知比体积可求得密度。

3. 相对密度

(1) 概念 某液体的密度 ρ 与 4℃（277K）时纯水的密度 $\rho_水$ 之比，用 s 表示。

(2) 定义式
$$s = \frac{\rho}{\rho_水} = \frac{\rho}{1000} \tag{1-9}$$

若已知相对密度也可求得密度。

二、流体的静压强

1. 概念

流体垂直作用在单位面积上的力，用 p 表示，单位为 N/m^2 或 Pa。

2. 定义式
$$p_n = \lim_{\Delta A \to 0} \left(\frac{\Delta P}{\Delta A} \right) \tag{1-10}$$

3. 常用压强单位的换算关系

$1atm = 1.033 kgf/cm^2 = 760 mmHg = 10.33 mH_2O = 1.033 \times 10^5 Pa$

$1at = 1 kgf/cm^2 = 735.6 mmHg = 10 mH_2O = 9.807 \times 10^4 Pa$

4. 绝对压强、表压强和真空度

(1) 概念

① 绝对压强 真实压强，以绝对真空为基准测得的压强。

② 表压强 真实压强比大气压高出的数值。以大气压为基准测得的压强。压强表的读数。

③ 真空度 真实压强比大气压低的数值。以大气压为基准测得的压强。真空表的读数。

(2) 表示方法 对于绝对压强可不注明，对于表压、真空度要加以注明。

(3) 相互关系

$$绝对压强 = 大气压强 + 表压强$$
$$绝对压强 = 大气压强 - 真空度$$

三、流体静力学基本方程式

1. 流体静力学基本方程式的形式

$$p_2 = p_1 + \rho(z_1 - z_2)g \tag{1-11}$$

或
$$p_2 = p_1 + h\rho g \tag{1-11a}$$

也可写成
$$h = \frac{p_2 - p_1}{\rho g} \tag{1-12}$$

2. 适用条件

适用于静止的、连通着的同一种连续流体。

3. 方程式的意义

(1) 反映了静止流体内部任意两个截面压强之间的关系。
(2) 在静止、连续、均质的流体中，处在同一水平面上各点的压强相等。
(3) 可以用流体柱高度表示压强的大小，但必须注明是何种流体。

四、流体静力学基本方程式的应用

根据流体静力学基本方程式可以设计各种液柱压差计、液位计，可以进行液封高度的计算等。

1. 流体静压强的测量

(1) U 形管压差计的构成　U 形玻璃管、指示液、标尺。
(2) U 形管压差计的使用

① 测两点之间的压强差。将 U 形管压差计的两端分别连在两个测压点上，测得的压强差为

$$p_1 - p_2 = (\rho_A - \rho_B)gR \tag{1-13}$$

若被测流体是气体，由于 $\rho_A - \rho_B \approx \rho_A$，所以上式可简化为

$$p_1 - p_2 \approx \rho_A gR \tag{1-13a}$$

② 测某一点的表压强。将 U 形管压差计的一端连在测压点上，另一端通大气，测得的表压强为

$$p_表 = (\rho_A - \rho_B)gR \tag{1-14}$$

若设备内为气体，同样 $\rho_A - \rho_B \approx \rho_A$，上式简化为

$$p_表 \approx \rho_A gR \tag{1-14a}$$

③ 测某一点的真空度。U 形管压差计的连接方法与测表压强时相同，此时 U 形管压差计中指示液的读数 R 表示所测点的真空度，即

$$p_真 = \rho_A gR \tag{1-15}$$

2. 液位的测量
3. 液封高度的计算

应用静力学基本方程式时应注意：
① 正确选择等压面。等压面必须在连续、静止的同一种流体的同一水平面上。
② 方程式中各项物理量的单位必须一致。

第二节　流体在管内的流动

一、流量与流速

1. 流量

(1) 体积流量　单位时间内流经管道任一截面的流体的体积，用 q_v 表示，单位为 m^3/s。

(2) 质量流量　单位时间内流经管道任一截面的流体的质量，用 q_m 表示，单位为 kg/s。

(3) 两者的关系

$$q_m = q_v \rho \tag{1-16}$$

2. 流速

(1) 平均流速（简称流速）　单位时间内流体在流动方向上所流过的距离，以 u 表示，单位为 m/s。表达式为

$$u = \frac{q_v}{A} \tag{1-17}$$

(2) 质量流速　单位时间内流体流过管道单位面积的质量，用 G 表示，单位为 $kg/(m^2 \cdot s)$ 表达式为

$$G = \frac{q_m}{A} = \frac{q_v \rho}{A} = u\rho \tag{1-18}$$

3. 流量方程式

$$q_v = uA \tag{1-19}$$

$$q_m = q_v \rho = uA\rho \tag{1-20}$$

二、稳定流动和不稳定流动

流体在流动系统中，与流动有关的物理量仅随位置改变而均不随时间变化的流动，称为稳定流动。否则为不稳定流动。

三、稳定流动系统的物料衡算——连续性方程

1. 衡算依据　质量守恒定律
2. 连续性方程

$$q_m = u_1 A_1 \rho_1 = u_2 A_2 \rho_2 = \cdots = u_n A_n \rho_n = 常数 \tag{1-21}$$

对不可压缩流体，$\rho =$ 常数，则有

$$q_v = u_1 A_1 = u_2 A_2 = \cdots = u_n A_n = 常数 \tag{1-21a}$$

3. 流速、管道截面积、管径之间的关系

对圆形管道、不可压缩流体，根据连续性方程有

$$\frac{u_1}{u_2} = \frac{A_2}{A_1} = \left(\frac{d_2}{d_1}\right)^2 \tag{1-22}$$

上式表明：流速与管道截面积成反比，与管径的平方成反比。

四、流体稳定流动时的能量衡算——伯努利方程

1. 衡算依据 能量守恒定律
2. 伯努利方程

(1) 以 1kg 流体为基准

$$gz_1 + \frac{u_1^2}{2} + \frac{p_1}{\rho} + W_e = gz_2 + \frac{u_2^2}{2} + \frac{p_2}{\rho} + \sum h_f \tag{1-23}$$

(2) 以 1N 流体为基准（以压头形式表示）

$$z_1 + \frac{u_1^2}{2g} + \frac{p_1}{\rho g} + H_e = z_2 + \frac{u_2^2}{2g} + \frac{p_2}{\rho g} + H_f \tag{1-24}$$

(3) 理想流体无外功加入时

$$gz_1 + \frac{u_1^2}{2} + \frac{p_1}{\rho} = gz_2 + \frac{u_2^2}{2} + \frac{p_2}{\rho} \tag{1-25}$$

$$z_1 + \frac{u_1^2}{2g} + \frac{p_1}{\rho g} = z_2 + \frac{u_2^2}{2g} + \frac{p_2}{\rho g} \tag{1-26}$$

五、伯努利方程的应用

根据伯努利方程可以解决流体流动中的很多实际问题，如：
(1) 确定管道中流体的流量。
(2) 确定容器间的相对位置。
(3) 确定流体输送机械的有效功率。

$$N_e = W_e q_m = H_e g q_v \rho \tag{1-27}$$

(4) 确定用压缩空气输送液体时压缩空气的压强。

除以上应用外，还有其他方面，如管路的计算、流量计的设计等。

应用伯努利方程式注意要点：

(1) 选取的截面应与流动方向垂直，并且两截面间的流体必须连续。待求的未知数应在两截面之间或在某一截面上，所选截面除待求的未知数外，其余物理量应已知或能用其他关系计算。对循环系统，可任选一截面既作为 1-1′ 截面又作为 2-2′ 截面。

(2) 选取的基准面必须是水平面，为简化计算，应选在两个截面中较低的一个截面处。

(3) 式中各物理量的单位必须一致。

(4) 式中的压强可以用绝压也可以用表压，但要一致。

(5) 截面很大时，可取截面处的流速为零。

(6) 不同基准伯努利方程式的选用，通常是根据习题中给出的损失能量的单位，选用相同基准的伯努利方程式。

第三节 流体在管内的流动阻力

一、流体的黏度和牛顿黏性定律

1. 流体的黏性

流体的黏性是流体固有的属性之一，只有在流动时才会表现出来。

流体具有黏性，流动时产生内摩擦力是产生流体阻力的根本原因；流体的流动状况是产生流体阻力的另一原因。

2. 牛顿黏性定律

牛顿黏性定律的物理意义是：流体内摩擦力的大小与流体的性质有关，且与流体的速度梯度和接触面积成正比，表达式为

$$F = \mu \frac{\mathrm{d}u}{\mathrm{d}y} A' \tag{1-28}$$

凡遵循牛顿黏性定律的流体称牛顿型流体，否则为非牛顿型流体。

3. 流体的黏度

(1) 概念　衡量流体黏性大小的物理量，用 μ 表示，表达式为

$$\mu = \frac{\tau}{\frac{\mathrm{d}u}{\mathrm{d}y}} \tag{1-29}$$

(2) 物理意义　促使流体流动产生单位速度梯度的剪应力，或速度梯度为 1 时，在单位面积上由于流体黏性所产生内摩擦力的大小。

(3) 单位及其换算　国际单位制为 N·s/m² 或 Pa·s；物理单位制为 P（泊）、cP（厘泊）。

$$1\mathrm{Pa \cdot s} = 10\mathrm{P} = 1000\mathrm{cP} = 1000\mathrm{mPa \cdot s}$$

或

$$1\mathrm{mPa \cdot s} = 1\mathrm{cP}$$

(4) 求取方法

① 纯物质的黏度从手册中查取。

② 混合物的黏度若缺乏实验数据，可用公式估算。

常压气体混合物的黏度

$$\mu_\mathrm{m} = \frac{\sum y_i \mu_i M_i^{1/2}}{\sum y_i M_i^{1/2}} \tag{1-30}$$

分子不缔合的液体混合物的黏度

$$\lg \mu_\mathrm{m} = \sum (x_i \lg \mu_i) \tag{1-31}$$

4. 运动黏度

(1) 定义　黏度 μ 与密度 ρ 的比值，以 ν 表示，即

$$\nu = \frac{\mu}{\rho} \tag{1-32}$$

(2) 单位及其换算　国际单位制为 m²/s；物理单位制为 cm²/s，以 St 表示，$1\mathrm{St} = 100\mathrm{cSt} = 10^{-4}\mathrm{m^2/s}$。

二、流体的流动型态

1. 两种流动型态——滞流和湍流

(1) 层流（滞流）　流体质点沿管轴的方向做直线运动，不具有径向速度。

(2) 湍流（紊流）　流体质点除沿管道向前流动外，还做不规则的杂乱运动，具有径向速度。

2. 流动型态的判据——雷诺数

(1) 雷诺数 Re 及其定义

$$Re = \frac{du\rho}{\mu} \tag{1-33}$$

(2) 判据　根据 Re 数值的大小进行判据。$Re \leqslant 2000$ 时为层流；$Re \geqslant 4000$ 时为湍流；Re 在 $2000 \sim 4000$ 的范围内为过渡区。

三、流体在圆管内流动时的速度分布

1. 层流

流体速度的分布呈抛物线，$u/u_c = 0.5$。

2. 湍流

由于流体质点的碰撞和混合使速度平均化，u/u_c 的比值随 Re 值而变，Re 值增加，u/u_c 的比值增加，并趋向于 1。

四、湍流时滞流内层和缓冲层

流体呈湍流流动时，由管壁到管中心可分为滞流内层、缓冲层、湍流主体。Re 值增加，滞流内层减薄。滞流内层的存在，对传热和传质过程有重要影响。

五、流体阻力的计算

1. 直管阻力（沿程阻力）

(1) 圆形直管

$$h_f = \lambda \frac{l}{d} \times \frac{u^2}{2} \tag{1-34}$$

或

$$\Delta p_f = \rho h_f = \lambda \frac{l}{d} \times \frac{\rho u^2}{2} \tag{1-34a}$$

式中，λ 值由图查得或用公式进行计算。

(2) 非圆形直管　用当量直径 d_e 代替 d，仍用圆形直管阻力的计算式。

$$d_e = 4 \times \frac{流通截面积}{润湿周边长度} \tag{1-35}$$

注意：不能用当量直径计算非圆形管的截面积。

2. 局部阻力

(1) 阻力系数法

$$h'_f = \zeta \frac{u^2}{2} \tag{1-36}$$

或

$$\Delta p'_f = \zeta \frac{\rho u^2}{2} \tag{1-36a}$$

式中，ζ 由实验测定，计算时查手册。

(2) 当量长度法

$$h'_f = \lambda \frac{l_e}{d} \times \frac{u^2}{2} \tag{1-37}$$

或

$$\Delta p'_f = \lambda \frac{l_e}{d} \times \frac{\rho u^2}{2} \tag{1-37a}$$

式中，l_e 由实验测定，计算时查手册。

计算局部阻力时，遇到突然扩大或突然缩小的情况，式中的流速应取细管的流速。若流

动系统的下游截面取在管道出口处,则伯努利方程式中下游的动能项和出口阻力二者只能取一个。若截面取在出口内侧,有动能项,无出口阻力;截面取在出口外侧,有出口阻力,无动能项。

3. 总阻力

管路上的总阻力为直管阻力与局部阻力之和。

用当量长度法计算局部阻力时,总阻力计算式为

$$\Sigma h_f = \lambda \frac{l + \Sigma l_e}{d} \times \frac{u^2}{2} \tag{1-38}$$

用阻力系数法计算局部阻力时,总阻力计算式为

$$\Sigma h_f = \left(\lambda \frac{l}{d} + \Sigma \zeta\right) \frac{u^2}{2} \tag{1-39}$$

4. 减小流体阻力的主要措施

由总阻力计算式分析,减少流体阻力可采取如下措施。
(1) 合理布置管路,尽量减少管长;
(2) 减少不必要的管件、阀门,避免管路直径的突变;
(3) 适当加大管径,尽量选用光滑管。

第四节 流体输送管路的计算

一、简单管路的计算

简单管路是由等径或异径管段串联的管路。
流体流动规律:
① 流体通过各管段的质量流量相等;
② 总阻力损失等于各段损失之和。

二、复杂管路计算的原则

复杂管路有并联管路和分支管路。

1. 并联管路中流体流动规律
① 主管中流体的流量等于并联的各个管段流量之和;
② 并联的各条管路中单位质量的能量损失皆相等。
2. 分支管路中流体流动规律
① 主管流量等于各分支管流量之和;
② 单位质量流体在各支管流动终了时的总机械能与能量损失之和相等。

三、管道直径的选择和计算

1. 计算管径的基本公式

$$d = \sqrt{\frac{4q_v}{\pi u}} = \sqrt{\frac{4q_m}{\pi u \rho}} \tag{1-40}$$

2. 选择管子规格的步骤

(1) 在适宜的流速范围内选定一个合理的流速；
(2) 计算管径；
(3) 根据管子标准选用与计算得的管径相近的管子规格。

第五节 流速和流量的测定

根据流体流动机械能相互转化原理工作的流速计和流量计：测速管、孔板流量计、文丘里流量计、转子流量计的基本结构、测量原理、主要特点、有关计算和使用要求。

例题与解题分析

【例 1-1】 假如苯和甲苯在混合时没有体积效应，求在 20℃时，600kg 苯和 200kg 甲苯混合后的混合物的密度。

分析：混合物的密度可用两种方求得

第一种方法是先求出质量分数 w_1 和 w_2，再从附录三（指教材附录全书同）中查出 20℃时苯和甲苯的密度 ρ_1 和 ρ_2，然后代入公式 $\dfrac{1}{\rho_m}=\dfrac{w_1}{\rho_1}+\dfrac{w_2}{\rho_2}$ 进行计算；第二种方法是查出 20℃时苯和甲苯的密度 ρ_1 和 ρ_2，利用公式 $V=\dfrac{m}{\rho}$，求出 V_1 和 V_2，再求出 $m_{混}$ 和 $V_{混}$，然后利用密度的定义式 $\rho=\dfrac{m}{V}$，求出 $\rho_{混}$。

解法一：设苯为组分 1，甲苯为组分 2。
已知　$m_1=600\text{kg}$，$m_2=200\text{kg}$

$$w_1=\frac{m_1}{m_1+m_2}=\frac{600}{600+200}=0.75$$
$$w_2=1-w_1=1-0.75=0.25$$

查附录三得 20℃时，$\rho_1=879\text{kg/m}^3$，$\rho_2=867\text{kg/m}^3$，所以

$$\frac{1}{\rho_m}=\frac{w_1}{\rho_1}+\frac{w_2}{\rho_2}=\frac{0.75}{879}+\frac{0.25}{867}=0.001142$$
$$\rho_m=\frac{1}{0.001142}=876\text{kg/m}^3$$

解法二：设苯为组分 1，甲苯为组分 2。
已知　$m_1=600\text{kg}$，$m_2=200\text{kg}$；查附录三得 20℃，$\rho_1=879\text{kg/m}^3$，$\rho_2=867\text{kg/m}^3$；则

$$V_1=\frac{m_1}{\rho_1}=\frac{600}{879}=0.6826\text{m}^3$$
$$V_2=\frac{m_2}{\rho_2}=\frac{200}{867}=0.2307\text{m}^3$$
$$\rho_m=\frac{m_{混}}{V_{混}}=\frac{m_1+m_2}{V_1+V_2}=\frac{600+200}{0.6826+0.2307}=876\text{kg/m}^3$$

【例 1-2】 某混合气体由体积分数为 0.21 的氧气和体积分数为 0.79 的氮气组成。试求 100kPa 和 30℃时混合气体的密度。

分析：求气体混合物的密度可用两种方法。一种方法是先用公式 $M_m=M_1y_1+M_2y_2$

求出混合气体的平均摩尔质量,再用公式 $\rho_m = \dfrac{pM_m}{RT}$ 求出混合气体的密度;另一种方法是先用公式 $\rho = \dfrac{pM}{RT}$ 分别求出氧气和氮气的密度 ρ_1 和 ρ_2,再用公式 $\rho_m = \rho_1 \varphi_1 + \rho_2 \varphi_2$ 求出混合气体的密度。

求解本题时要注意两个问题:一是混合气体中某组分的体积分数等于其摩尔分数;二是利用公式 $\rho = \dfrac{pM}{RT}$ 时,要注意式中各物理量的单位和 R 的数值。

解法一:设混合气中氧气为组分1,氮气为组分2。

已知 $M_1 = 32\text{kg/kmol}$,$M_2 = 28\text{kg/kmol}$;$y_1 = 0.21$,$y_2 = 0.79$;$p = 100\text{kPa}$;$T = 273 + 30 = 303\text{K}$;$R = 8.314\text{kJ/(kmol·K)}$ 则

$$M_m = M_1 y_1 + M_2 y_2 = 32 \times 0.21 + 28 \times 0.79 = 28.84 \text{kg/kmol}$$

$$\rho_m = \frac{pM_m}{RT} = \frac{100 \times 28.84}{8.314 \times 303} = 1.14 \text{kg/m}^3$$

解法二:设混合气中氧气为组分1,氮气为组分2。

已知 $M_1 = 32\text{kg/kmol}$,$M_2 = 28\text{kg/kmol}$;$\varphi_1 = 0.21$,$\varphi_2 = 0.79$;$p = 100\text{kPa}$;$T = 273 + 30 = 303\text{K}$;$R = 8.314\text{kJ/(kmol·K)}$;则

$$\rho_1 = \frac{pM_1}{RT} = \frac{100 \times 32}{8.314 \times 303} = 1.270 \text{kg/m}^3$$

$$\rho_2 = \frac{pM_2}{RT} = \frac{100 \times 28}{8.314 \times 303} = 1.111 \text{kg/m}^3$$

$$\rho_m = \rho_1 \varphi_1 + \rho_2 \varphi_2 = 1.270 \times 0.21 + 1.111 \times 0.79 = 1.14 \text{kg/m}^3$$

【例 1-3】 某流化床反应器上装有两个 U 形管压差计,测得 $R_1 = 400\text{mm}$,$R_2 = 50\text{mm}$,指示液为水银。为防止水银蒸气向空中扩散,在右侧的 U 形管与大气连通的玻璃管内灌入一段水,其高度 $R_3 = 50\text{mm}$。试求 A、B 两处的表压强。

分析:本题为流体静力学基本方程式的应用。应用静力学基本方程式进行计算时,关键是选取合适的等压面。由于气体密度远小于液体密度,气柱与液柱相比,可以忽略气柱高度所产生的误差。

解:如图所示,取等压面 1-1′ 和 2-2′,则

$$p_A = p_1 = p_1' = \rho_{水} g R_3 + \rho_{水银} g R_2$$
$$= 1000 \times 9.81 \times 0.05 + 13600 \times 9.81 \times 0.05$$
$$= 7.16 \times 10^4 \text{Pa}(表压)$$

$$p_B = p_2 = p_2' = p_A + \rho_{水银} g R_1$$
$$= 7.16 \times 10^4 + 13600 \times 9.81 \times 0.4$$
$$= 6.05 \times 10^4 \text{Pa}(表压)$$

【例 1-4】 如图所示,用泵从低于地面 4m 的水池中把常温水打到一个敞口的高位槽中。高位槽液面高于地面 20m,管路为 $\phi 114\text{mm} \times 4\text{mm}$ 的钢管,管内流速为 1.5m/s,管路全部压头损失为 $6\text{mH}_2\text{O}$。求泵的有效功率。

分析:本题是应用伯努利方程式求算泵的有效功率的计算题。应用伯努利方程进行计算时,一定要注意应用要点。如选取截面时,一般应选上游截面为 1-1′,下游截面为 2-2′。为使计算简化,基准水平面应选在较低的一个截面处。本题给出的能量损失单位为 mH_2O,

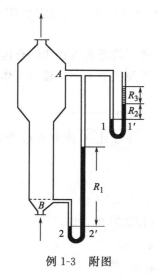

例1-3 附图

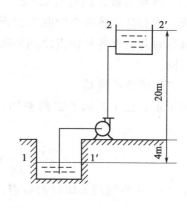

例1-4 附图

故应选用以 1N 流体为基准的伯努利方程。

解：选水池液面为 1-1′ 截面，高位槽液面为 2-2′ 截面，并以 1-1′ 截面为基准水平面，在两截面间列伯努利方程式

$$z_1 + \frac{u_1^2}{2g} + \frac{p_1}{\rho g} + H_e = z_2 + \frac{u_2^2}{2g} + \frac{p_2}{\rho g} + H_f$$

式中 $z_1 = 0$，$z_2 = 20 + 4 = 24\text{m}$；
$u_1 \approx 0$（大截面），$u_2 \approx 0$（大截面）；
$p_1 = p_2 = 0$（表压）；
$H_f = 6\text{mH}_2\text{O}$；常温水的密度取 $\rho = 1000\text{kg/m}^3$

将以上数据代入伯努利方程式得

$$H_e = z_2 + H_f = 24 + 6 = 30\text{m}$$

$$q_v = \frac{\pi}{4}d^2 u = \frac{\pi}{4} \times 0.106^2 \times 1.5 = 0.0132\text{m}^3/\text{s}$$

泵的有效功率为

$$N_e = q_v \rho H_e g = 0.0132 \times 1000 \times 9.81 = 3884.76\text{W} \approx 3.88\text{kW}$$

说明：本题也可选地面为基准水平面，但这时 z_1 为负值，使计算变得复杂。

【**例 1-5**】 如图所示，贮槽内水位维持不变。槽的底部与内径为 100mm 的钢质放水管相连，管路上装有一个阀门，距管路入口端 15m 处安有以水银为指示液的 U 形管压差计，其一臂与管道相连，另一臂通大气。压差计连接管内充满了水，测压点与管路出口端的直管长度为 20m。

（1）当阀门关闭时，测得 $R = 600\text{mm}$，$h = 1500\text{mm}$；当阀门部分开启时，测得 $R = 400\text{mm}$，$h = 1400\text{mm}$。摩擦系数 λ 可取为 0.025，管路入口处的局部阻力系数 ζ 取为 0.5。问每小时从管中流出的水为多少立方米？

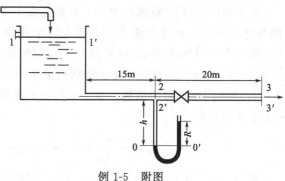

例 1-5 附图

(2) 当阀门全开时，U 形管压差计测压处的静压强为多少 Pa（表压）？阀门全开时 $l_e/d \approx 15$，摩擦系数 λ 仍可取 0.025。

分析：本题是流体静力学基本方程式、流体阻力计算式、伯努利方程式综合运用的计算题。在求解时要注意各知识点之间的联系，并注意阀门的开关状态不同，管内流体的流速以及阻力不同。

解：(1) 流体的流量

如图所示，在 1-1′ 和 2-2′ 两截面间列伯努利方程式，并以水平管中心线为基准水平面，得

$$z_1 + \frac{u_1^2}{2g} + \frac{p_1}{\rho g} + H_e = z_2 + \frac{u_2^2}{2g} + \frac{p_2}{\rho g} + H_{f,1\text{-}2}$$

式中 z_1 可由阀门关闭时的数据，根据静力学基本方程式算出，即

$$(z_1 + h)\rho_\text{水} g = R\rho_\text{水银} g$$

取水的密度 $\rho_\text{水} = 1000 \text{kg/m}^3$，水银的密度 $\rho_\text{水银} = 13600 \text{kg/m}^3$ 得

$$(z_1 + 1.5) \times 9.81 \times 1000 = 0.6 \times 13600 \times 9.81$$

解得 $z_1 = 6.66 \text{m}$

$z_2 = 0$，$u_1 \approx 0$（大截面），$p_1 = 0$（表压），$H_e = 0$

p_2 可由阀门部分开启时的数据，根据静力学基本方程式求得，即

$$p_2 + h\rho_\text{水} g = R\rho_\text{水银} g$$

所以

$$p_2 = R\rho_\text{水银} g - h\rho_\text{水} g$$
$$= 0.4 \times 13600 \times 9.81 - 1.4 \times 1000 \times 9.81$$
$$= 3.963 \times 10^4 \text{Pa}$$

$$H_{f,1\text{-}2} = \left(\lambda \frac{l}{d} + \zeta_\text{入}\right)\frac{u^2}{2g} = \left(0.025 \times \frac{15}{0.1} + 0.5\right)\frac{u^2}{2g} = 4.25 \frac{u^2}{2g}$$

将以上数据代入伯努利方程式得

$$6.66 = \frac{u_2^2}{2 \times 9.81} + \frac{3.963 \times 10^4}{1000 \times 9.81} + 4.25 \frac{u^2}{2 \times 9.81}$$

解得 $u = 3.13 \text{m/s}$

所以 $q_v = 3600 \frac{\pi}{4} d^2 u = 3600 \times \frac{\pi}{4} \times 0.1^2 \times 3.13 = 88.5 \text{m}^3/\text{h}$

说明：此题不能在 1-1′ 截面和 3-3′ 截面，以及 2-2′ 截面和 3-3′ 截面之间列伯努利方程式求 u，因为不知道阀门部分开启时的当量长度，故无法计算阀门在部分开启时的局部阻力。

(2) 阀门全开时测压点处的静压强

要求阀门全开时测压点处（2-2′ 截面处）的静压强，2-2′ 截面必须作为一个计算截面（因为待求的未知数必须在截面上或在两个截面之间）。但 2-2′ 截面上除了待求的未知数 p_2 外，阀门全开时的流速 u_2 也未知，所以应先在 1-1′ 和 3-3′ 两截面间列伯努利方程式求出 u_3（u_2），然后再在 1-1′ 和 2-2′ 两截面间列伯努利方程式求 p_2。

① 求阀门全开时的流速。在 1-1′ 和 3-3′ 两截面间列伯努利方程式，并以水平管中心线为基准水平面，得

$$z_1 + \frac{u_1^2}{2g} + \frac{p_1}{\rho g} + H_e = z_3 + \frac{u_3^2}{2g} + \frac{p_3}{\rho g} + H_{f,1\text{-}3}$$

式中 $z_1 = 6.66 \text{m}$，$z_3 = 0$；$u_1 \approx 0$（大截面）；$p_1 = p_3 = 0$（表压）；$H_e = 0$

$$H_{f,1\text{-}3}=\left(\lambda\frac{l}{d}+\lambda\frac{l_e}{d}+\zeta_入\right)\frac{u^2}{2g}$$

$$=\left(0.025\times\frac{15+20}{0.1}+0.025\times 15+0.5\right)\frac{u^2}{2g}$$

$$=9.625\frac{u^2}{2g}$$

将以上数据代入伯努利方程式得

$$6.66=\frac{u_3^2}{2\times 9.81}+9.625\frac{u^2}{2\times 9.81}$$

解得 $u_3=3.51\text{m/s}$

② 求阀门全开时测压点处的静压强。在 1-1′ 和 2-2′ 两截面间列伯努力利方程式，以水平管中心线为基准水平面，得

$$z_1+\frac{u_1^2}{2g}+\frac{p_1}{\rho g}+H_e=z_2+\frac{u_2^2}{2g}+\frac{p_2}{\rho g}+H_{f,1\text{-}2}$$

式中 $z_1=6.66\text{m}$, $z_2=0$; $u_1\approx 0$, $u_2=u_3=3.51\text{m/s}$; $p_1=0$（表压）; $H_e=0$

$$H_{f,1\text{-}2}=\left(\lambda\frac{l}{d}+\zeta_入\right)\frac{u^2}{2g}$$

$$=\left(0.025\times\frac{15}{0.1}+0.5\right)\frac{3.51^2}{2\times 9.81}$$

$$=2.67\text{m}$$

将以上数据代入伯努利方程式得

$$6.66=\frac{3.51^2}{2\times 9.81}+\frac{p_2}{1000\times 9.81}+2.67$$

解得 $p_2=3.30\times 10^4\text{Pa}$（表压）

习 题 解 答

1-1 已知丙酮的相对密度为 0.81，试求它的密度和比体积。

解：密度 $\rho=1000\times 0.81=810\text{kg/m}^3$

比体积 $v=\dfrac{1}{\rho}=\dfrac{1}{810}=1.23\times 10^{-3}\text{m}^3/\text{kg}$

1-2 苯和甲苯的混合液，苯的质量分数为 0.4。试求在 20℃ 时的密度。

解：查附录 $\rho_{苯}=879\text{kg/m}^3$；$\rho_{甲苯}=867\text{kg/m}^3$

$$\frac{1}{\rho_m}=\frac{w_1}{\rho_1}+\frac{w_2}{\rho_2}=\frac{0.4}{879}+\frac{1-0.4}{867}=1.147\times 10^{-3}$$

$$\rho_m=872\text{kg/m}^3$$

1-3 试计算 CO_2 在 360K 和 4MPa 时的密度和比体积。

解：已知 $p=4\text{MPa}=4000\text{kPa}$；$T=360\text{K}$；$M=44\text{kg/kmol}$；$R=8.314\text{kJ/(kmol·K)}$

$$\rho=\frac{pM}{RT}=\frac{4000\times 44}{8.314\times 360}=58.8\text{kg/m}^3$$

$$v=\frac{1}{\rho}=\frac{1}{58.8}=1.7\times 10^{-2}\text{m}^3/\text{kg}$$

1-4 氮和氢混合气体中，氮的体积分数为 0.25。求此混合气体在 400K 和 5MPa 时的密度。

解：平均摩尔质量为
$$M_m = M_1 y_1 + M_2 y_2 = 28 \times 0.25 + 2 \times (1-0.25) = 8.5 \text{kg/kmol}$$
混合气体的密度为
$$\rho_m = \frac{pM_m}{RT} = \frac{5000 \times 8.5}{8.314 \times 400} = 12.8 \text{kg/m}^3$$

1-5 某生产设备上真空表的读数为100mmHg。已知该地区大气压强为750mmHg。试计算设备内的绝对压强与表压强各为若干 kPa？

解：
$$\text{绝对压强} = 750 - 100 = 650 \text{mmHg}$$
$$= 650 \times 133.3 \text{Pa} = 86.6 \text{kPa}$$
$$\text{表压强} = 650 - 750 = -100 \text{mmHg}$$
$$= -100 \times 133.3 \text{Pa} = -13.3 \text{kPa}$$

1-6 某水泵进口管处真空表读数为650mmHg，出口管处压强表读数为2.5at。试求水泵前后的压强差为多少 at？多少米水柱？

解：压强差为
$$\Delta p = p_{出} - p_{进} = (p_{大} + p_{表}) - (p_{大} - p_{真}) = p_{表} + p_{真}$$
$$= 2.5 + \frac{650}{735.6} = 3.38 \text{at} = 33.8 \text{mH}_2\text{O}$$

1-7 某塔高30m，现进行水压试验时，离塔底10m高处的压强计读数为500kPa，如图所示。当地大气压强为100kPa，求塔底及塔顶处水的压强。

解：距塔底10m高处水的绝对压强为
$$p = 500 + 100 = 600 \text{kPa}$$
已知 $h_1 = 10\text{m}$，$h_2 = 30\text{m}$，则
$$p_{底} = p + h_1 \rho_{水} g$$
$$= 600 + 10 \times 1000 \times 9.81 \times 10^{-3} = 698 \text{kPa}$$
$$p_{顶} = p - (h_2 - h_1) \rho_{水} g$$
$$= 600 - (30-10) \times 1000 \times 9.81 \times 10^{-3} = 404 \text{kPa}$$

1-8 水的密度为1000kg/m³，当地大气压强为760mmHg时，问位于水面下6m深处的绝对压强是多少？

解：已知 $p_{大} = 760\text{mmHg} = 101.3\text{kPa}$，$\rho_{水} = 1000\text{kg/m}^3$，$h = 6\text{m}$
$$p = p_{大} + h\rho_{水} g$$
$$= 101.3 + 6 \times 1000 \times 9.81 \times 10^{-3}$$
$$= 160 \text{kPa}$$

1-9 用 U 形管压差计测定管道两点的压强。管中气体的密度为2kg/m³，压差计中指示液为水（设水的密度为1000kg/m³），压差计中指示液读数为500mm。试计算此管道两侧压点的压强差，以 kPa 表示。

解：已知 $R = 500\text{mm} = 0.5\text{m}$，$\rho_{水} = 1000\text{kg/m}^3$，$\rho_{气} = 2\text{kg/m}^3$，由于 $\rho_{气} \ll \rho_{水}$，故忽略 $\rho_{气}$ 的影响，则
$$\Delta p = p_1 - p_2 \approx R \rho_{水} g$$
$$= 0.5 \times 1000 \times 9.81 = 4905 \text{Pa} \approx 4.9 \text{kPa}$$

1-10 某水管两端设置一水银 U 形管压差计以测量管内的压差（如图），指示液的读数

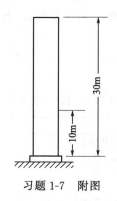

习题 1-7 附图

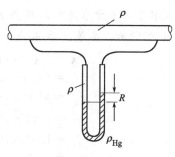

习题 1-10 附图

最大值为 2cm。现因读数值太小而影响测量的精确度,拟使最大读数放大 20 倍左右,试问应选择密度为多少的液体为指示液?

解:被测两点的压强差为

$$\Delta p = R(\rho_{示} - \rho)g$$
$$= 0.02 \times (13600 - 1000) \times 9.81 = 2472.12 \text{Pa}$$

由

$$\Delta p = R(\rho_{示} - \rho)g$$

得

$$\rho_{示} = \frac{\Delta p}{Rg} + \rho = \frac{2472.12}{0.02 \times 20 \times 9.81} + 1000 = 1630 \text{kg/m}^3$$

即应选密度为 1630kg/m^3 的液体为指示液。

1-11 用 U 形管压差计测量某密闭容器中相对密度为 1 的液体液面上的压强,压差计内指示液为水银,其一端与大气相通(如图)。已知 $H = 4\text{m}$,$h_1 = 1\text{m}$,$h_2 = 1.3\text{m}$。试求液面上的表压强为多少(kPa)?

解:如图所示,取等压面 A-B

$$p_A = p + (H - h_1)\rho_{液}g$$
$$p_B = (h_2 - h_1)\rho_{水银}g$$

由 $p_A = p_B$

即

$$p + (H - h_1)\rho_{液}g = (h_2 - h_1)\rho_{水银}g$$

所以

$$p = (h_2 - h_1)\rho_{水银}g - (H - h_1)\rho_{液}g$$
$$= (1.3 - 1) \times 13600 \times 9.81 - (4 - 1) \times 1000 \times 9.81$$
$$= 10594.8 \text{Pa} \approx 10.6 \text{kPa}(表压)$$

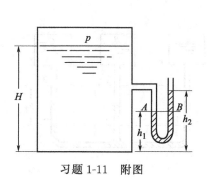

习题 1-11 附图

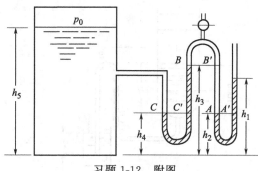

习题 1-12 附图

1-12 某蒸汽锅炉用本题附图中串联的汞-水 U 形管压差计以测量液面上方的蒸汽压。已知汞液面与基准面的垂直距离分别为 $h_1 = 2.3\text{m}$,$h_2 = 1.2\text{m}$,$h_3 = 2.5\text{m}$,$h_4 = 1.4\text{m}$ 两

U 形管间的连接管内充满了水。锅炉中水面与基准面的垂直距离 $h_5=3.0$m，大气压强 $p_a=99$kPa。试求锅炉上方水蒸气的压强 p_0 为若干（Pa）？

解： 如图所示，取等压面 A-A′，B-B′，C-C′

$$p_A = p_A' = (h_1-h_2)\rho_{汞} g$$
$$= (2.3-1.2)\times 13600\times 9.81 = 1.47\times 10^5 \text{Pa}（表压）$$
$$p_B = p_B' = p_A - (h_3-h_2)\rho_{水} g$$
$$= 1.47\times 10^5 - (2.5-1.2)\times 1000\times 9.81$$
$$= 1.34\times 10^5 \text{Pa}（表压）$$
$$p_C = p_C' = p_B + (h_3-h_4)\rho_{汞} g$$
$$= 1.34\times 10^5 + (2.5-1.4)\times 13600\times 9.81$$
$$= 2.81\times 10^5 \text{Pa}（表压）$$

又 $$p_C = p_0 + (h_5-h_4)\rho_{水} g$$

所以 $$p_0 = p_C - (h_5-h_4)\rho_{水} g$$
$$= 2.81\times 10^5 - (3.0-1.4)\times 1000\times 9.81$$
$$= 2.65\times 10^5 \text{Pa}（表压）$$

锅炉上方水蒸气的绝对压强为

$$p_0 = p_大 + p_表 = 99\times 10^3 + 2.65\times 10^5 = 3.64\times 10^5 \text{Pa}$$

1-13 精馏塔底部用蛇管加热，液体的饱和蒸气压为 1.1×10^5Pa，液体的密度为 950kg/m³。采用 π 形管出料，π 形管顶部与塔内蒸气空间有一细管连通。试求：(1) 为保证塔底液面高度不低于 1m，π 形管高度应为多少 m? (2) 为防止塔内蒸气由连通管逸出，π 形管出口液封高度至少应为多少 m?

解： (1) 塔内液体认为处于静止状态，塔内压强 p_A 等于 π 形管顶部的压强 p_B，在静止液体内部，等压面即是等高面。所以 π 形管顶部距塔底之间的距离 $H=1$m.

(2) 塔内蒸气欲经 π 形管逸出，首先必将管段 BC 内的液面压低至 C 点。此时 C 点的压强为

$$p_C = p_A = p_a + \rho g H'$$

为防止蒸气逸出，液封的最小高度 H' 为

$$H' = \frac{p_A - p_a}{\rho g} = \frac{1.1\times 10^5 - 1.013\times 10^5}{950\times 9.81} = 0.93 \text{m}$$

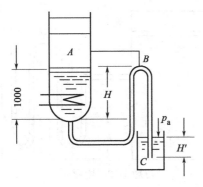

习题 1-13 附图

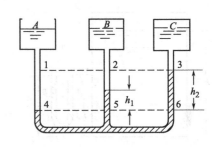

习题 1-14 附图

1-14 本题附图所示的测压管分别与三个设备 A、B、C 相连通，连通管的下部是水

银，上部是水，三个设备内液面在同一水平面上。问（1）1、2、3 三处压强是否相等？（2）4、5、6 三处压强是否相等？（3）若 $h_1=100$mm，$h_2=200$mm，且知设备 A 直接通大气（大气压强为 101.3kPa），求 B、C 两设备内水面上方的压强。

解： 已知 $p_A=101.3$kPa

（1）1、2、3 三处压强不等，因为这三处不是连通着的同一种流体。

（2）4、5、6 三处压强相等，因为这三处是连通着的，静止的同一种流体，并在同一水平面上。

（3）由 $p_4=p_5$ 得

$$p_B = p_A - (\rho_{水银} - \rho_{水})gh_1$$
$$= 101.3 - (13600-1000) \times 9.81 \times 0.1 \times 10^{-3}$$
$$= 88.9\text{kPa}$$

由 $p_4=p_6$ 得

$$p_C = p_A - (\rho_{水银} - \rho_{水})gh_2$$
$$= 101.3 - (13600-1000) \times 9.81 \times 0.2 \times 10^{-3}$$
$$= 76.6\text{kPa}$$

1-15 水的密度为 1000kg/m³，已知大气压强为 100kPa。混合冷凝器在真空下操作，如真空度为 66.7kPa。（如附图）试计算（1）设备内的绝对压强为多少（kPa）？（2）如果此设备管子下端插入水池中，管中水柱高度 H 为多少 m？

解：（1）设备内的绝对压强

$$p_{绝} = p_{大} - p_{真} = 100 - 66.7 = 33.3\text{kPa}$$

（2）管中水柱高度 H

由

$$p_{大} = p + H\rho_{水}g$$

得

$$H = \frac{p_{大} - p}{\rho_{水}g} = \frac{(100-33.3) \times 10^3}{1000 \times 9.81} = 6.8\text{m}$$

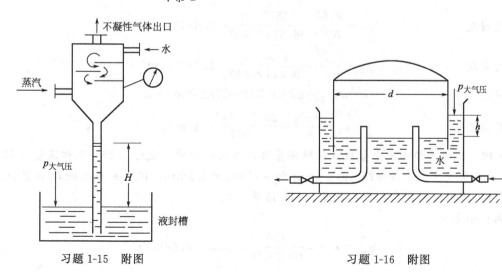

习题 1-15 附图   习题 1-16 附图

1-16 有一内径为 18m 湿式低压半水煤气气柜（如附图）。其钟罩及加重物共重为 81.5t，如果不计水对钟罩的浮力。试求：

(1) 气体的压强要达到多少才能将罐顶起？

(2) 罐内外水面差 h 为多少 m？

(3) 煤气量增加时罐中压强是否增加？（设水的密度为 1000kg/m^3，已知当地大气压强为 101.3kPa）

解：(1) 气柜的截面积

$$A = \frac{\pi}{4}d^2 = \frac{\pi}{4} \times 18^2 = 254.34\text{m}^2$$

当气体作用在此截面上的总压力等于总重力时才能将罐顶起，即

$$pA = 81.5 \times 1000 \times 9.81$$

气体的压强为

$$p = \frac{81.5 \times 1000 \times 9.81}{254.34} = 3143.49\text{Pa}（表压） \approx 3.14\text{kPa}（表压）$$

(2) 罐内、外液面差 h

$$h = \frac{p - p_\text{大}}{\rho g} = \frac{3143.49}{1000 \times 9.81} = 0.32\text{m}$$

(3) 煤气量增加时，钟罩将升高，以满足钟罩所受力的平衡关系。由于钟罩总重力不变，因此，罐中的压强不变。

1-17 管子内直径为 100mm，当 4℃ 的水流速为 2m/s 时，试求水的体积流量（m^3/h）和质量流量（kg/s）。

解：
$$q_v = 3600\frac{\pi}{4}d^2u = 3600 \times 0.785 \times 0.1^2 \times 2 = 56.5\text{m}^3/\text{h}$$

$$q_m = \frac{\pi}{4}d^2u\rho = 0.785 \times 0.1^2 \times 2 \times 1000 = 15.7\text{kg/s}$$

1-18 N_2 流过内径为 150mm 的管道，温度为 300K，入口处压强为 150kPa，出口压强为 120kPa，流速为 20m/s。求 N_2 的质量流速和入口处的流速。

解：已知 $p_1 = 150\text{kPa}$，$p_2 = 120\text{kPa}$，$u_2 = 20\text{m/s}$

入口处密度
$$\rho_1 = \frac{p_1 M}{RT} = \frac{150 \times 28}{8.314 \times 300} = 1.684\text{kg/m}^3$$

出口处密度
$$\rho_2 = \frac{p_2 M}{RT} = \frac{120 \times 28}{8.314 \times 300} = 1.347\text{kg/m}^3$$

质量流速
$$G = u_2\rho_2 = 20 \times 1.347 = 27\text{kg/(m}^2\cdot\text{s)}$$

入口处流速
$$u_1 = \frac{u_2\rho_2}{\rho_1} = \frac{20 \times 1.347}{1.684} = 16\text{m/s}$$

1-19 硫酸流经由大小管组成的串联管路，硫酸的相对密度为 1.83，体积流量为 150L/min，大小管尺寸分别为 $\phi76\text{mm}\times4\text{mm}$ 和 $\phi57\text{mm}\times3.5\text{mm}$，试分别求硫酸在小管和大管中的 (1) 质量流量；(2) 平均流速；(3) 质量流速。

解：小管中

$$q_{m1} = q_v\rho = \frac{150}{1000 \times 60} \times 1830 = 4.58\text{kg/s}$$

$$u_1 = \frac{q_v}{\frac{\pi}{4}d^2} = \frac{150}{1000 \times 60 \times 0.785 \times 0.05^2} = 1.27\text{m/s}$$

大管中
$$G_1 = u_1\rho = 1.27 \times 1830 = 2324 \text{kg}/(\text{m}^2 \cdot \text{s})$$

$$q_{m2} = q_{m1} = 4.58 \text{kg/s}$$

$$u_2 = u_1 \left(\frac{d_1}{d_2}\right)^2 = 1.27 \times \left(\frac{50}{68}\right)^2 = 0.687 \text{m/s}$$

$$G_2 = u_2\rho = 0.687 \times 1830 = 1257 \text{kg}/(\text{m}^2 \cdot \text{s})$$

1-20 水经过内径为 200mm 管子由水塔流向用户。水塔内的水面高于排出管端 25m，且维持水塔中水位不变。设管路全部能量损失为 24.5mH$_2$O（见附图），试求由管子排出的水量为多少（m^3/h）？

解：取水塔液面为 1-1' 截面，管出口为 2-2' 截面，以 2-2' 截面中心线为基准水平面，在两截面间列伯努利方程式，得

$$z_1 + \frac{u_1^2}{2g} + \frac{p_1}{\rho g} + H_e = z_2 + \frac{u_2^2}{2g} + \frac{p_2}{\rho g} + H_f$$

式中 $z_1 = 25\text{m}$，$z_2 = 0$；$u_1 \approx 0$；$p_1 = p_2 = 0$（表压）；$H_e = 0$；$H_f = 24.5\text{mH}_2\text{O}$
将以上数据代入伯努利方程式，得

$$25 = \frac{u_2^2}{2 \times 9.81} + 24.5$$

解得
$$u_2 = 3.13 \text{m/s}$$

管中水的流量为

$$q_v = 3600 \frac{\pi}{4} d^2 u_2$$
$$= 3600 \times 0.785 \times 0.2^2 \times 3.13 = 354 \text{m}^3/\text{h}$$

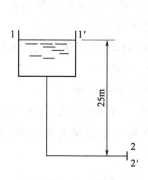

习题 1-20 附图

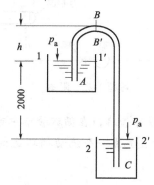

习题 1-21 附图

1-21 用虹吸管将池中 90℃ 的热水引出，两容器水面的垂直距离为 2m，管段 AB 长 5m，管段 BC 长 10m（均包括局部阻力的当量长度）。管路内直径为 20mm，直管摩擦因数为 0.02（见附图）。为保证管路不发生汽化现象，管路顶点的最大安装高度为多少？

解：(1) 水在管中的流速
如图所示，在 1-1' 与 2-2' 两截面间列伯努利方程式，并以 2-2' 截面为基准水平面，得

$$z_1 + \frac{u_1^2}{2g} + \frac{p_1}{\rho g} + H_e = z_2 + \frac{u_2^2}{2g} + \frac{p_2}{\rho g} + H_{f,1-2}$$

式中 $z_1 = 2\text{m}$，$z_2 = 0$；$u_1 \approx 0$，$u_2 \approx 0$；$p_1 = p_2 = 0$（表压）；$H_e = 0$

$$H_{f,1-2}=\lambda\frac{l+\sum l_e}{d}\times\frac{u^2}{2g}=0.02\times\frac{15}{0.02}\times\frac{u^2}{2g}$$

将以上数据代入伯努利方程式,得

$$2=0.02\times\frac{15}{0.02}\times\frac{u^2}{2\times 9.81}$$

解得

$$u=1.62\text{m/s}$$

(2) 管路顶点的最大安装高度 $h_{\max}$

在 $1\text{-}1'$ 与 $B\text{-}B'$ 两截面间列伯努利方程式,以 $1\text{-}1'$ 截面为基准水平面,可得

$$h_{\max}=\frac{p_a}{\rho g}-\frac{p_B}{\rho g}-\frac{u_B^2}{2g}-H_{f,1-B}$$

设 $p_a=1.013\times 10^5$ Pa,$p_B=p_饱$(水在 90℃ 时的饱和蒸气压)。B 点的压强随 h 增加而下降,当 h 增加到使 $p_B\leqslant p_饱$ 时,B 点处的水将汽化,使虹吸破坏,所以使 $p_B=p_饱$ 时的 h 值即为 $h_{\max}$。

查附录得 90℃ 时水的饱和蒸气压 $p_饱=70.14\times 10^3$ Pa,密度 $\rho=965.3$ kg/m^3。

$$u_B=u_2=1.62\text{m/s}$$

$$H_{f,1-B}=0.02\times\frac{5}{0.02}\times\frac{1.62^2}{2\times 9.81}=0.669\text{m}$$

所以

$$h_{\max}=\frac{1.013\times 10^5}{965.3\times 9.81}-\frac{70.14\times 10^3}{965.3\times 9.81}-\frac{1.62^2}{2\times 9.81}-0.669=2.49\text{m}$$

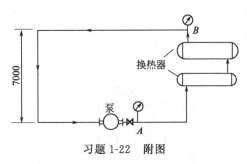

习题 1-22 附图

1-22 本题附图为冷冻盐水循环系统示意图。盐水的密度为 1100kg/m^3,循环量为 36m^3/h。自 A 处经换热器至 B 处的总摩擦阻力为 98.1J/kg,自 B 处至 A 处为 49J/kg(管径相同)。求:

(1) 泵的有效功率?

(2) 若 A 处的压强表读数为 245kPa,求 B 处的压强为多少(kPa)?

解:(1) 泵的有效功率

此为循环管路,在循环管路中可任选某截面为 $1\text{-}1'$ 截面,并兼作 $2\text{-}2'$ 截面(意指流体由 $1\text{-}1'$ 截面出发完成一个流动循环达到 $2\text{-}2'$ 截面)。在 $1\text{-}1'$ 截面与 $2\text{-}2'$ 截面之间列伯努利方程式,得

$$z_1 g+\frac{u_1^2}{2}+\frac{p_1}{\rho}+W_e=z_2 g+\frac{u_2^2}{2}+\frac{p_2}{\rho}+\sum h_f$$

因 $1\text{-}1'$ 截面与 $2\text{-}2'$ 截面重合,所以 $u_1=u_2$,$p_1=p_2$,$z_1=z_2$。伯努利方程式简化为

$$W_e=\sum h_f=\sum h_{f,A-B}+\sum h_{f,B-A}=98.1+49=147.1\text{J/kg}$$

流体的质量流量

$$q_m=\frac{36\times 1100}{3600}=11\text{kg/s}$$

泵的有效功率为

$$N_e=W_e q_m=147.1\times 11=1618\text{J/s}\approx 1.62\text{kW}$$

(2) B 处的压强

在两压强表所在位置 A-A' 与 B-B' 两截面间列伯努利方程式，以 A-A' 截面的管子中心线为基准水平面，得

$$z_A g + \frac{u_A^2}{2} + \frac{p_A}{\rho} + W_e = z_B g + \frac{u_B^2}{2} + \frac{p_B}{\rho} + \sum h_{f,A-B}$$

式中 $z_A = 0$，$z_B = 7\text{m}$；$u_A = u_B$（因管径相同）；

$p_A = 245\text{kPa} = 245 \times 10^3 \text{Pa}$；$W_e = 0$；$\sum h_{f,A-B} = 98.1\text{J/kg}$

将以上数据代入伯努利方程式，得

$$\frac{245 \times 10^3}{1100} = 7 \times 9.81 + \frac{p_B}{1100} + 9.81$$

解得
$$p_B = 61553\text{Pa} \approx 61.6\text{kPa}（表压）$$

1-23 用离心泵把 20℃ 的水从清水池送到水洗塔顶部，塔内的工作压强为 392.4kPa（表压），操作温度为 35℃，清水池的水面在地面以下 3m 保持恒定，水洗塔顶部管出口高出地面 11m，水洗塔供水量为 350m³/h，水管规格为 ϕ325mm×6mm，水从水管进口处到塔顶出口的压头损失估计为 10mH₂O。若大气压为 100kPa，水的密度可取 1000kg/m³，问此泵对水提供的有效压头应为多少？

解： 取水池液面为 1-1′ 截面，塔顶管出口为 2-2′ 截面，以 1-1′ 截面为基准水平面，在两截面间列伯努利方程式，得

$$z_1 + \frac{u_1^2}{2g} + \frac{p_1}{\rho g} + H_e = z_2 + \frac{u_2^2}{2g} + \frac{p_2}{\rho g} + H_f$$

式中 $z_1 = 0$，$z_2 = 3 + 11 = 14\text{m}$；$u_1 \approx 0$

$$u_2 = \frac{350}{3600 \times 0.785 \times 0.313^2} = 1.26\text{m/s}$$

$p_1 = 0$（表压），$p_2 = 392.4 \times 10^3 \text{Pa}$（表压）；$H_f = 10\text{mH}_2\text{O}$

将以上数据代入伯努利方程式，得

$$H_e = 14 + \frac{1.26^2}{2 \times 9.81} + \frac{392.4 \times 10^3}{1000 \times 9.81} + 10 = 64.1\text{mH}_2\text{O}$$

1-24 甲烷以 1700m³/h 的体积流量在一水平变径管中流过。此管的内径由 200mm 逐渐缩小到 100mm。在粗细两管上连有一 U 形管压差计，指示液为水。设缩小部分能量损失为零，甲烷的密度为 0.645kg/m³，问当甲烷气体流过时，U 形管两侧的指示液水面哪侧较高？相差多少（mm）？

解：（1）由于流动前后压强变化较小，故将甲烷气体作为不可压缩流体处理。

因为 $d_1 > d_2$，所以 $u_1 < u_2$

由于 $\frac{u_1^2}{2g} < \frac{u_2^2}{2g}$，所以 $\frac{p_1}{\rho g} > \frac{p_2}{\rho g}$，即 $p_1 > p_2$

U 形管与细管相连的一侧内指示液液面较高。

（2）在管路两侧压口处截面之间列伯努利方程式，以管中心线所在的平面为基准水平面，可得

$$\frac{p_1}{\rho} + \frac{u_1^2}{2} = \frac{p_2}{\rho} + \frac{u_2^2}{2}$$

上式整理得

$$p_1 - p_2 = \frac{(u_2^2 - u_1^2)\rho}{2}$$

$$u_1 = \frac{1700}{3600 \times 0.785 \times 0.2^2} = 15.0 \text{m/s}$$

$$u_2 = \frac{1700}{3600 \times 0.785 \times 0.1^2} = 60.2 \text{m/s}$$

$$p_1 - p_2 = \frac{(60.2^2 - 15.0^2) \times 0.645}{2} = 1096.2 \text{Pa}$$

又由静力学基本方程式，得

$$p_1 - p_2 = (\rho_{水} - \rho_{气}) g R$$

忽略 $\rho_{气}$ 的影响，则

$$R = \frac{p_1 - p_2}{\rho_{水} g} = \frac{1096.2}{1000 \times 9.81} = 0.112 \text{m} = 112 \text{mm}$$

1-25 用压缩空气将封闭贮槽中的硫酸输送到高位槽。在输送结束时，两槽的液面差为4m，硫酸在管中的流速为1m/s，管路的能量损失为15J/kg，硫酸的密度为1800kg/m³。求贮槽中应保持多大的压强？

解：取贮槽液面为1-1′截面，高位槽液面为2-2′截面，并以1-1′截面为基准水平面，在两截面间列伯努利方程式

$$z_1 g + \frac{u_1^2}{2} + \frac{p_1}{\rho} + W_e = z_2 g + \frac{u_2^2}{2} + \frac{p_2}{\rho} + \sum h_f$$

式中 $z_1 = 0$, $z_2 = 4\text{m}$；$u_1 \approx 0$, $u_2 \approx 0$；

$p_2 = 0$（表压）；$\sum h_f = 15 \text{J/kg}$；$\rho = 1800 \text{kg/m}^3$

将以上数据代入伯努利方程式，得

$$p_1 = (z_2 g + \sum h_f) \rho = (4 \times 9.81 + 15) \times 1800 = 97.6 \text{kPa （表压）}$$

1-26 本题附图为 CO_2 水洗塔供水系统。水洗塔内绝对压强为2100kPa，贮槽水面绝对压强为300kPa。塔内水管与喷头连接处高于水面20m，管路为 ϕ57mm×2.5mm 钢管，送水量为 15m³/h。塔内水管与喷头连接处的绝对压强为2250kPa。设损失能量为49J/kg。试求水泵的有效功率。

解：取贮槽水面为1-1′截面，塔内水管与喷头连接处为2-2′截面，以1-1′截面为基准水平面，在两截面间列伯努利方程式

$$g z_1 + \frac{u_1^2}{2} + \frac{p_1}{\rho} + W_e = g z_2 + \frac{u_2^2}{2} + \frac{p_2}{\rho} + \sum h_f$$

或

$$W_e = (z_2 - z_1) g + \frac{u_2^2 - u_1^2}{2} + \frac{p_2 - p_1}{\rho} + \sum h_f$$

式中 $z_1 = 0$, $z_2 = 4\text{m}$；$u_1 \approx 0$

$$u_2 = \frac{15}{3600 \times 0.785 \times 0.052^2} = 1.96 \text{m/s}$$

$p_1 = 300 \times 10^3 \text{Pa}$, $p_2 = 2250 \times 10^3 \text{Pa}$；$\sum h_f = 49 \text{J/kg}$

将以上各值代入上式得

$$W_e = 20 \times 9.81 + \frac{1.96^2}{2} + \frac{(2250 - 300) \times 10^3}{1000} + 49 = 2197 \text{J/kg}$$

泵的有效功率为

$$N_e = W_e q_v \rho = 2197 \times \frac{15}{3600} \times 1000 = 9154 \text{W} \approx 9.15 \text{kW}$$

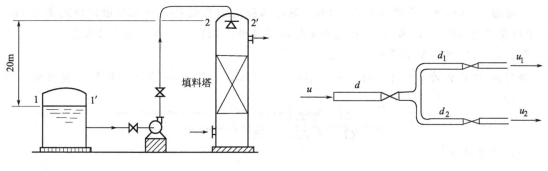

习题 1-26　附图　　　　　　　　　　　　习题 1-27　附图

1-27　在一输水管路中，输水主管直径为 200mm，每小时输水量为 120m³。在进入两支管后，要求流速比主管流速大 50%，两支管中流量 $q_{v1}=40\text{m}^3/\text{h}$，$q_{v2}=80\text{m}^3/\text{h}$。试求 (1) 输水主管中的流速为多少？(2) 输水管中两支管的直径为多少（mm）？

解：(1) 输水主管中的流速 u

$$u=\frac{q_v}{\frac{\pi}{4}d^2}=\frac{120}{3600\times 0.785\times 0.2^2}=1.06\text{m/s}$$

(2) 支管的直径

$$u_1=u_2=(1+50\%)u=1.5\times 1.06=1.6\text{m/s}$$

由

$$q_{v1}=3600\frac{\pi}{4}d_1^2 u_1=40\text{m}^3/\text{h}$$

得

$$d_1=\sqrt{\frac{40}{3600\times 0.785\times 1.6}}=0.094\text{m}=94\text{mm}$$

由

$$q_{v2}=3600\frac{\pi}{4}d_2^2 u_2=80\text{m}^3/\text{h}$$

得

$$d_2=\sqrt{\frac{80}{3600\times 0.785\times 1.6}}=0.133\text{m}=133\text{mm}$$

1-28　10℃的水在内径为 25mm 钢管中流动，流速 1m/s。试计算 Re 数值并判定其流动形态。

解：查附录得水在 10℃时，$\mu=1.0377\text{mPa}\cdot\text{s}$，$\rho=999.7\text{kg/m}^3$。

$$Re=\frac{du\rho}{\mu}=\frac{0.025\times 1\times 999.7}{1.3077\times 10^{-3}}=1.91\times 10^4>4000$$

水在钢管内的流动型态为湍流。

1-29　由一根内管及外管组合的套管换热器，已知内管为 $\phi 25\text{mm}\times 1.5\text{mm}$。外管为 $\phi 45\text{mm}\times 2\text{mm}$。套管环隙间通以冷却用盐水，其流量为 2500kg/h，密度为 1150kg/m³，黏度为 1.2mPa·s。试判断盐水的流动形态。

解：$d_e=0.041-0.025=0.016\text{m}$

$$G=\frac{2500}{3600\times 0.785\times (0.041^2-0.025^2)}=839\text{kg}/(\text{m}^2\cdot\text{s})$$

$$Re=\frac{0.016\times 839}{1.2\times 10^{-3}}=1.12\times 10^4>4000$$

盐水的流动形态为湍流。

1-30　套管冷却器由 $\phi 89\text{mm}\times 2.5\text{mm}$ 和 $\phi 57\text{mm}\times 2.5\text{mm}$ 的钢管构成。空气在细管内

流动，流速为 20m/s，平均温度为 353K，绝对压强是 202.6kPa。水在环隙内的流速为 1m/s，平均温度为 30℃。试求（1）空气和水的质量流量；（2）空气和水的流动形态。

解： $d_e = 0.084 - 0.057 = 0.027$m

查附录 30℃ 水的 $\rho = 995.7$kg/m³，$\mu = 80.07 \times 10^{-5}$Pa·s；353K（80℃）空气的 $\mu = 2.11 \times 10^{-5}$Pa·s

$$\rho = \frac{pM}{RT} = \frac{202.6 \times 29}{8.314 \times 353} = 2.0 \text{kg/m}^3$$

（1）质量流量

空气的 $\qquad q_m = uA\rho = 20 \times \frac{\pi}{4} \times 0.052^2 \times 2.0 = 0.08$kg/s

水的 $\qquad q_m = uA\rho = 1 \times \frac{\pi}{4}(0.084^2 - 0.057^2) \times 995.7 = 3$kg/s

（2）流动形态

空气的 $\qquad Re = \frac{0.052 \times 20 \times 2.0}{2.11 \times 10^{-5}} = 9.86 \times 10^4 > 4000 \qquad$ 湍流

水的 $\qquad Re = \frac{0.027 \times 1 \times 995.7}{80.07 \times 10^{-5}} = 3.36 \times 10^4 > 4000 \qquad$ 湍流

1-31 水在 ϕ38mm×1.5mm 的水平钢管内流过，温度是 20℃，流速是 2.5m/s，管长是 100m。求直管阻力为若干（mH₂O）及压强降（kPa）（取管壁绝对粗糙度 ε=0.3mm）。

解： 由附录查得水在 20℃ 时，$\rho = 998.2$kg/m³，$\mu = 1.005$mPa·s

$$Re = \frac{du\rho}{\mu} = \frac{0.035 \times 2.5 \times 998.2}{1.005 \times 10^{-3}} = 8.69 \times 10^4$$

$$\frac{\varepsilon}{d} = \frac{0.3}{35} = 0.00857$$

查 λ 与 Re 及 ε/d 关系图得 λ=0.037

$$H_f = \lambda \frac{l}{d} \times \frac{u^2}{2g} = 0.037 \times \frac{100}{0.035} \times \frac{2.5^2}{2 \times 9.81} = 33.68 \text{mH}_2\text{O}$$

$$\Delta p_f = H_f \rho g = 33.68 \times 998.2 \times 9.81 = 3.30 \times 10^2 \text{kPa}$$

1-32 在内径为 100mm 的钢管内输送一种溶液，流速 1.8m/s，溶液的密度为 1100kg/m³，黏度为 2.1mPa·s。求每 100m 钢管的压强降及压头损失。若管子由于腐蚀，其绝对粗糙度增至原来的 10 倍，求压强降增大的百分率。

解： $\qquad Re = \frac{du\rho}{\mu} = \frac{0.10 \times 1.8 \times 1100}{2.1 \times 10^{-3}} = 9.4 \times 10^4$

取钢管壁的绝对粗糙度 ε=0.2mm，则

$$\frac{\varepsilon}{d} = \frac{0.2}{100} = 0.002$$

查图得 λ=0.025

$$\Delta p_f = 0.025 \times \frac{100}{0.1} \times \frac{1100 \times 1.8^2}{2} = 4.46 \times 10^4 \text{Pa}$$

$$H_f = 0.025 \times \frac{100}{0.1} \times \frac{1.8^2}{2 \times 9.81} = 4.13 \text{m 液柱}$$

腐蚀后相对粗糙度为 $\frac{10\varepsilon}{d} = \frac{2}{100} = 0.02$，查图得 λ=0.05

压强降增大的百分率为

$$\frac{\Delta p'_f - \Delta p_f}{\Delta p_f} = \frac{0.05 - 0.025}{0.025} = 1.00 = 100\%$$

1-33 一定量的液体在圆形直管内做滞流流动。若管长及液体物性不变，而管径减至原有的 1/2，问因流动阻力而产生的能量损失为原来的若干倍？

解：
$$h_{f1} = \lambda_1 \frac{l}{d_1} \times \frac{u_1^2}{2}, \quad \lambda_1 = \frac{64}{Re_1}$$

$$h_{f2} = \lambda_2 \frac{l}{d_2} \times \frac{u_2^2}{2}, \quad \lambda_2 = \frac{64}{Re_2}$$

$$\frac{h_{f2}}{h_{f1}} = \frac{\lambda_2}{\lambda_1} \times \frac{d_1}{d_2} \times \frac{u_2^2}{u_1^2}, \quad \frac{\lambda_2}{\lambda_1} = \frac{Re_1}{Re_2} = \frac{d_1 u_1}{d_2 u_2}$$

$$\frac{h_{f2}}{h_{f1}} = \frac{d_1^2 u_2}{d_2^2 u_1}$$

又 $q_{v1} = q_{v2}$，所以 $\dfrac{u_2}{u_1} = \dfrac{d_1^2}{d_2^2}$ 代入上式，得

$$\frac{h_{f2}}{h_{f1}} = \frac{d_1^4}{d_2^4} = \frac{d_1^4}{\left(\frac{1}{2}d_1\right)^4} = 16$$

1-34 流体在光滑圆形直管内做滞流流动，若管长及管径均不变，而流量增至原有的 2 倍，问因流动阻力而产生的能量损失为原来的多少倍？两种情况下，Re 数均在 $3 \times 10^3 \sim 1 \times 10^5$ 范围内，摩擦因数 λ 可用柏拉修斯公式计算。

解：
$$\lambda = \frac{0.3164}{Re^{0.25}}, \quad h_f = \lambda \frac{l}{d} \times \frac{u^2}{2}$$

$$\frac{h_{f2}}{h_{f1}} = \frac{\lambda_2}{\lambda_1} \times \frac{u_2^2}{u_1^2}, \quad q_{v2} = 2 q_{v1}, \quad 即 \ u_2 = 2 u_1$$

$$\frac{\lambda_2}{\lambda_1} = \frac{\dfrac{0.3164}{Re_2^{0.25}}}{\dfrac{0.3164}{Re_1^{0.25}}} = \left(\frac{Re_1}{Re_2}\right)^{0.25} = \left(\frac{u_1}{u_2}\right)^{0.25} = \left(\frac{1}{2}\right)^{0.25} = 0.84$$

所以 $\dfrac{h_{f2}}{h_{f1}} = \dfrac{\lambda_2}{\lambda_1} \times \dfrac{u_2^2}{u_1^2} = 0.84 \times 2^2 = 3.36$

1-35 将冷却水从水池送到冷却塔，已知水池比地面低 2m，从水池到泵的吸入口为长 10m 的 $\phi 114mm \times 4mm$ 钢管，在吸入管线中有一个 90°弯头，一个滤水网。从泵的出口到塔顶喷嘴是总长 36m 的 $\phi 114mm \times 4mm$ 钢管，管线中有两个 90°弯头，一个闸阀（1/2 开）。喷嘴与管子连接处离地面高 24m，要求流量 56m³/h。已知水温 20℃，塔内压强 6.87kPa（表压），喷嘴进口处的压强比塔中压强高 9.81kPa，输水管的绝对粗糙度为 0.2mm（见附图）。求泵的有效功率。

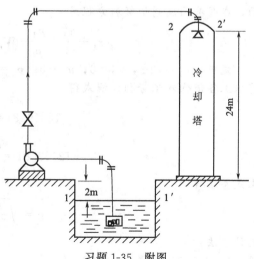

习题 1-35 附图

解：取水池液面为 1-1′ 截面，水管与喷嘴连接处为 2-2′ 截面，以 1-1′ 截面为基准水平面，在两截面间列伯努利方程式，可得

$$W_e = (z_2 - z_1)g + \frac{u_2^2 - u_1^2}{2} + \frac{p_2 - p_1}{\rho} + \sum h_f$$

式中　$z_1 = 0$，$z_2 = 24 + 2 = 26\text{m}$；$u_1 \approx 0$

$$u_2 = \frac{56}{3600 \times 0.785 \times 0.106^2} = 1.76 \text{m/s}$$

$p_1 = 0$（表压），$p_2 = (6.87 + 9.81) \times 10^3 \text{Pa}$

$$Re = \frac{du\rho}{\mu} = \frac{0.106 \times 1.76 \times 1000}{1 \times 10^{-3}} = 1.86 \times 10^5$$

$$\frac{\varepsilon}{d} = \frac{0.2}{106} = 0.00189，查图得 \lambda = 0.025$$

查表得　滤水网　　$\zeta_1 = 2$

　　　　90°弯头　　$\zeta_2 = 0.75$

　　　　闸阀$\left(\frac{1}{2}\text{开}\right)$　$\zeta_3 = 4.5$

$$\sum h_f = \left(\lambda \frac{l}{d} + \sum \zeta\right)\frac{u^2}{2} = \left(0.025 \times \frac{10 + 36}{0.106} + 2 + 3 \times 0.75 + 4.5\right) \times \frac{1.76^2}{2} = 30.4 \text{J/kg}$$

将以上各值代入伯努利方程式得

$$W_e = 26 \times 9.81 + \frac{1.76^2}{2} + \frac{(6.87 + 9.81) \times 10^3}{1000} + 30.4 = 303.7 \text{J/kg}$$

泵的有效功率为

$$N_e = W_e q_v \rho = 303.7 \times \frac{56}{3600} \times 1000 = 4724 \text{W} \approx 4.72 \text{kW}$$

1-36　从水塔引水至车间，采用 $\phi 114\text{mm} \times 4\text{mm}$ 的有缝钢管，其计算长度（包括直管、管件和阀件的当量长度）为 150m。设水塔内水面维持恒定，且高于排水管口 12m，试求水温为 12℃ 时，此管的流量 m^3/h（取管子绝对粗糙度 $\varepsilon = 0.3\text{mm}$）。

解：取水塔液面为 1-1′ 截面，管出口为 2-2′ 截面，以 2-2′ 截面中心线平面为基准水平面，在两截面间列伯努利方程式

$$gz_1 + \frac{u_1^2}{2} + \frac{p_1}{\rho} + W_e = gz_2 + \frac{u_2^2}{2} + \frac{p_2}{\rho} + \sum h_f$$

式中　$z_1 = 12\text{m}$，$z_2 = 0$；$u_1 \approx 0$；$p_1 = p_2 = 0$（表压）；$W_e = 0$

将以上各值代入伯努利方程式得

$$12 \times 9.81 = \frac{u_2^2}{2} + \lambda \frac{l}{d} \times \frac{u_2^2}{2}$$

$$12 \times 9.81 = \frac{u_2^2}{2} + \lambda \frac{150}{0.106} \times \frac{u_2^2}{2}$$

上式整理得

$$u = \sqrt{\frac{117.72}{0.5 + 707.55\lambda}}$$

用试差法：

设　$\lambda = 0.020$，解得 $u = 2.83 \text{m/s}$

查附录水在12℃时，$\rho=999.4\text{kg/m}^3$，$\mu=1.236\text{mPa}\cdot\text{s}$

$$Re=\frac{0.106\times2.83\times999.4}{1.236\times10^{-3}}=2.43\times10^5$$

$$\frac{\varepsilon}{d}=\frac{0.3}{106}=0.0028$$

查图得 $\lambda=0.026$，与假设不符，重设 λ 值进行计算。

设 $\lambda=0.026$，解得 $u=2.50\text{m/s}$。

$$Re=\frac{0.106\times2.50\times999.4}{1.236\times10^{-3}}=2.14\times10^5$$

查图得 $\lambda=0.026$，与假设相符，故取 $u=2.50\text{m/s}$。

水的流量为

$$q_v=3600\frac{\pi}{4}d^2u=3600\times0.785\times0.106^2\times2.50=79.4\text{m}^3/\text{h}$$

1-37 有一列管式换热器，外壳内径为 800mm，内有长度为 4000mm 的 ϕ38mm×2.5mm 的无缝钢管 211 根。冷油在这些管内同时流过而被加热，流量为 $300\text{m}^3/\text{h}$，冷油的平均黏度为 $8\text{mPa}\cdot\text{s}$，相对密度为 0.8。求油通过管子的损失压头。

解：管内流速为

$$u=\frac{300}{3600\times0.785\times0.033^2\times211}=0.462\text{m/s}$$

$$Re=\frac{0.033\times0.462\times800}{8\times10^{-3}}=1525<2000\quad\text{层流}$$

$$\lambda=\frac{64}{Re}=\frac{64}{1525}=0.042$$

$$h_{f\text{直}}=0.042\times\frac{4}{0.033}\times\frac{0.462^2}{2\times9.81}=0.055\text{m}\quad\text{油柱}$$

$$h_{f\text{局}}=(1+0.5)\times\frac{0.462^2}{2\times9.81}=0.016\text{m}\quad\text{油柱}$$

$$H_f=h_{f\text{直}}+h_{f\text{局}}=0.055+0.016=0.071\text{m}\quad\text{油柱}$$

1-38 管内输送的是 20℃ 的 25% $CaCl_2$ 的水溶液，其质量流量为 5000kg/h。试按有缝钢管规格选择适宜的普通级管子型号。

解：查附录 25% $CaCl_2$ 的水溶液在 20℃ 时，$\rho=1228\text{kg/m}^3$
选适宜流速 $u=2\text{m/s}$

$$d=\sqrt{\frac{4q_m}{\pi\rho u}}=\sqrt{\frac{4\times5000}{3600\times3.14\times1228\times2}}=0.0268\text{m}=26.8\text{mm}$$

查附录水煤气输送钢管规格，选用公称直径 25mm 的水煤气管，其内径为

$$33.5-2\times3.25=27\text{mm}$$

第二章 流体输送

学习要求

一、掌握的内容

1. 离心泵的基本结构和工作原理；
2. 离心泵的主要性能参数、特性曲线及其应用；
3. 离心泵的工作点和流量调节；
4. 离心泵的安装高度、操作要点及选用；
5. 往复泵的基本结构和工作原理；
6. 往复泵的主要性能参数和操作要点；
7. 离心通风机的构造和工作原理；
8. 离心通风机的主要性能参数与特性曲线；
9. 往复压缩机的主要构造和工作原理
10. 往复压缩机的主要性能及多级压缩。

二、了解的内容

1. 化工管路的基本知识；
2. 其他类型泵的基本结构、工作原理与特点；
3. 其他气体压缩和输送机械的基本结构、工作原理与特点。

学习要点

第一节 化工管路

1. 管子的主要种类及管子的表示方法。
2. 管件的主要种类及用途。
3. 常用阀门的基本构造及特点。
4. 管路的连接方式及适用场合。
5. 管路中常用的热补偿器及适用场合。
6. 管路布置的基本原则。

第二节 液体输送机械

一、离心泵

1. 离心泵的工作原理

依靠高速旋转的叶轮，液体在惯性离心力的作用下自叶轮中心被抛向外周并获得能量，最终体现为液体静压能的增加。

离心泵无自吸能力，启动前应向泵内灌液，否则发生"气缚"现象。

2.离心泵的主要部件

(1) 叶轮　叶轮内有4～12片向后弯的叶片，其作用是使液体获得机械能。

按有无前后盖板分为闭式、半开式和开式三种类型；按吸液方式不同分为单吸式和双吸式两种。

为平衡轴向力，有的叶轮在后盖板上钻有平衡孔。

(2) 泵壳　为蜗牛壳形，内有截面逐渐扩大的通道，作用是汇集液体和转能。

有的离心泵在叶轮和泵壳之间装有导轮，导轮内具有很多逐渐转向且截面逐渐扩大的通道，其作用是转能和降低能量损失。

(3) 轴封装置　作用是防止泵内高压液体沿轴漏出或外界空气沿轴漏入。

① 填料密封。利用填料变形达到密封。优点是简单易行；缺点是有滴漏，维修工作量大，损失功率大，轴磨损大。不宜用于有毒、易燃、易爆或贵重液体的输送。

② 机械密封。利用两个端面紧贴达到密封。优点是密封性能好，使用寿命长，轴不易被磨损，功率损失小；缺点是要求加工精度高，成本高，装卸和更换不便。

3.离心泵的主要性能参数与特性曲线

(1) 主要性能参数

① 流量。也称泵的送液能力，指泵在单位时间内排出的液体体积，用 q_v 表示，单位为 L/s、m^3/h。

离心泵的流量与泵的结构、尺寸及转速有关，还受管路特性的影响。

② 压头（扬程）。是指泵对单位重量（1N）液体所提供的有效能量，以 H 表示，其单位为J/N 或 m。

扬程的大小与泵的结构、尺寸、转速和流量有关。

③ 效率。反映机械摩擦、液体在泵内流动阻力以及液体泄漏等能量损失的影响，用 η 表示。

$$\eta = \frac{N_e}{N} \tag{2-1}$$

η 与离心泵的大小、类型、加工精度、流体的性质有关。一般小型泵 η 为 50%～70%，大型泵可达 90%。

④ 轴功率。是泵轴所需的功率，用 N 表示。

轴功率大于有效功率。

$$N = \frac{N_e}{\eta} = \frac{q_v H \rho g}{\eta} \tag{2-2}$$

(2) 特性曲线　通过实验将表明 H-q_v、N-q_v 和 η-q_v 关系的曲线，标绘在同一张图上，称为离心泵的特性曲线或工作性能曲线。

① 离心泵有一最高效率点，此点称为设计点。与最高效率点对应的 q_v、H、N 称为最佳工况参数。离心泵铭牌上标出的性能参数就是最佳工况参数。

② 选泵时应尽可能使泵在最高效率点附近工作，一般以泵的工作效率不低于最高效率的 92% 为合理。

③ 离心泵的压头一般随流量的增加而下降（在流量极低时可能有例外），这是离心泵一个重要特性。

④ 当流量为零时轴功率最小，故在启动离心泵时应关闭泵的出口阀，以减小启动功率保护电机。

⑤ 离心泵的特性曲线是在一定转速和常压下，以常温的清水为工质测得的，若在其他条件下使用应酌情校正。

(3) 影响离心泵特性的因素

① 密度 ρ。ρ 变化时，H-q_v、与 η-q_v 曲线不变，但 N-q_v 曲线不再适用，应按式(2-2)重新进行计算。

② 黏度 μ。μ 增加时，q_v、H 和 η 均减小，但 N 增加。

③ 泵的转速 n。近似符合比例定律

$$\frac{q_{v1}}{q_{v2}}=\frac{n_1}{n_2} \qquad \frac{H_1}{H_2}=\left(\frac{n_1}{n_2}\right)^2 \qquad \frac{N_1}{N_2}=\left(\frac{n_1}{n_2}\right)^3 \tag{2-3}$$

④ 叶轮直径 D。近似符合切割定律

$$\frac{q_v'}{q_v}=\frac{D_2'}{D_2} \qquad \frac{H'}{H}=\left(\frac{D_2'}{D_2}\right)^2 \qquad \frac{N'}{N}=\left(\frac{D_2'}{D_2}\right)^3 \tag{2-4}$$

4. 离心泵的工作点和流量调节

(1) 管路特性曲线　表示流体通过某一特定管路所需要的压头与流量之间关系的曲线称为管路特性曲线，管路特性曲线上的点称为管路特性点，表示管路特性曲线的方程为管路特性方程，表达式为

$$H_e=K+Bq_{ve}^2 \tag{2-5}$$

管路特性曲线的形状由管路布局和流量等条件决定，与离心泵的性能无关。

(2) 离心泵的工作点　管路的 H_e-q_{ve} 特性曲线与泵的 H-q_v 特性曲线的交点即为泵的工作点。该点所对应的流量和扬程既能满足管路系统的要求，又为离心泵所提供，即 $q_v=q_{ve}$，$H=H_e$，泵在一定的管路中工作时，只能在这一点工作。

(3) 离心泵的流量调节　调节离心泵的流量，实际上就是改变泵的工作点。因为泵的工作点由泵的特性曲线和管路特性曲线所决定，因此改变管路特性或改变泵的特性均能达到改变泵的工作点的目的，以改变流量。

① 改变管路特性曲线。最常用的方法是改变离心泵出口阀的开度，以改变管路流体阻力，从而达到调节流量的目的。

此法简单易行，流量能连续调节，应用较广。但用关小出口阀来减小流量，会使一部分能量额外地消耗于克服阀门的阻力上，故不经济。

② 改变泵的特性曲线

a. 改变泵的转速 n。近年来发展的变频无级调速装置，调速平稳、经济，流量能连续调节，应用较广，但价格较贵。

b. 改变叶轮直径 D。此法经济，但不灵便，调节范围不大，流量也不能连续调节，且会使泵的效率降低，应用较少。

5. 离心泵的并联与串联操作

(1) 并联　q_v 增加，H 增加，但 $q_{v并}<2q_{v单}$。

(2) 串联　H 增加，q_v 增加，但 $H_{串}<2H_{单}$。

6. 离心泵的汽蚀现象与安装高度

(1) 汽蚀现象

① 汽蚀的危害。使泵体产生振动与噪声；泵的流量、扬程和效率下降；叶轮受到破坏而剥蚀。
② 产生的原因。泵入口处的压强小于操作条件下被输送液体的饱和蒸气压。
③ 避免方法。限制泵的安装高度。

(2) 离心泵的汽蚀余量　为防止汽蚀现象发生，离心泵入口处的静压头与动压头之和超过被输送液体在操作温度下的饱和蒸气压头之值，即

$$NPSH = \frac{p_1}{\rho g} + \frac{u_1^2}{2g} - \frac{p_v}{\rho g} \tag{2-6}$$

泵制造厂家通过实验测定，得到泵的必需汽蚀余量$(NPSH)_r$，并列入泵产品样本。按标准规定，实际汽蚀余量$NPSH$比$(NPSH)_r$还要加大0.5m以上。

离心油泵汽蚀余量用Δh表示。

(3) 离心泵的允许安装高度

$$H_g = \frac{p_a - p_v}{\rho g} - NPSH - H_{f,0-1} \tag{2-7}$$

式中，$NPSH = (NPSH)_r + 0.5$，$(NPSH)_r$查泵的产品样本。

7. 化工厂常用离心泵的类型与选用

(1) 离心泵的类型
① 清水泵（IS型、D型、Sh型）。结构特点，适用场合。
② 耐腐蚀泵（F型）。制造材料代号，适用场合。
③ 油泵（Y型）。结构特点，适用场合。
④ 杂质泵（P型）。结构特点，适用场合。

(2) 离心泵的选择　在满足工艺要求的前提下，力求做到经济合理。选泵步骤如下：
① 确定输送系统的流量与压头。按最大流量和压头考虑。
② 选择泵的类型与型号。要使泵所提供的流量和扬程稍大于管路所要求的流量和压头，并使泵在高效率区进行工作。
③ 核算泵的轴功率。

二、其他类型泵

1. 往复泵

(1) 操作原理
① 主要部件。泵缸、活塞（或柱塞）、活塞杆、单向阀（吸入阀和排出阀）。
② 有关概念。工作空间、端点（也称死点）、行程（或冲程）、单动泵、双动泵、三联泵。
③ 工作原理。通过活塞的往复运动，使工作空间增大或减小，使泵内产生低压或高压，达到吸液和排液的目的。

(2) 往复泵的主要特点
① 往复泵的流量只与本身的几何尺寸和活塞的往复次数有关，而与泵的扬程无关。理论流量等于单位时间内活塞在泵缸内扫过的体积，即

单动泵
$$q_{vT} = ASn_r \tag{2-8}$$

双动泵
$$q_{vT} = (2A - a)Sn_r \tag{2-9}$$

实际流量小于理论流量,即

$$q_v = \eta_v q_{vT} \tag{2-10}$$

② 理论上往复泵的扬程与流量无关,可达无限大,但受泵的机械强度和原动机功率的限制。实际上流量随扬程的增加略有减小。往复泵适用于小流量高压头的场合。

③ 往复泵的吸上高度也有一定限制,但往复泵有自吸能力,启动时可不必灌液。

④ 往复泵启动时应打开出口阀,流量用旁路调节。

2. 回转泵(齿轮泵和螺杆泵)、旋涡泵的工作原理,结构特点和适用场合。

第三节 气体输送与压缩机械

一、离心通风机、鼓风机与压缩机

1. 离心通风机

(1) 基本结构和工作原理 离心通风机的基本结构和工作原理与单级离心泵相似,但它输送的是气体,所以两者在结构上也有差异,如机壳的断面、叶轮上叶片的数目和形状等。

(2) 主要性能与特性曲线

① 风量。是指单位时间内从风机出口排出的气体体积,并以风机进口处的状态计,以 q_v 表示,单位为 m^3/s 或 m^3/h。

② 风压。是指单位体积的气体通过风机时所获得的能量,以 H_T 表示,单位为 J/m^3 或 Pa,习惯上也用 mmH_2O 表示。

风机的全风压由静风压与动风压组成,即

$$H_T = (p_2 - p_1) + \frac{u_2^2 \rho}{2} \tag{2-11}$$

风机铭牌或手册中所列的全风压 H_T 是在气体密度为 $1.2 kg/m^3$(20℃、101.3kPa 的空气)条件下测定的,若实际操作条件与实验条件不同时,要把操作条件下所需的风压 H_T' 换算成实验条件下的风压 H_T,然后按 H_T 和 q_v 选择风机。H_T' 与 H_T 的换算关系是

$$H_T = H_T' \times \frac{\rho}{\rho'} = H_T' \times \frac{1.2}{\rho'} \tag{2-12}$$

③ 轴功率和效率

$$N = \frac{H_T q_v}{1000 \eta} \tag{2-13}$$

④ 特性曲线。离心通风机的特性曲线与离心泵的特性曲线相似,只是多了一条静风压随流量变化的曲线。

(3) 离心通风机的选择

① 根据伯努利方程式计算输送系统所需的实际风压 H_T',并将 H_T' 换算为实验条件下的风压 H_T。

② 根据输送气体的性质与风压范围,确定风机类型。

③ 根据 q_v 和 H_T 选型号。

2. 离心鼓风机与压缩机

离心鼓风机的基本结构和工作原理与离心通风机相仿。离心鼓风机可分为单级和多级。

离心压缩机的基本结构和工作原理与多级鼓风机相仿。离心压缩机均为多级。

二、往复压缩机

1. 往复压缩机的工作过程

（1）主要构造　与往复泵相似，但也有如下不同之处：

① 必须有冷却装置。

② 必须控制活塞与气缸端盖之间的间隙。

③ 气缸必须有润滑装置。

④ 对吸入阀和排出阀要求更高，开启方便，密封性好。

（2）实际工作循环的四个过程　吸气、压缩、排气、膨胀。

（3）气体压缩后的体积和温度　体积减小，温度升高，可按气体状态方程进行计算。

（4）实际压缩循环的功　常按绝热压缩过程考虑。

（5）余隙系数 ε 的表达式

$$\varepsilon = \frac{V_3}{V_1 - V_3} \tag{2-14}$$

（6）容积系数 λ_0 的表达式

$$\lambda_0 = \frac{V_1 - V_4}{V_1 - V_3} \tag{2-15}$$

或

$$\lambda_0 = 1 - \varepsilon \left[\left(\frac{p_2}{p_1} \right)^{\frac{1}{\gamma}} - 1 \right] \tag{2-16}$$

2. 多级压缩

（1）多级压缩概念　气体通过多个气缸压缩。

（2）多级压缩优缺点　优点是：避免排气温度过高，减少功耗，提高气缸容积利用率，使压缩机的结构更加合理。缺点是：级数越多，系统越复杂，设备费用增加，克服系统流动阻力的能耗增加。适宜的级数应根据具体情况确定。

3. 往复压缩机的主要性能

（1）排气量（又称生产能力或输气量）　是指压缩机在单位时间内排出的气体体积，其值以吸入状态计算，单位为 m^3/min。

设无余隙，理论吸气量为

单动

$$q_v' = ASn_r \tag{2-17}$$

双动

$$q_v' = (2A - a)Sn_r \tag{2-18}$$

实际排气量为

$$q_v = \lambda_d q_v' \tag{2-19}$$

式中，λ_d 为排气系数，其值约为 $(0.8 \sim 0.95)\lambda_0$。

（2）轴功率与效率

绝热过程，单级压缩的理论功率为

$$N_a = p_1 q_v \frac{\gamma}{\gamma - 1} \left[\left(\frac{p_2}{p_1} \right)^{\frac{\gamma-1}{\gamma}} - 1 \right] \frac{1}{60 \times 1000} \tag{2-20}$$

压缩机的轴功率为

$$N = \frac{N_a}{\eta_a} \tag{2-21}$$

4.往复压缩机的类型与选用

(1) 分类 有多种分类方法。

(2) 选用步骤

① 根据压缩气体的性质,确定压缩机的种类。

② 根据生产任务及厂房的具体情况确定压缩机的结构形式。

③ 根据生产上所需的排气量和出口的排气压强选择合适的型号。

三、回转式鼓风机和压缩机

罗茨鼓风机、液环压缩机的基本构造、工作原理和特点。

四、真空泵

往复式真空泵、水环真空泵、喷射式真空泵基本构造、工作原理和特点。

例题与解题分析

【例 2-1】 用离心泵将 20℃的清水送到某设备中,泵的前后分别装有真空表和压强表,如本题附图所示。已知泵吸入管路的压头损失为 2.2m,动压头为 0.4m,泵的实际安装高度为 3.5m,操作条件下泵的必需汽蚀余量为 2.5m,当地大气压强为 100kPa。试求:

(1) 离心泵入口真空表的读数(Pa);

(2) 当水温由 20℃升至 60℃时,发现真空表与压强表读数跳动,流量骤然下降,试判断出了什么故障。

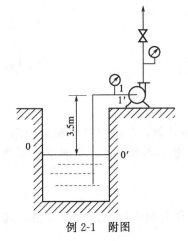

例 2-1 附图

分析:第(1)问是伯努利方程式的应用;第(2)问是泵安装高度的核算。根据泵在操作中出现的异常现象及产生的原因,可判断发生了汽蚀现象,这可通过核算泵的安装高度来验证。

解:(1) 真空表读数

以池内水面为 0-0′截面,泵吸入口真空表处为 1-1′截面,并以水池水面为基准水平面,在两截面间列伯努利方程式,得

$$\frac{p_a}{\rho g} = z_1 + \frac{u_1^2}{2g} + \frac{p_1}{\rho g} + H_{f,0-1}$$

上式整理得

$$p_a - p_1 = \rho g \left(z_1 + \frac{u_1^2}{2g} + H_{f,0-1} \right)$$
$$= 1000 \times 9.81 \times (3.5 + 0.4 + 2.2)$$
$$= 59841 \text{Pa}(真空度)$$

(2) 判断故障

当水温从 20℃升至 60℃时,由于水的饱和蒸气压增大,使泵的允许安装高度降低,对于已操作中的泵,其安装高度可能超高,会发生汽蚀现象。下面核算泵的安装高度。

由附录查得 60℃时水的密度 $\rho = 983.2 \text{kg/m}^3$,饱和蒸气压 $p_v = 19.92 \text{kPa}$,则泵的允许安装高度为

$$H_g = \frac{p_a - p_v}{\rho g} - NPSH - H_{f,0-1}$$
$$= \frac{(100-19.92) \times 10^3}{983.2 \times 9.81} - (2.5+0.5) - 2.2$$
$$= 3.1 \text{m}$$

泵的实际安装高度大于允许安装高度,故泵在保持原流量运行时发生了汽蚀现象。

说明:当其他条件相同时,水温升高、流量加大,泵的允许安装高度下降,故确定泵的安装高度时应以一年四季中最高水温和最大流量为依据。

【例 2-2】 某工厂需将 20℃的水从敞口的贮槽送到常压高位槽内,两槽液面保持恒定。已知贮槽与高位槽两液面的垂直距离为 25m,管路全部压头损失为 5mH$_2$O,要求输水量为 100m^3/h。

(1) 试选择一台合适的离心泵,并列出主要性能;
(2) 泵实际运行时所需的轴功率;
(3) 因采用阀门调节流量而多消耗的轴功率。

分析:第(1)问是根据生产任务选用离心泵。选泵的两个参数是所需的流量和外加压头,因为流量已知,所以根据伯努利方程式求出管路系统所需的外加压头后,便可选择离心泵。所选泵能提供的流量和压头应不小于输送任务所需的流量和压头。第(2)问和第(3)问,是离心泵工作点的概念以及离心泵有效功率和轴功率计算式的应用。

解:(1) 选泵的型号

先确定管路输送系统所需的外加压头。以贮槽液面为 1-1′截面,高位槽液面为 2-2′截面,并以 1-1′截面为基准水平面,在两截面间列伯努利方程

$$z_1 + \frac{u_1^2}{2g} + \frac{p_1}{2g} + H_e = z_2 + \frac{u_2^2}{2g} + \frac{p_2}{\rho g} + H_f$$

式中 $z_1 = 0$,$z_2 = 25m$;$u_1 \approx 0$,$u_2 \approx 0$;$p_1 = p_2 = 0$(表压);$H_f = 5\text{mH}_2\text{O}$

将以上数据代入伯努利方程式得

$$H_e = 25 + 5 = 30\text{m}$$

根据所需的流量 100m^3/h、扬程 30m,查附录 IS 型离心泵性能表,选用 IS100-80-160 型号泵。其主要性能为:

流量 100m^3/h,扬程 32m,效率 78%,轴功率 11.2kW,必需汽蚀余量 4.0m。

(2) 泵实际运转时的轴功率

泵实际运转时的流量为 100m^3/h,即工作点下的轴功率为 11.2kW。

(3) 多消耗的轴功率

因所选泵的压头大于管路所需的压头,故采用阀门调节。由于阀门调节多消耗的压头为

$$\Delta H = 32 - 30 = 2\text{m}$$

故多消耗的轴功率为

$$\Delta N = \frac{q_v \rho \Delta H g}{\eta} = \frac{100 \times 1000 \times 2 \times 9.81}{3600 \times 0.78}$$
$$= 689.7\text{W} \approx 0.7\text{kW}$$

【例 2-3】 已知空气的最大输送量为 1.6×10^4 kg/h,在最大风量下输送系统所需的全风压为 2100Pa,空气进口温度为 40℃,当地大气压强为 98.7kPa。试选择一台合适的离心通风机。

分析：本题是根据生产要求选择合适的离心通风机。风机应根据以进口状态计的实际风量和实验条件下的风压进行选择，本题所给风量为质量流量，应换算成进口状态下的体积流量；所给的风压为操作条件下的风压，应换算成实验条件下的风压。

解：输送条件下空气的密度为

$$\rho' = \rho_0 \frac{T_0}{T'} \times \frac{p'}{p_0} = 1.293 \times \frac{273}{273+40} \times \frac{98.7}{101.3}$$
$$= 1.1 \text{kg/m}^3$$

将操作条件下的风压换算为实验条件下的风压，即

$$H_T = H'_T \frac{1.2}{\rho} = 2100 \times \frac{1.2}{1.1} = 2290 \text{Pa}$$

以风机进口状态计的风量为

$$q_v = \frac{1.6 \times 10^4}{1.1} = 1.45 \times 10^4 \text{m}^3/\text{h}$$

根据风量 $1.45 \times 10^4 \text{m}^3/\text{h}$ 和风压 2290Pa，查附录二十三得 4-72-11No.6C 离心通风机可满足要求。其性能为：

转速 2240r/min，风压 2432.1Pa，风量 15800m³/h，效率 91%，功率 14.1kW。

【例 2-4】 某单缸单动空气往复压缩机，气缸直径为 200mm，活塞冲程为 450mm，每分钟往复 300 次。压缩机的吸气压强为 101.3kPa，排气压强为 515kPa。假设往复压缩机的余隙系数为 0.05，排气系数为容积系数的 85%，绝热指数为 1.4。求此压缩机的生产能力。

分析：求压缩机的生产能力（排气量），应先求理论吸气量，然后再求生产能力。

解：（1）理论吸气量

$$q'_v = \frac{\pi}{4} D^2 S n_r$$
$$= 0.785 \times 0.2^2 \times 0.45 \times 300$$
$$= 4.24 \text{m}^3/\text{min}$$

（2）压缩机的容积系数和排气系数

$$\lambda_{容} = 1 - \varepsilon \left[\left(\frac{p_2}{p_1}\right)^{\frac{1}{k}} - 1 \right]$$
$$= 1 - 0.05 \left[\left(\frac{515}{101.3}\right)^{\frac{1}{1.4}} - 1 \right] = 0.89$$
$$\lambda_d = 0.85 \times 0.89 = 0.757$$

（3）生产能力

$$q_v = \lambda_d q'_v = 0.757 \times 4.24 = 3.21 \text{m}^3/\text{min}$$

习 题 解 答

2-1 在用水测定离心泵性能的实验中，当流量为 26m³/h 时，泵出口压强表读数为 152kPa，泵入口处真空表读数为 24.7kPa，轴功率为 2.45kW，转速为 2900r/min。真空表与压强表两侧压口间的垂直距离为 0.4m，泵的进、出口管径相等，两侧压口间管路的流动阻力可以忽略不计。实验用水的密度近似为 1000kg/m³。试计算该泵的效率，并列出该效率下泵的性能。

解：在真空表和压强表所处的两截面间列伯努利方程式得

$$H = h_0 + \frac{p_{表} + p_{真}}{\rho g} + \frac{u_2^2 - u_1^2}{2g} + H_f$$

式中 $h_0 = 0.4\text{m}$，$u_1 = u_2$，$H_f \approx 0$，$p_{表} = 152 \times 10^3 \text{Pa}$，$p_{真} = 24.7 \times 10^3 \text{Pa}$

所以
$$H = 0.4 + \frac{(152 + 24.7) \times 10^3}{1000 \times 9.81} = 18.4\text{m}$$

泵的效率为

$$\eta = \frac{N_e}{N} = \frac{26 \times 18.4 \times 1000 \times 9.81}{3600 \times 2.45 \times 1000} = 0.532 = 53.2\%$$

泵的主要性能为：

流量 $26\text{m}^3/\text{h}$，扬程 18.4m，轴功率 2.45kW，效率 53.2%。

2-2 将密度为 1200kg/m^3 的碱液自碱池用离心泵打入塔内（如图）。塔顶压强表读数为 58.86kPa，流量为 $30\text{m}^3/\text{h}$，泵的吸入管阻力为 2m 碱液柱，压出管阻力为 5m 碱液柱。试求：(1) 泵的扬程；(2) 如泵的轴功率为 3.6kW，则泵的效率为多少？(3) 若当地大气压为 100kPa，泵吸入管内流速为 1m/s，则真空表读数为多少（kPa）?

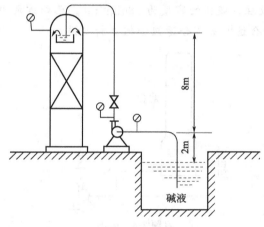

习题 2-2 附图

解：(1) 泵的扬程

$$\begin{aligned}H &= \Delta z + \frac{\Delta p}{\rho g} + \frac{\Delta u^2}{2g} + H_f \\ &= (8+2) + \frac{58.86 \times 10^3}{1200 \times 9.81} + 0 + (2+5) \\ &= 22\text{m 碱液柱}\end{aligned}$$

(2) 泵的效率

$$\eta = \frac{N_e}{N} = \frac{30 \times 1200 \times 22 \times 9.81}{3600 \times 3.6 \times 1000} = 0.5995 \approx 60\%$$

(3) 真空表的读数

在碱液池液面与真空表处列伯努利方程得

$$\frac{p_2}{\rho g} + z_2 + \frac{u_2^2}{2g} + H_{f吸} = 0$$

$$\frac{p_2}{1200 \times 9.81} + 2 + \frac{1^2}{2 \times 9.81} + 2 = 0$$

解得 $p_2 = -47688\text{Pa}$（表压）$\approx 47.7\text{kPa}$（真空度）

2-3 在海拔1000m的高原上，使用一离心清水泵吸水，已知该泵吸入管路中的全部压头损失与速度头之和为6m水柱。今拟将该泵安装于水源水面之上3m处，该处大气压强为89.8kPa，夏季水温为20℃，问此泵能否正常操作？

解： 已知 $p_a = 89.8 \times 10^3 \text{Pa}$，$H_{f,0-1} + \dfrac{u_1^2}{2g} = 6\text{m}$

查附录20℃时水的 $\rho = 998.2\text{kg/m}^3$，$p_v = 2.3346 \times 10^3 \text{Pa}$

由

$$H_g = \frac{p_a - p_v}{\rho g} - \frac{u_1^2}{2g} - H_{f,0-1}$$
$$= \frac{(89.8 - 2.3346) \times 10^3}{998.2 \times 9.81} - 6$$
$$= 2.93\text{m} < 3\text{m}$$

所以此泵在夏季不能正常工作。

2-4 要将某减压精馏塔塔釜中的液体产品用离心泵输送至高位槽，釜中真空度为66.7kPa（其中液体处于沸腾状态，即其饱和蒸气压等于釜中绝对压强）。泵位于地面上，吸入管总阻力为0.87m液柱，液体的密度为986kg/m³。已知该泵的必需汽蚀余量为4.2m。试问该泵的安装位置是否合适？如不合适应如何重新安排？

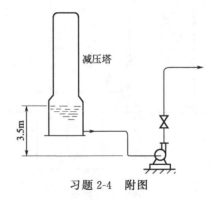

习题2-4 附图

解： 泵的允许安装高度

$$H_g = \frac{p_0 - p_v}{\rho g} - NPSH - H_{f,0-1}$$

因为 $p_0 = p_v$

所以 $H_g = -NPSH - H_{f,0-1}$
$= -(4.2 + 0.5) - 0.87$
$= -5.57\text{m} < -3.5\text{m}$

故泵的安装位置不合适，可将泵的安装位置向下移 $5.57 - 3.5 = 2.07\text{m}$。

2-5 某化工厂各车间排出的热水平均温度为65℃，先汇集于热水池中，然后用离心泵以28m³/h的流量输送到凉水塔顶，并经喷头喷出而落入凉水池中，以达到冷却的目的。已知水在进入喷头之前需要维持49kPa的表压强。喷头入口位置较热水池水面高8m。吸入管路和排出管路中压头损失分别为1m和3m。管路中的动压头可以忽略不计。当地大气压按101.3kPa计。试选用合适的离心泵，并确定泵的安装高度。

解： 在热水池液面与喷头入口截面之间列伯努利方程式

$$z_1+\frac{u_1^2}{2g}+\frac{p_1}{\rho g}+H_e=z_2+\frac{u_2^2}{2g}+\frac{p_2}{\rho g}+H_f$$

式中 $z_1=0$，$z_2=8$m；$u_1\approx 0$，忽略 $\frac{u_2^2}{2g}$；$p_1=0$（表压），$p_2=49\times 10^3$Pa；$H_f=1+3=4$m

由附录查得 65℃ 时水的密度 $\rho=980.5$kg/m³

将以上数据代入伯努利方程式得

$$H_e=8+\frac{49\times 10^3}{980.5\times 9.81}+4=17.1\text{m}$$

依 $q_v=28$m³/h，$H_e=17.1$m 查附录 IS 型离心泵性能表，选 IS80-50-250 型离心式水泵。该泵的主要性能为：流量 30m³/h，扬程 18.8m，效率 61%，轴功率 2.52kW，必需汽蚀余量 3.0m，转速 1450r/min。

由附录查得 65℃ 时水的饱和蒸气压 $p_v=25.014$kPa。

泵的允许安装高度为

$$\begin{aligned}H_g&=\frac{p_a-p_v}{\rho g}-NPSH-H_{f,0-1}\\&=\frac{(101.3-25.014)\times 10^3}{980.5\times 9.81}-(3+0.5)-1\\&=3.43\text{m}\end{aligned}$$

2-6 从水池向高位槽送水，要求送水量为每小时 20t，槽内压强为 30kPa（表压），槽内水面距离水池水面 16m，管路总阻力为 2.1m H_2O。现拟选用 IS 型水泵，试确定选用哪种型号为宜？

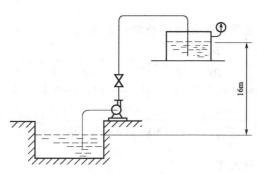

习题 2-6 附图

解：在水池液面与高位槽液面之间列伯努利方程式得

$$H_e=\Delta z+\frac{\Delta p}{\rho g}+\frac{\Delta u^2}{2g}+H_f=14+\frac{30\times 10^3}{1000\times 9.81}+2.1=19.2\text{m}$$

泵的流量为

$$q_v=\frac{20\times 10^3}{1000}=20\text{m}^3/\text{h}$$

根据 $q_v=20$m³/h，$H_e=19.2$m 查附录 IS 型离心泵性能表，选用 IS80-50-250 型离心式水泵。该泵的主要性能为：流量 25m³/h，扬程 20m，效率 60%，轴功率 2.22kW，必需汽蚀余量 2.5m，转速 1450r/min。

2-7 内径 100mm 的钢管从江中取水，送入蓄水池，水由池底进入，池中水面高出江面 30m。管路的长度（包括局部阻力当量长度）为 60m。水在管内的流速为 1.5m/s。已知管

路的摩擦因数 $\lambda=0.028$。今库存有下列四种规格的离心泵，问能否从库存中选用一台泵？

泵	I	II	III	IV
流量 q_v/(L/s)	17	16	15	12
扬程 H/m	42	38	35	32

解： 在江面与蓄水池液面之间列伯努利方程式得

$$H_e = \Delta z + \frac{\Delta p}{\rho g} + \frac{\Delta u^2}{2g} + H_f$$

$$H_f = \lambda \frac{l + \sum l_e}{d} \times \frac{u^2}{2g}$$

式中 $\Delta z = 30\text{m}$，$p_1 = p_2 = 0$（表压），$u_1 \approx 0$，$u_2 \approx 0$
$l + \sum l_e = 60\text{m}$，$\lambda = 0.028$，$u = 1.5\text{m/s}$

所以

$$H_e = 30 + 0.028 \times \frac{60}{0.1} \times \frac{1.5^2}{2 \times 9.81} = 31.93\text{m}$$

$$q_v = \frac{\pi}{4}d^2 u = 0.785 \times 0.1^2 \times 1.5$$
$$= 0.0118\text{m}^3/\text{s} = 11.8\text{L/s}$$

依 q_v 和 H_e 可知，选用泵 IV 合适。

2-8 某常压贮槽内盛有石油产品，其密度为 760kg/m^3，在贮存条件下的饱和蒸气压强为 80kPa。现将该油品以 $15\text{m}^3/\text{h}$ 的流量送往表压为 147.2kPa 的设备内。输送管路尺寸为 $\phi57\text{mm}\times 2\text{mm}$ 的钢管。贮槽液面维持恒定。由液面到设备入口的升扬高度为 5m。吸入管路和压出管路的压头损失分别为 1m 及 4m。当地大气压按 101.3kPa 计。试选一合适的油泵，并确定泵的安装高度。

解： 在贮槽液面与输送管出口之间列伯努利方程式

$$z_1 + \frac{p_1}{\rho g} + \frac{u_1^2}{2g} + H_e = z_2 + \frac{p_2}{\rho g} + \frac{u_2^2}{2g} + H_f$$

式中 $z_1 = 0$，$z_2 = 5\text{m}$，$u_1 \approx 0$，$p_1 = 0$（表压），$p_2 = 147.2 \times 10^3\text{Pa}$，$H_f = 1 + 4 = 5\text{m}$

$$u_2 = \frac{q_v}{\frac{\pi}{4}d^2} = \frac{15}{3600 \times 0.785 \times 0.053^2} = 1.89\text{m/s}$$

将以上数据代入伯努利方程式得

$$H_e = 5 + \frac{147.5 \times 10^3}{760 \times 9.81} + \frac{1.89^2}{2 \times 9.81} + 5 = 30\text{m}$$

根据 $q_v = 15\text{m}^3/\text{h}$，$H_e = 30\text{m}$，查附录离心油泵性能表，选 65Y-60B 型离心油泵。该泵主要性能为：流量 $19.8\text{m}^3/\text{h}$，扬程 38m，转速 2950r/min，轴功率 3.75kW，效率 55%，汽蚀余量 2.6m。

确定泵的安装高度

由式

$$H_g = \frac{p_a - p_v}{\rho g} - \Delta h - H_{f,0-1}$$

已知 $p_a = 101.3\text{kPa}$，$p_v = 80\text{kPa}$；$\Delta h = 2.6\text{m}$，$H_{f,0-1} = 1\text{m}$

所以

$$H_g = \frac{(101.3 - 80) \times 10^3}{760 \times 9.81} - 2.6 - 1 = -0.74\text{m}$$

应将泵安装在贮槽液面以下至少 0.74m 处，为了安全应再低些。

2-9 用水对离心泵作实验,得到下列各实验数据:

流量 q_v/(L/min)	0	100	200	300	400	500
扬程 H/m	37.2	38	37	34.5	31.8	28.5

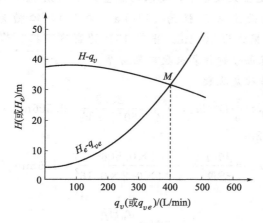

习题 2-9 附图

若通过 $\phi76\text{mm}\times4\text{mm}$、长 355m(包括局部阻力的当量长度)的导管,用该泵输送液体。已知吸入与排出的空间均为常压设备,两者液面间的垂直距离为 4.8m,摩擦因数 λ 为 0.03。试求该泵在运转时的流量。

解:

(1) 由题给的数据作出离心泵特性曲线 $H\text{-}q_v$ 曲线,如图所示。

(2) 求管路特性方程

在两设备液面之间列伯努利方程式得

$$H_e = \Delta z + \frac{\Delta p}{\rho g} + \frac{\Delta u^2}{2g} + H_f$$

$$H_f = \lambda \frac{l+\Sigma l_e}{d} \times \frac{u^2}{2g}$$

$$\lambda = 0.03, l+\Sigma l_e = 355\text{m}$$

$$u = \frac{q_{ve}}{1000 \times 60 \times \frac{\pi}{4}d^2}\text{m/s}$$

$$\frac{u^2}{2g} = \left(\frac{q_{ve}}{1000\times 60 \times \frac{\pi}{4}\times 0.068^2}\right)^2 \times \frac{1}{2\times 9.81} = 1.075\times 10^{-6} q_{ve}^2$$

$$\Delta z = 4.8\text{m}, \quad \frac{\Delta p}{\rho g}=0, \quad \frac{\Delta u^2}{2g}=0$$

将以上数据代入伯努利方程式,得管路特性方程为

$$H_e = 4.8 + 1.684\times 10^{-4} q_{ve}^2$$

(3) 在同一坐标图上绘出管路特性曲线 $H_e\text{-}q_{ve}$ 曲线,如图所示。

q_{ve}/(L/min)	0	100	200	300	350	400	450	500
H_e/m	4.80	6.48	11.54	19.96	25.43	31.74	38.90	46.90

(4) 两线的交点为泵的工作点 M，M 点所对应的流量即为该泵在运转时的流量，为 $400\text{L/min}=24\text{m}^3/\text{h}$。

2-10 某单动往复泵活塞的直径为 160mm、冲程为 200mm，现拟用该泵将相对密度为 0.93 的某种液体从贮槽送至某设备中，要求的流量为 $25.8\text{m}^3/\text{h}$，设备的液体入口较贮槽液面高 19.5m。设备内液面上方压强为 314kPa（表压），贮槽为敞口，外界大气压为 98.1kPa，管路的总压头损失为 10.3m。当有 15% 的液体漏损和总效率为 72%，忽略速度头时，试分别计算此活塞每分钟往复次数与轴功率。

解：（1）活塞每分钟往复次数

由 $$q_{vT}=\frac{\pi}{4}D^2Sn_r, \quad q_{vT}=\frac{25.8}{60\times0.85}=0.506\text{m}^3/\text{min}$$

已知 $D=0.16\text{m}$，$S=0.2\text{m}$

所以 $$n_r=\frac{4q_{vT}}{\pi SD^2}=\frac{4\times0.506}{3.14\times0.2\times0.16^2}=126\text{min}^{-1}$$

（2）泵的轴功率

$$N=\frac{q_vH\rho}{102\eta}$$

$$H=(z_2-z_1)+\frac{p_2-p_1}{\rho g}+\frac{u_2^2-u_1^2}{2g}+H_f$$

式中 $\rho=930\text{kg/m}^3$，$\eta=72\%$，$q_v=25.8\text{m}^3/\text{h}$，$z_2-z_1=19.5\text{m}$，$p_1=0$（表压），$p_2=314\times10^3\text{Pa}$（表压），忽略速度头，$H_f=10.3\text{m}$

$$H=19.5+\frac{314\times10^3}{930\times9.81}+10.3=64.2\text{m}$$

泵的轴功率为

$$N=\frac{25.8\times64.2\times930}{3600\times102\times0.72}=5.83\text{kW}$$

2-11 某双动往复泵柱塞的直径为 180mm，柱塞杆的直径为 50mm，曲柄的半径为 145mm，柱塞每分钟往复 55 次。为了测定此泵的性能，将泵排出的水注入一个经过校准的贮水桶中，桶径为 3m，在 26.5min 的试验中，桶内的水面升高 2.6m，试求泵的容积效率。

解： 双动泵的理论流量为

$$\begin{aligned}q_{vT}&=(2A-a)Sn_r\\&=\left(2\times\frac{\pi}{4}\times0.18^2-\frac{\pi}{4}\times0.05^2\right)\times0.145\times2\times55\\&=0.78\text{m}^3/\text{min}\end{aligned}$$

实际流量为

$$q_v=\frac{\frac{\pi}{4}\times3^2\times2.6}{26.5}=0.693\text{m}^3/\text{min}$$

容积效率为

$$\eta_v=\frac{q_v}{q_{vT}}=\frac{0.693}{0.78}=0.89=89\%$$

2-12 现需输送温度为 200℃，密度为 0.75kg/m^3 的烟气，要求输送流量为 $12700\text{m}^3/\text{h}$，

全风压为 120mm H_2O。工厂仓库中有一台风机，其铭牌上流量为 12700m^3/h，风压为 160mm H_2O。试问该风机是否可用？

解：将操作条件下的风压换算为实验条件下的风压

$$H_T = H_T' \frac{1.2}{\rho'} = 120 \times \frac{1.2}{0.75} = 192 \text{mmH}_2\text{O} > 160 \text{mmH}_2\text{O}$$

所以库存该风机不适用。

2-13 要向某一换热器和常压干燥器系统输送空气。空气的温度为 293K，质量流量为 30t/h。若所需的全风压为 380mm H_2O。试选一台合适的通风机。

解：所需的全风压为

$$H_T = 380 \times 9.81 = 3.73 \text{kPa}$$

取 293K 空气的密度为 1.2kg/m^3，所以风机的风量为

$$q_v = \frac{30000}{1.2} = 25000 \text{m}^3/\text{h}$$

所需风压在 3kPa 以上，应选用高压风机。又因为输送空气，故可选用 8-18 型或 9-27 型高压离心通风机。

查附录，选用 9-27-001NO.8 型离心通风机。

2-14 某单动往复压缩机绝热压缩双原子气体，操作情况如下：吸入气体压强为 101.3kPa，压出气体压强为 380kPa，吸入气体的温度为 10℃。试计算压缩后气体的温度。如果吸入气体进入气缸即被余隙气体和气缸壁加热升温 18K，计算压缩后气体的温度。在上述两种情况下，如吸入气体皆为 500m^3，则压缩后气体的体积为多少（m^3）？

解：双原子气体的绝热指数 $\gamma = 1.4$

（1）压缩后气体的温度

① 吸入气体的温度为 10℃ 时，

$$T_2 = T_1 \left(\frac{p_2}{p_1}\right)^{\frac{\gamma-1}{\gamma}} = 283 \times \left(\frac{380}{101.3}\right)^{\frac{1.4-1}{1.4}} = 413 \text{K} = 140 ℃$$

② 吸入的气体被加热升温 18K 时

$$T_2' = (283 + 18) \times \left(\frac{380}{101.3}\right)^{\frac{1.4-1}{1.4}} = 439 \text{K} = 166 ℃$$

（2）压缩后气体的体积

① 吸入气体的温度为 10℃ 时

由

$$\frac{p_1 V_1}{T_1} = \frac{p_2 V_2}{T_2}$$

得

$$\frac{101.3 \times 500}{283} = \frac{380 V_2}{413}$$

解得

$$V_2 = 194.5 \text{m}^3$$

② 吸入的气体被加热升温 18K 时

由

$$\frac{101.3 \times 500}{283} = \frac{380 T_2'}{439}$$

解得

$$T_2' = 206.8 \text{m}^3$$

2-15 某往复压缩机的余隙系数为 0.05，如将空气从 101.3kPa 和 283K 绝热压缩至 515kPa，求其容积系数，并求此压缩机的最大压缩比。

解：空气的绝热指数为 1.4

(1) 容积系数

$$\lambda_0 = 1 - \varepsilon \left[\left(\frac{p_2}{p_1}\right)^{\frac{1}{\gamma}} - 1 \right] = 1 - 0.05 \left[\left(\frac{515}{101.3}\right)^{\frac{1}{1.4}} - 1 \right] = 0.89$$

(2) 最大压缩比

当容积系数 $\lambda_0 = 0$ 时的压缩比为最大压缩比。

由

$$\lambda_0 = 1 - 0.05 \left[\left(\frac{p_2}{p_1}\right)^{\frac{1}{1.4}} - 1 \right] = 0$$

得

$$\left(\frac{p_2}{p_1}\right)_{\text{大}} = \left(1 + \frac{1}{0.05}\right)^{1.4} = 71$$

2-16 某厂采用卧式压缩机，其一级缸为单动缸，缸的直径为 444.5mm，冲程为 432mm，活塞每分钟往复 194 次，余隙系数为 0.08，吸入气体压强为 98.1kPa（绝压），温度为 30℃，此缸的出口压强为 490.5kPa（绝压）。设此缸在绝热情况下操作，气体的绝热指数为 1.4。已知 $\lambda_d = 0.85\lambda_0$。试计算此缸每小时能吸入多少气体体积，以标准立方米表示。

解：

$$\lambda_0 = 1 - \varepsilon \left[\left(\frac{p_2}{p_1}\right)^{\frac{1}{\gamma}} - 1 \right] = 1 - 0.08 \left[\left(\frac{490.5}{98.1}\right)^{\frac{1}{1.4}} - 1 \right] = 0.828$$

$$\lambda_d = 0.85\lambda_0 = 0.85 \times 0.828 = 0.704$$

$$q_v' = \frac{\pi}{4} D^2 S n_r$$

$$= 0.785 \times 0.4445^2 \times 0.432 \times 194 \times 60 = 779.9 \text{m}^3/\text{h}$$

$$q_v = \lambda_d q_v' = 0.704 \times 779.9 = 549 \text{m}^3/\text{h}$$

由

$$\frac{P_0 V_0}{T_0} = \frac{pV}{T}$$

得

$$V_0 = V \frac{T_0}{T} \times \frac{p}{p_0} = 549 \times \frac{273}{303} \times \frac{98.1}{101.3} = 479 \text{m}^3/\text{h （标准状态）}$$

2-17 单级单动往复压缩机的气缸内径为 180mm，活塞冲程为 200mm，往复次数为 240min^{-1}，余隙系数为 5%，排气系数为容积系数的 85%，现需向某设备提供绝对压强为 539.6kPa 的压缩空气 80kg/h。空气进压缩机的绝对压强为 98.1kPa，温度为 20℃，空气的压缩为多变压缩过程，多变指数为 1.25。此压缩机能否满足生产要求？

解：

$$\lambda_0 = 1 - \varepsilon \left[\left(\frac{p_2}{p_1}\right)^{\frac{1}{m}} - 1 \right]$$

$$= 1 - 0.05 \left[\left(\frac{539.6}{98.1}\right)^{\frac{1}{1.25}} - 1 \right] = 0.854$$

$$\lambda_d = 0.85\lambda_0 = 0.85 \times 0.854 = 0.726$$

$$A = \frac{\pi}{4} D^2 = 0.785 \times 0.18^2 = 0.0254 \text{m}^2$$

$$S = 0.2 \text{m}, \quad n_r = 240 \text{min}^{-1}$$

往复压缩机的生产能力为

$$q_v = \lambda_d A S n_r = 0.726 \times 0.0254 \times 0.2 \times 240 = 0.885 \text{m}^3/\text{min}$$

气体进入压缩机时的密度为
$$\rho=\frac{pM}{RT}=\frac{9.81\times29}{8.314\times293}=1.17\text{kg/m}^3$$
压缩机的质量流量为
$$q_m=0.885\times1.17\times60=62.1\text{kg/h}<80\text{kg/h}$$
故压缩机在题给条件下，不能满足生产要求。

第三章 非均相物系的分离

学 习 要 求

一、掌握的内容

1. 重力沉降与离心沉降的操作原理和基本公式;
2. 降尘室、连续沉降槽的结构,降尘室的生产能力,旋风分离器的结构和工作原理;
3. 过滤操作的基本概念,恒压过滤方程及其应用,过滤设备的基本结构。

二、了解的内容

1. 沉降与过滤的影响因素,过滤基本方程式,滤饼的可压缩性;
2. 离心机的分类、构造和操作原理;
3. 其他分离设备的构造和操作特点。

学 习 要 点

一、有关概念

(1) 非均相物系 指存在两相或更多相的物系。
(2) 分散相(或分散物质) 非均相物系中处于分散状态的一相。
(3) 连续相(或分散介质) 非均相物系中处于连续状态的一相。
(4) 根据连续相的物理状态不同,非均相物系分为两种类型:
① 气态非均相物系是指连续相为气相。
② 液态非均相物系是指连续相为液相。

二、非均相物系的分离目的

(1) 净化分散介质以获得纯净的气体或液体。
(2) 收取分散物质以获得成品。
(3) 环境保护。

三、常见非均相物系的分离方法

(1) 沉降分离法 利用两相密度的差异。
(2) 过滤分离法 利用两相对多孔介质透过性的差异。
(3) 湿洗分离法 是气固混合物穿过液体,固体颗粒黏附于液体而被分离。
(4) 静电分离法 利用两相带电性的差异。

第一节 沉　　降

沉降是借助于某种外力的作用，使两相发生相对运动而实现分离的操作。
分类：重力沉降和离心沉降

一、重力沉降

利用重力作用，实现沉降的过程称为重力沉降。

1. 重力沉降速度

（1）自由沉降和干扰沉降　根据颗粒在沉降过程中是否受到其他粒子、流体运动及器壁的影响，可将沉降分为自由沉降和干扰沉降。不受影响的称为自由沉降，否则称为干扰沉降。

（2）自由沉降速度

① 概念　颗粒沉降可分为两个阶段：加速沉降阶段和恒速沉降阶段。恒速沉降阶段的沉降速度称为颗粒的沉降速度，对于自由沉降，则称为自由沉降速度。

② 计算公式

滞流区　　$10^{-4} < Re_p < 1$

$$u_t = \frac{d_p^2(\rho_p - \rho)g}{18\mu} \qquad \text{斯托克斯公式} \qquad (3-1)$$

过渡区　　$1 < Re_p < 10^3$

$$u_t = 0.27\sqrt{\frac{d_p(\rho_p - \rho)g}{\rho}} Re_p^{0.6} \qquad \text{艾伦公式} \qquad (3-2)$$

湍流区　　$10^3 < Re_p < 2 \times 10^5$

$$u_t = 1.74\sqrt{\frac{d_p(\rho_p - \rho)g}{\rho}} \qquad \text{牛顿公式} \qquad (3-3)$$

③ 计算方法　试差法：一般先假设沉降在滞流区内，用斯托克斯公式求出 u_t，然后根据 u_t 算出 Re_p，如果 Re_p 在所设范围内，则计算结果有效，否则需另设一区域重新计算，直至 Re_p 与所设范围相符为止。

（3）干扰沉降速度　同等直径颗粒的干扰沉降速度小于自由沉降速度。

2. 重力沉降设备

（1）降尘室（除尘室）　是利用重力的作用净制气体的设备。

① 降尘室的生产能力

气体通过降尘室的时间为

$$\theta = \frac{l}{u}$$

颗粒沉降至室底所需要的时间为

$$\theta_t = \frac{H}{u_t}$$

颗粒能除去的条件为

$$\theta \geqslant \theta_t$$

即
$$\frac{l}{u} \geqslant \frac{H}{u_t} \tag{3-4}$$

又气体在降尘室内的水平通过速度为

$$u = \frac{q_v}{bH} \tag{3-5}$$

将式(3-5)代入式(3-4)整理,可得降尘室的生产能力为

$$q_v \leqslant blu_t \tag{3-6}$$

上式表明,降尘室的生产能力只与其沉降面积 bl 及颗粒的沉降速度 u_t 有关,而与降尘室的高度 H 无关。故降尘室多设计成扁平形状或做成多层。

② 优缺点　结构简单,阻力小,但体积大,分离效果不理想。

③ 应用　一般作预除尘器使用。

(2) 沉降器　是利用重力分离悬浮液的沉降设备,又称增稠器或增浓器。

沉降槽、连续式沉降槽的构造、操作过程和应用。

二、离心沉降

在惯性离心力作用下,实现的沉降过程称为离心沉降。离心沉降与重力沉降相比:沉降速度快,分离效率高,设备尺寸小。

1. 离心沉降速度

(1) 滞流区内沉降速度计算式

$$u_c = \frac{d_p^2(\rho_p - \rho)}{18\mu} \times \frac{u_T^2}{R} \tag{3-7}$$

(2) 离心沉降速度与重力沉降速度的区别

① 离心沉降速度 u_c 不是定值,随旋转半径而变化,而重力沉降速度 u_t 则是恒定的。

② 离心沉降速度 u_c 不是颗粒运动的绝对速度,而是它的径向分量,且方向不是向下而是沿径向向外。

2. 离心沉降设备

(1) 旋风分离器

① 常见旋风分离器的类型:标准型、XLT/A 型、XLP/B 型、扩散式。

② 基本结构。

③ 除尘过程。

④ 优缺点。

(2) 旋液分离器　构造和工作原理与旋风分离器相似。

第二节　过　滤

过滤是一种分离悬浮在液体或气体中固体颗粒的操作。其基本原理是利用一种能将固体颗粒截留而让流体通过的多孔介质(过滤介质),将固体颗粒从气体或液体中分离出来,以达到流体与固体分离的目的。

一、过滤操作的原理

有关概念:滤浆或料浆、滤渣或滤饼、滤液、过滤介质。

1. 过滤方式

滤饼过滤、深床过滤。

2. 过滤介质

① 工业上常用的过滤介质。织物介质、多孔性固体介质、堆积介质的构成及特点。

② 过滤介质的选择及对过滤操作的影响。

3. 滤饼和助滤剂

(1) 滤饼　分为可压缩滤饼和不可压缩滤饼

① 不可压缩滤饼。由不易变形的坚硬固体颗粒构成的滤饼，当滤饼两侧压强差增大时，颗粒形状和颗粒间空隙不发生明显的变化。

② 可压缩滤饼。由易变形的较软的颗粒构成的滤饼，当滤饼两侧压强差增大时，颗粒形状和颗粒间空隙有明显的变化。

(2) 助滤剂

① 作用。形成支撑骨架，防止滤孔堵塞，减小过滤阻力。

② 基本要求。颗粒均匀、坚硬、不易被压力所变形，不溶于液相，具有化学稳定性。

③ 使用方法。预涂于过滤介质上或混入悬浮液中。

④ 适用场合。用于可压缩滤饼，且以获得清净的滤液为目的时。

⑤ 常用的助滤剂　硅藻土、珠光粉、碳粉、纤维粉末、石棉等。

4. 过滤推动力和阻力

(1) 过滤推动力　滤饼和过滤介质两侧的压强差。增加过滤推动力的方法有：

① 增加悬浮液本身的液柱压强，称为重力过滤。

② 增加悬浮液液面上的压强，称为加压过滤。

③ 在过滤介质下面抽真空，称为真空过滤。

④ 用离心力增大推动力，称为离心过滤。

(2) 过滤阻力　多数情况下，取决于滤饼的厚度及其特性。

二、过滤基本方程式

1. 过滤速率和过滤速度

(1) 过滤速率　指单位时间内获得的滤液体积，单位是 m^3/s 或 m^3/h，表明了过滤设备的生产能力。

(2) 过滤速度　指单位面积上的过滤速率，单位是 $m^3/(m^2 \cdot s)$ 或 m/s，表明了过滤设备的生产强度。

2. 液体通过滤渣层的流动

① 滤液通道细小曲折，形成不规则的网状结构。

② 滤液通过颗粒层的流动一般呈滞流。

3. 过滤基本方程式

$$\frac{dV}{d\theta}=\frac{A^2\Delta p^{1-s}}{\mu r_0 C(V+V_1)} \tag{3-8}$$

上式表示任一瞬时的过滤速率与物系性质、操作时总压强差及该时刻以前的累积滤液量之间的关系。

三、恒压过滤方程式

1. 过滤操作方式

（1）恒压过滤　在恒定的压强差下进行的过滤。

（2）恒速过滤　维持过滤速率不变的过滤。

（3）先恒速后恒压过滤　过滤开始阶段保持恒定的过滤速率而压强差逐步升高至操作系统允许的最大压差，此后的操作则在恒定的压强差下过滤。

2. 恒压过滤方程式

$$V_1^2 = KA^2\theta_1 \tag{3-9}$$

$$V^2 + 2VV_1 = KA^2\theta \tag{3-10}$$

$$(V+V_1)^2 = KA^2(\theta+\theta_1) \tag{3-11}$$

$$(q+q_1)^2 = K(\theta+\theta_1) \tag{3-11a}$$

若忽略过滤介质阻力，则

$$V^2 = KA^2\theta \tag{3-12}$$

$$q^2 = K\theta \tag{3-12a}$$

四、滤饼的洗涤

1. 洗涤目的

（1）回收有价值的滤液。

（2）除去滤饼中的杂质。

2. 洗涤方式

（1）滤饼在过滤机上直接用洗液洗涤。

（2）将滤饼从过滤机上卸下，放在贮槽中用洗液混合搅拌洗涤，然后再用过滤方式除去洗液。

3. 洗涤速率

叶滤机和转筒真空过滤机采用的是置换洗涤法。洗液与过滤终了时滤液流过的路径相同，且洗涤面积与过滤面积也相同，故洗涤速率$(dV/d\theta)_w$与过滤终了时的过滤速率$(dV/d\theta)_E$大致相等，即

$$\left(\frac{dV}{d\theta}\right)_w = \left(\frac{dV}{d\theta}\right)_E = \frac{KA^2}{2(V+V_1)} \tag{3-13}$$

板框压滤机采用的是横穿洗涤法。洗液横穿两层滤布及整个滤框厚度的滤饼，流经长度约为过滤终了时滤液流动路径的两倍，而供洗液流通的面积又仅为过滤面积的一半，因而板框压滤机的洗涤速率$(dV/d\theta)_w$约为最终过滤速率$(dV/d\theta)_E$的1/4，即

$$\left(\frac{dV}{d\theta}\right)_w = \frac{1}{4}\left(\frac{dV}{d\theta}\right)_E = \frac{KA^2}{8(V+V_1)} \tag{3-14}$$

4. 洗涤时间

叶滤机和转筒真空过滤机

$$\theta_w = \frac{V_w}{\left(\dfrac{dV}{d\theta}\right)_w} = \frac{2(V+V_1)V_w}{KA^2} \tag{3-15}$$

板框压滤机

$$\theta_w = \frac{V_w}{\left(\dfrac{dV}{d\theta}\right)_w} = \frac{8(V+V_1)V_w}{KA^2} \tag{3-16}$$

当洗涤操作压强差及洗液黏度与过滤终了时有明显差异时，由上式算出的洗涤时间 θ_w 需进行校正。

五、过滤设备

了解过滤机的基本结构、操作过程、优缺点、适用场合。

第三节　离心分离

离心分离是利用离心力分离流体中悬浮的固体微粒或液滴的操作。

一、影响离心分离的主要因素

离心分离因数：颗粒在离心力场中所受到的离心力与重力大小之比，以 α 表示，即

$$\alpha = \frac{ma_R}{mg} = \frac{\omega^2 R}{g} \tag{3-17}$$

离心分离因数是衡量离心机特性的重要因素，α 值越大，离心力越大，离心机的分离能力也越强。提高 α 值的有效措施是增加转速，但同时适当地减小转鼓的半径，以保证转鼓有足够的机械强度。

二、离心机

离心机的分类、构造、操作特性及适用场合。

第四节　气体的其他净制设备

袋滤器、文丘里除尘器、泡沫除尘器、电除尘器的构造、操作原理及特点。

例题与解题分析

【**例 3-1**】　欲用降尘室净化温度为 20℃、流量为 2500m³/h 的常压空气，空气所含灰尘的密度为 1800kg/m³，要求净化后的空气不含有直径大于 10μm 的尘粒。试求所需沉降面积为多少 m²？若降尘室底面积的宽为 3m、长为 5m，室内需要设置多少块水平隔板？

分析：此题为沉降室的沉降面积的相关计算。应先由分离要求求出沉降速度 u_t（此处可先假设沉降在滞流区内，然后核算是否正确），再由 $A = q_v/u_t$ 求出所需的沉降面积，最后由 $n = A/(lb) - 1$ 求出水平隔板数。

解：由附录查得 20℃ 空气的密度 $\rho = 1.205 \text{kg/m}^3$，黏度 $\mu = 1.81 \times 10^{-5} \text{Pa·s}$。假设沉降在滞流区内，沉降速度为

$$u_t = \frac{d_p^2(\rho_p - \rho)g}{18\mu} = \frac{(10 \times 10^{-6})^2 \times (1800 - 1.205) \times 9.81}{18 \times 1.81 \times 10^{-5}}$$

$$= 5.42 \times 10^{-3} \text{m/s}$$

核算 Re_p 值

$$Re_p = \frac{d_p u_t \rho}{\mu} = \frac{10 \times 10^{-6} \times 5.42 \times 10^{-3} \times 1.205}{1.81 \times 10^{-5}}$$
$$= 3.6 \times 10^{-3} < 1 \quad \text{故以上计算有效。}$$

所需的沉降面积为

$$A = \frac{q_v}{u_t} = \frac{\frac{2500}{3600}}{0.00542} = 128.1 \text{m}^2$$

所需的水平隔板数目为

$$n = \frac{A}{lb} - 1 = \frac{128.1}{5 \times 3} - 1 = 7.54$$

取 8 块水平隔板（不包括底面积）。

【例 3-2】 用一过滤面积为 0.2m^2 的板框压滤机，在恒压差下过滤某种悬浮液。现已测得：过滤进行到 5min 时，共得滤液 0.030m^3；进行到 10min 时，共得滤液 0.050m^3。试求过滤到 30min 时，共得滤液多少立方米？

分析：此题为恒压过滤的有关计算。先根据测得的两组数据求出 V_1、q_1，然后再由恒压过滤方程求出所得的滤液量。

解：已知 $t = 300$s 时，$V = 0.030 \text{m}^3$
$t = 600$s 时，$V = 0.050 \text{m}^3$

根据以上两组数据，由恒压过滤方程得

$$0.030^2 + 2 \times 0.030 V_1 = 300 \times 0.2^2 K$$
$$0.050^2 + 2 \times 0.050 V_1 = 600 \times 0.2^2 K$$

联解上两式，得

$$V_1 = 3.5 \times 10^{-2} \text{m}^3$$
$$K = 2.5 \times 10^{-4} \text{m}^2/\text{s}$$

过滤 30min 共得滤液量

由
$$V^2 + 2VV_1 = KA^2 \theta$$

得
$$V^2 + 2 \times 3.5 \times 10^{-2} V = 2.5 \times 10^{-4} \times 0.2^2 \times 30 \times 60$$

解得
$$V = 0.104 \text{m}^3$$

习 题 解 答

3-1 试求直径 $70 \mu\text{m}$，相对密度为 2.65 的球形石英粒子，分别在 20℃水中和在 20℃空气中的沉降速度。

解：(1) 在 20℃水中的沉降速度

先假设沉降在滞流区内，按斯托克斯公式计算 u_t。

由附录查得 20℃时水的 $\rho = 998.2 \text{kg/m}^3$，$\mu = 1.005 \times 10^{-3} \text{Pa} \cdot \text{s}$

$$u_t = \frac{d_p^2 (\rho_p - \rho) g}{18 \mu} = \frac{(70 \times 10^{-6})^2 \times (2650 - 998.2) \times 9.81}{18 \times 1.005 \times 10^{-3}}$$
$$= 4.4 \times 10^{-3} \text{m/s}$$

核算 Re_p 值

$$Re_p = \frac{d_p u_t \rho}{\mu} = \frac{70 \times 10^{-6} \times 4.4 \times 10^{-3} \times 998.2}{1.005 \times 10^{-3}} = 0.31 < 1$$

假设正确，$u_t = 4.4 \times 10^{-3}$ m/s 即为所求。

(2) 在 20℃空气中的沉降速度

先假设沉降在滞流区内，按斯托克斯公式计算 u_t。

由附录查得 20℃时空气的 $\rho = 1.205$ kg/m³，$\mu = 1.81 \times 10^{-5}$ Pa·s

$$u_t = \frac{(70 \times 10^{-6})^2 \times 2650 \times 9.81}{18 \times 1.81 \times 10^{-5}} = 0.39 \text{ m/s}$$

核算 Re_p 值

$$Re_p = \frac{70 \times 10^{-6} \times 0.39 \times 1.205}{1.81 \times 10^{-5}} = 1.82$$

$Re_p > 1$，沉降不属于滞流区。

再设该沉降属于过渡区，用艾伦公式计算 u_t，即

$$u_t = 0.27 \sqrt{\frac{d_p(\rho_p - \rho)}{\rho} Re_p^{0.6}}$$

将 $Re_p = \dfrac{d_p u_t \rho}{\mu}$ 代入上式整理得

$$u_t = 0.154 \left[\frac{d_p^{1.6}(\rho_p - \rho)g}{\rho^{0.4} \mu^{0.6}} \right]^{\frac{1}{1.4}}$$

$$= 0.154 \left[\frac{(70 \times 10^{-6})^{1.6} \times (2650 - 1.205) \times 9.81}{1.205^{0.4} \times (1.81 \times 10^{-5})^{0.6}} \right]^{\frac{1}{1.4}}$$

$$= 0.40 \text{ m/s}$$

核算 Re_p 值

$$Re_p = \frac{70 \times 10^{-6} \times 0.40 \times 1.205}{1.81 \times 10^{-5}} = 1.864$$

Re_p 值在 1～1000 之间属于过渡区，故假设正确，$u_t = 0.40$ m/s 为所求。

3-2 已算出直径为 40μm 的某小颗粒在 20℃空气中沉降速度为 0.08m/s、另一种直径为 1.5mm 的较大颗粒的沉降速度为 12m/s，试计算：

(1) 颗粒密度与小颗粒相同，直径减半，沉降速度为多大？

(2) 颗粒密度与大颗粒相同，直径加倍，沉降速度为多大？

解： 由附录查得 20℃时空气的 $\rho = 1.205$ kg/m³，$\mu = 1.81 \times 10^{-5}$ Pa·s

(1) 小颗粒沉降时

$$Re_p = \frac{d_p u_t \rho}{\mu} = \frac{40 \times 10^{-6} \times 0.08 \times 1.205}{1.81 \times 10^{-5}} = 0.2 < 1$$

故沉降属于滞流区，由斯托克斯公式可知，u_t 与 d_p^2 成正比，直径减半后，沉降速度为

$$u_t' = \frac{u_t (0.5 d_p)^2}{d_p} = 0.08 \times 0.25 = 0.02 \text{ m/s}$$

(2) 大颗粒沉降时

$$Re_p = \frac{d_p u_t \rho}{\mu} = \frac{1.5 \times 10^{-3} \times 12 \times 1.205}{1.81 \times 10^{-5}} = 1198 > 1000$$

故沉降属于湍流区，由牛顿公式可知，u_t 与 $\sqrt{d_p}$ 成正比，直径加倍后，沉降速度为

$$u_t' = \frac{u_t \sqrt{2 d_p}}{\sqrt{d_p}} = 12 \times \sqrt{2} = 16.97 \text{ m/s} \approx 17 \text{ m/s}$$

3-3 密度为 2650kg/m^3 球形石英颗粒在 20℃ 空气中自由沉降,计算服从斯托克斯公式的最大颗粒直径及服从牛顿公式的最小颗粒直径。

解:(1)服从斯托克斯公式的最大颗粒直径

滞流区 Re_p 的上限值为 $Re_p = \dfrac{d_p u_t \rho}{\mu} = 1$

$$u_t = \dfrac{\mu}{d_p \rho} = \dfrac{d_p^2 (\rho_p - \rho) g}{18\mu}$$

$$d_p = 1.224 \sqrt[3]{\dfrac{\mu^2}{(\rho_p - \rho)\rho}}$$

由附录查得 20℃ 空气的 $\rho = 1.205 \text{kg/m}^3$,$\mu = 1.81 \times 10^{-5} \text{Pa·s}$

$$d_p = 1.224 \sqrt[3]{\dfrac{(1.81 \times 10^{-5})^2}{(2650 - 1.205) \times 1.205}}$$

$$= 5.73 \times 10^{-5} \text{m} = 57.3 \mu\text{m}$$

(2)服从牛顿公式的最小颗粒直径

湍流区 Re_p 的下限值为 $Re_p = \dfrac{d_p u_t \rho}{\mu} = 1000$

$$u_t = \dfrac{1000\mu}{d_p \rho} = 1.74 \sqrt{\dfrac{d_p (\rho_p - \rho) g}{\rho}}$$

$$d_p = 32.3 \sqrt[3]{\dfrac{\mu^2}{(\rho_p - \rho)\rho}} = 32.3 \sqrt[3]{\dfrac{(1.81 \times 10^{-5})^2}{(2650 - 1.205) \times 1.205}}$$

$$= 1.512 \times 10^{-3} \text{m} = 1512 \mu\text{m}$$

3-4 一种测定液体黏度的仪器由一钢球及玻璃筒组成,测试时筒内充满被测液体,记录钢球下落一定距离的时间。球的直径为 6mm,下落距离为 200mm。测试一种糖浆时计下的时间间隔为 7.32s,此糖浆的密度为 1300kg/m^3。钢的相对密度为 7.9。求此糖浆的黏度。

解:已知沉降速度 $u_t = \dfrac{0.2}{7.32} = 0.0273 \text{m/s}$,$\rho = 1300 \text{kg/m}^3$,$\rho_p = 7900 \text{kg/m}^3$

假设沉降在滞流区内

由 $$u_t = \dfrac{d_p^2 (\rho_p - \rho) g}{18\mu}$$

得 $$\mu = \dfrac{d_p^2 (\rho_p - \rho) g}{18 u_t} = \dfrac{0.006^2 \times (7900 - 1300) \times 9.81}{18 \times 0.0273}$$

$$= 4.74 \text{Pa·s}$$

核算 Re_p 值

$$Re_p = \dfrac{d_p u_t \rho}{\mu} = \dfrac{0.006 \times 0.0273 \times 1300}{4.74} = 0.045 < 1$$

原假设正确,$\mu = 4.74 \text{Pa·s}$ 为所求。

3-5 气流中悬浮某种球形颗粒,其中最小颗粒为 $10\mu\text{m}$,沉降区内满足斯托克斯定律。今用一多层隔板降尘室,以分离此气体悬浮物。已知降尘室长度 10m,宽度 5m,共 21 层,每层高 100mm。气体密度为 1.1kg/m^3,黏度 $\mu = 0.0218 \text{mPa·s}$,颗粒密度为 4000kg/m^3。试问:

(1)为保证最小颗粒的完全沉降,可允许的最大气流速度为多少?

(2) 此降尘室最多每小时能处理多少立方米气体?

解：(1) 允许的最大气流速度

颗粒的沉降速度为

$$u_t = \frac{d_p^2(\rho_p - \rho)g}{18\mu} = \frac{(10\times10^{-6})^2\times(4000-1.1)\times9.81}{18\times0.0218\times10^{-3}} = 0.01\text{m/s}$$

颗粒能除去的条件为：颗粒在设备内的停留时间大于或等于颗粒的沉降时间，即

$$\frac{l}{u} \geqslant \frac{H}{u_t}$$

所以可允许的最大气速为

$$u = u_t \frac{l}{H} = 0.01 \times \frac{10}{0.1} = 1\text{m/s}$$

(2) 降尘室最多每小时能处理的气体量　已知 $n = 21$ 层

$$q_v = blnu_t = 5\times10\times21\times0.01\times3600 = 37800\text{m}^3/\text{h}$$

3-6　一除尘室用以除去炉气中的硫铁矿尘粒。矿尘最小粒径为 $8\mu\text{m}$，密度为 4000kg/m^3。除尘室内长 4.1m，宽 1.8m，高 4.2m。室内温度为 427℃，在此温度下炉气的黏度为 $3.4\times10^{-5}\text{Pa·s}$，密度为 0.5kg/m^3。若每小时需处理炉气 2160m^3（标准状态），试计算除尘室隔板间的距离及除尘室的层数。

解：操作条件下的炉气量

$$q_v = \frac{2160}{3600} \times \frac{273+427}{273} = 1.54\text{m}^3/\text{s}$$

气体流速

$$u = \frac{q_v}{bH} = \frac{1.54}{1.8\times4.2} = 0.20\text{m/s}$$

假设沉降在滞流区内，颗粒的沉降速度为

$$u_t = \frac{d_p^2(\rho_p - \rho)g}{18\mu}$$
$$= \frac{(8\times10^{-6})^2\times(4000-0.5)\times9.81}{18\times3.4\times10^{-5}}$$
$$= 4.1\times10^{-3}\text{m/s}$$

每层隔板间距

$$h = \frac{l}{u}u_t = \frac{4.1}{0.20}\times4.1\times10^{-3} = 0.084\text{m}$$

隔板层数

$$n = \frac{H}{h} = \frac{4.2}{0.084} = 50 \text{ 层}$$

核算 Re_p 值

$$Re_p = \frac{d_p u_t \rho}{\mu} = \frac{8\times10^{-6}\times4.1\times10^{-3}\times0.5}{3.4\times10^{-5}}$$
$$= 4.8\times10^{-4} < 1$$

原假设正确，以上计算有效。

3-7　用一个截面为矩形的沟槽，从炼油厂的废水中分离所含的油滴。拟回收直径 $200\mu\text{m}$ 以上的油滴，槽的宽度为 4.5m，深度为 0.8m。在出口端，除油后的水可不断从下

部排出，而汇聚成的油层，则从顶部移出。油的密度为870kg/m³，水温为20℃。若每分钟处理废水26m³，求所需槽的长度L。

解： 设沉降在滞流区内，按斯托克斯公式求u_t。

由附录查得20℃时水的$\rho=998.2\text{kg/m}^3$，$\mu=1.005\times10^{-3}\text{Pa}\cdot\text{s}$

$$u_t=\frac{d_p^2(\rho_p-\rho)g}{18\mu}$$

$$=\frac{(200\times10^{-6})^2\times(870-998.2)\times9.81}{18\times1.005\times10^{-3}}$$

$$=-2.78\times10^{-3}\text{m/s}$$

u_t为负值表明油滴向上运动。

核算Re_p

$$Re_p=\frac{d_pu_t\rho}{\mu}=\frac{200\times10^{-6}\times2.78\times10^{-3}\times998.2}{1.005\times10^{-3}}$$

$$=0.552<1$$

故假设成立，即$u_t=2.78\times10^{-3}\text{m/s}$正确。

油滴从槽底升至表面所需的时间为

$$\frac{0.8}{2.78\times10^{-3}}=288\text{s}$$

废水在槽内的流速为

$$u=\frac{26}{60\times4.5\times0.8}=0.12\text{m/s}$$

废水在槽内通过的时间不应小于288s，即

$$\frac{L}{u}=\frac{L}{0.12}\geqslant288$$

所以此沟槽的长度应为$L\geqslant288\times0.12=34.6\text{m}$。

3-8 过滤含20%（质量分数）固相的水悬浮液，得到15m³滤液。滤渣内含30%水分。求所得干滤渣的量。

解： 设悬浮液质量为$m_1\text{kg}$，湿滤渣质量为$m_2\text{kg}$，干滤渣质量$m_干=m_2(1-0.30)$，滤液密度为1000kg/m³

$$m_1=m_2+15\times1000$$

$$0.20m_1=m_2(1-0.30)$$

联立上两式解得 $m_1=21000\text{kg}$，$m_2=6000\text{kg}$

干滤渣质量 $m_干=6000\times(1-0.30)=4200\text{kg}$

3-9 用一台BMS50/810-25型板框压滤机过滤某悬浮液，悬浮液中固相质量分率为0.139，固相密度为2200kg/m³，液相为水。每1m³滤饼中含500kg水，其余全为固相。已知操作条件下的过滤常数$K=2.72\times10^{-5}\text{m}^2/\text{s}$，$q_1=3.45\times10^{-3}\text{m}^3/\text{m}^2$。框内尺寸框长×框宽×框厚为810mm×810mm×25mm，共38个框，滤框内实际总容积为0.615m³。试求(1)过滤至滤框内全部充满滤渣所需的时间及所得滤液体积；(2)过滤完毕用0.8m³清水洗涤滤饼，洗水温度及表压与滤浆的相同。求洗涤时间。

解： 滤饼体积等于全部滤框内的实际总容积0.615m³

滤饼中含水量＝0.615×500＝307.5kg
滤饼中含水体积＝307.5/1000＝0.3075m³
滤饼中固相体积＝0.615－0.3075＝0.3075m³
滤饼中固相质量＝0.3075×2200＝676.5kg
滤饼的质量＝676.5＋307.5＝984kg
悬浮液的质量＝676.5/0.139＝4866.91kg
滤液的质量＝4866.91－984＝3882.91kg
滤液的体积为 V＝3882.91/1000＝3.88m³
过滤时间 θ　依 $(q+q_1)^2=K(\theta+\theta_1)$
过滤面积　A＝0.81×0.81×38×2＝49.9m²
单位面积的滤液量　q＝3.88/49.9＝0.0778m³/m²

$$K=2.72\times10^{-5}\text{m}^2/\text{s}, q_1=3.45\times10^{-3}\text{m}^3/\text{m}^2$$

$$\theta_1=\frac{q_1^2}{K}=\frac{(3.45\times10^{-3})^2}{2.72\times10^{-5}}=4.736\text{s}$$

$$(0.0778+3.45\times10^{-3})^2=2.72\times10^{-5}(\theta+0.4376)$$

解得　　　　　　　　$\theta=242.3\text{s}=4.04\text{min}$

洗涤时间 θ_w　对板框压滤机洗涤时间为

$$\theta_w=\frac{V_w}{\left(\frac{dV}{d\theta}\right)_w}=\frac{8(q+q_1)V_w}{KA}$$

$$=\frac{8\times(0.0778+3.45\times10^{-3})\times0.8}{2.72\times10^{-5}\times49.9}$$

$$=383\text{s}=6.38\text{min}$$

第四章 传 热

学 习 要 求

一、掌握的内容

1. 传热的基本方式，工业换热方式及适用场合；
2. 热传导基本定律及其应用；
3. 对流传热基本原理；
4. 传热基本方程，热量衡算方程及其应用；
5. 热负荷、传热温度差、传热系数、传热面积的计算；
6. 强化传热的途径。

二、了解的内容

1. 影响对流传热的因素，相变流体对流传热的特点；
2. 工业换热器的类型、结构、特点。

学 习 要 点

一、传热在化工生产中的主要应用

1. 创造并维持化学反应需要的温度条件。
2. 创造并维持单元操作过程需要的温度条件。
3. 设备的保温与节能。
4. 热能的合理利用和余热的回收。

二、化工生产中对传热要求的两种情况

1. 强化传热。
2. 削弱传热。

第一节 概 述

一、传热的基本方式

1. 传导（或导热）

(1) 机理　由于物质的分子、原子或电子的热运动或振动引起的热量传递。

(2) 特点　物体中的分子或质点不发生宏观的位移，导热在固体、气体、液体中均可发生。

2.对流

(1) 机理 由于流体中质点发生相对位移和混合而引起的热量传递。

(2) 特点 仅发生在流体中。

(3) 根据引起流体质点相对位移的原因分为：

① 自然对流 流体质点的相对位移是因流体内部各处温度不同而引起的密度差异所致。

② 强制对流 流体质点的相对位移是由外力引起的。

3.辐射

(1) 机理 是一种以电磁波传递热能的方式。

(2) 特点

① 不仅是能量的传递，同时还伴随着能量形式的转换。

② 不需要任何媒介，可以在真空中传播。

二、工业换热方式

1.间壁式换热

(1) 换热特点 两流体被固体壁面隔开，互不接触。

(2) 适用场合 两流体换热时不允许混合。

2.混合式换热

(1) 换热特点 两流体直接接触，相互混合进行换热。

(2) 适用场合 两流体换热时允许混合。

3.蓄热式换热

(1) 换热特点 热、冷流体交替进入换热器，热流体将热量贮存在蓄热体中，然后由冷流体取走，从而达到换热的目的。

(2) 适用场合 一般用于气体之间的换热，且两流体允许混合。

三、载热体及其选用

1.常用的加热剂

(1) 热水和饱和水蒸气 热水适用于 40~100℃；水蒸气适用于 100~180℃。

(2) 烟道气 烟道气的温度可达 700℃ 以上，能将物料加热到比较高的温度。

(3) 高温载热体 矿物油适用于 180~250℃；联苯、二苯醚混合物，适用于 255~380℃；熔盐适用于 140~530℃。

2.常用的冷却剂

(1) 水和空气可将物料冷却至环境温度。

(2) 无机盐水溶液可将物料冷却至零下十几度到几十度。

(3) 常压下液态氨蒸发可达 -33.4℃，液态乙烷蒸发可达 -88.6℃。

四、稳定传热和不稳定传热

(1) 稳定传热 传热系统中各点的温度仅随位置变化而不随时间变化。

(2) 不稳定传热 传热系统中各点的温度不仅随位置变化也随时间变化。

第二节 热 传 导

一、傅里叶定律和热导率

1. 傅里叶定律

单位时间内的导热量（导热速率）与垂直于热流的横截面积成正比，与平壁两侧的温度差成正比，而与热流方向上的路程长度成反比，即

$$Q = \lambda A \frac{t_{w1} - t_{w2}}{\delta} \tag{4-1}$$

2. 热导率

由傅里叶定律得

$$\lambda = \frac{Q}{A \dfrac{t_{w1} - t_{w2}}{\delta}} \tag{4-2}$$

热导率是物质的一种物理性质，其物理意义是：当 $A = 1\text{m}^2$、$\delta = 1\text{m}$、$\Delta t = 1\text{℃}$ 时，单位时间内的导热量。所以热导率表示物质导热能力的大小，其值越大，物质的导热性能越好。

物质的热导率与物质的组成、结构、密度、温度和压强有关。一般来说，金属的热导率最大，非金属固体次之，液体的较小，而气体的最小。

各种物质的热导率由实验测定，应用时查有关手册。

二、平壁的稳定热传导

1. 单层平壁

（1）特点　所有等温面是与传热方向垂直的平面，温度分布为直线。

（2）导热速率方程式与式（4-1）相同

$$Q = \lambda A \frac{t_{w1} - t_{w2}}{\delta}$$

或

$$Q = \frac{t_{w1} - t_{w2}}{\dfrac{\delta}{\lambda A}} = \frac{\Delta t}{R} \tag{4-3}$$

上式表明，导热速率与导热推动力 Δt 成正比，与导热热阻 R 成反比。

2. 多层平壁

（1）特点　各层壁面面积相同，通过各层的导热速率相等，通过各层单位面积的导热速率 Q/A（称热通量）也都相等。

（2）n 层平壁的导热速率方程式

$$Q = \frac{t_{w1} - t_{w(n+1)}}{\sum\limits_{i=1}^{n} \dfrac{\delta_i}{\lambda_i A}} = \frac{\sum \Delta t}{\sum R} \tag{4-4}$$

上式表明，多层平壁导热的总推动力为各层温度差之和，总热阻为各层热阻之和。

三、圆筒壁的稳定热传导

1. 单层圆筒壁

（1）特点　传热面积和热通量 Q/A 不是常数而随半径而变，温度也随半径变化，温度

分布为曲线，但传热速率 Q 仍然是常数。

（2）导热速率方程式

$$Q = \frac{2\pi L\lambda(t_{w1}-t_{w2})}{\ln\dfrac{r_2}{r_1}}$$

$$= \frac{t_{w1}-t_{w2}}{\dfrac{\ln\dfrac{r_2}{r_1}}{2\pi L\lambda}} = \frac{\Delta t}{R} \tag{4-5}$$

上式表明，圆筒壁的导热速率与推动力 Δt 成正比，与热阻 R 成反比。

2. 多层圆筒壁

（1）特点　同单层圆筒壁

（2）n 层圆筒壁的导热速率方程式

$$Q = \frac{t_{w1}-t_{w(n+1)}}{\sum\limits_{i=1}^{n}\dfrac{\ln\dfrac{r_{i+1}}{r_i}}{2\pi L\lambda_i}} = \frac{\sum\Delta t}{\sum R} \tag{4-6}$$

上式表明，多层圆筒壁导热的总推动力亦为各层温度差之和，总热阻亦为各层热阻之和。

第三节　对流传热

对流传热通常是指流体与固体壁面间的传热过程。

一、对流传热分析

（1）温度差和传热方式　在湍流主体内，热量传递主要依靠对流进行，使湍流主体中流体的温度差极小；在缓冲层（过渡区）内，传导和对流同时起作用，温度发生缓慢变化；在滞流内层中，主要靠传导进行传热，温度差较大。

（2）热阻　主要集中在滞流内层中。

二、壁面和流体间的对流传热速率

1. 对流传热速率方程——牛顿冷却定律

$$Q = \alpha A \Delta t \tag{4-7}$$

或

$$Q = \frac{\Delta t}{\dfrac{1}{\alpha A}} = \frac{\Delta t}{R} \tag{4-8}$$

上式表明，对流传热速率与对流传热推动力成正比，与对流传热热阻成反比。

2. 对流传热系数

由牛顿冷却定律得

$$\alpha = \frac{Q}{A\Delta t} \tag{4-7a}$$

α 不是流体的物理性质，是受诸多因素影响的一个参数，反映了对流传热的程度。其物理意义是：当 $A = 1\text{m}^2$、$\Delta t = 1℃$ 时，单位时间内的对流传热量。所以 α 值越大，表明对流传热效果越好。

不同的对流传热情况，α 值相差很大。一般气体的 α 值较小，液体的 α 值较大；自然对流时的 α 值较小，强制对流时的 α 值较大；有相变时的 α 值较大。

三、影响对流传热系数的因素及其一般关联式

1. 影响因素
（1）流体流动产生的原因（自然对流、强制对流）。
（2）流体的流动状况（滞流、湍流）。
（3）流体有无相变发生。
（4）流体的物理性质（比热容、热导率、密度、黏度等）。
（5）传热面的形状、位置及大小。

2. 一般关联式
（1）各特征数的名称、符号和含义。
（2）一般关联式 将众多影响因素经过分析组成若干特征数，而建立起来的这些特征数之间的函数关系式。

如对流体无相变化的对流传热，得到的特征关系式为

$$Nu = f(Re, Pr, Gr) \tag{4-9}$$

或

$$Nu = C(Re^m Pr^n Gr^i) \tag{4-10}$$

应用一般特征数关联式求取 α 值时，需依实验确定不同情况下对流传热的具体函数关系式。

四、对流传热系数的经验关联式

使用 α 关联式时不能超出实验条件的范围，并应遵照由实验数据整理出 α 关联式时各特征数中确定各物理量数值的方法。具体有以下三点：

① 应用范围 指关联式中 Re、Pr 等特征数可适用的数值范围。
② 特征尺寸 关联式中 Nu、Re 等特征数中的特征尺寸应如何取定。
③ 定性温度 关联式中各特征数中流体的物性应按什么温度查定。

1. 流体无相变时的对流传热系数

流体在圆形直管内作强制湍流时的对流传热系数如下计算。

① 低黏度（$\mu < 2$ 倍常温水的黏度）流体

$$Nu = 0.023 Re^{0.8} Pr^n \tag{4-11}$$

或

$$\alpha = 0.023 \frac{\lambda}{d_i} \left(\frac{d_i u \rho}{\mu}\right)^{0.8} \left(\frac{c_p \mu}{\lambda}\right)^n \tag{4-11a}$$

式中，n 与热流方向有关，当流体被加热时，$n = 0.4$；当流体被冷却时，$n = 0.3$。

应用范围 $Re > 10000$，$0.7 < Pr < 160$，管长与管径之比 $L/d_i > 60$。若 $L/d_i < 60$ 时，可将由上式算得的 α 值乘以 $\left[1 + \left(\frac{d_内}{L}\right)^{0.7}\right]$ 进行校正。

特征尺寸 管内径 d_i。
定性温度 流体进、出口主体温度的算术平均值。

② 高黏度液体

$$Nu = 0.027Re^{0.8}Pr^{0.3}\left(\frac{\mu}{\mu_w}\right)^{0.14} \tag{4-12}$$

式中 $(\mu/\mu_w)^{0.14}$ 也是考虑热流方向影响的校正项。在工程计算中，可如下近似取值，即液体被加热时，取 $(\mu/\mu_w)^{0.14} \approx 1.05$；液体被冷却时，取 $(\mu/\mu_w)^{0.14} \approx 0.95$。

应用范围　$Re > 10000$，$L/d_i > 60$，$P_r = 0.5 \sim 100$。

特征尺寸　管内径 d_i。

定性温度　除 μ_w 取壁温外，均取液体进、出口主体温度的算术平均值。

除以上情况下 α 值的计算外，还有许多其他情况。如：流体在圆形直管内作强制滞流流动、在过渡区内流动、在弯管内流动、在非圆形管内流动等。不同的流动情况 α 的计算方法以及经验关联式不同。

2．流体有相变时的对流传热系数

(1) 蒸汽冷凝　有膜状冷凝和滴状冷凝。

① 膜状冷凝　壁面被液膜所覆盖，α 值较小。

② 滴状冷凝　壁面大部分直接暴露在蒸汽中，α 值较大。

当蒸汽中有空气或其他不凝性气体时，则将在壁面上生成一层气膜。由于气体热导率很小，使对流传热系数明显下降，因此冷凝器应装有放气阀，以便及时排除不凝性气体。

(2) 液体沸腾　分大容器沸腾和管内沸腾

对大容器沸腾，液体在沸腾过程中，由于气泡在加热面上不断地生成、扩大和脱离，使加热面附近液体产生搅动，所以使对流传热系数增大。但如果温差过大，使加热面上气泡生成过快，来不及脱离壁面，就会在壁面上形成一层蒸气膜，使 α 值降低。

由水的沸腾曲线可知，液体沸腾分为自然沸腾区、核状沸腾区和膜状沸腾区。由于核状沸腾 α 值较大，所以工业生产中应设法控制在核状沸腾下操作。

第四节　传热过程计算

一、传热基本方程

$$Q = KA\Delta t_m \tag{4-13}$$

或

$$Q = \frac{\Delta t_m}{\dfrac{1}{KA}} = \frac{\Delta t_m}{R} \tag{4-13a}$$

上式表明，传热速率与传热推动力成正比，与传热热阻成反比。式中，K 称为传热系数，表示传热过程的强弱程度。其物理意义和单位可由下式看出，即

$$K = \frac{Q}{A\Delta t_m} \quad \frac{W}{m^2 \cdot ℃} \tag{4-14}$$

K 的物理意义是：当 $A = 1m^2$、$\Delta t = 1℃$ 时，单位时间内由热流体传给冷流体的热量。所以 K 值越大，所传递的热量越多，即热交换过程越强烈。

二、热负荷的计算

1．传热速率与热负荷

传热速率 Q 是换热器本身的换热能力，是设备的特性。而热负荷 Q' 是生产上要求换热

器必须具有的换热能力,是对换热器的要求。为保证完成传热任务,应使换热器的传热速率略大于或至少等于热负荷。

2. 热量衡算式

$$Q_热 = Q_冷 + Q_损 \tag{4-15}$$

忽略 $Q_损$ 损时

$$Q_热 = Q_冷 \tag{4-16}$$

3. 热负荷 Q' 的计算

忽略热损失时

$$Q' = Q_热 = Q_冷 \tag{4-17}$$

(1) 焓差法

$$Q' = Q_热 = q_{m热}(H_1 - H_2) \tag{4-18}$$

$$Q' = Q_冷 = q_{m冷}(h_2 - h_1) \tag{4-19}$$

(2) 显热法

$$Q' = Q_热 = q_{m热} c_热 (T_1 - T_2) \tag{4-20}$$

$$Q' = Q_冷 = q_{m冷} c_冷 (t_2 - t_1) \tag{4-21}$$

注意:$c_热$、$c_冷$ 由流体换热前后的平均温度 $(T_1+T_2)/2$ 及 $(t_1+t_2)/2$ 查取。

(3) 潜热法

$$Q' = Q_热 = q_{m热} r_热 \tag{4-22}$$

$$Q' = Q_冷 = q_{m冷} r_冷 \tag{4-23}$$

热损失不能忽略时,应考虑 $Q_损$ 是否包括在热负荷 Q' 之中,即

若热损失在热流体一侧

$$Q' = Q_冷 = Q_热 - Q_损 \tag{4-24}$$

若热损失在冷流体一侧

$$Q' = Q_热 = Q_冷 + Q_损 \tag{4-25}$$

三、传热温度差的计算

在传热基本方程式中,Δt_m 为换热器的平均传热温度差。

换热器中两流体间的流动型式有

并流:两流体的流动方向相同。

逆流:两流体的流动方向相反。

错流:两流体的流动方向垂直交叉。

简单折流:两流体中,其中之一沿一个方向流动,而另一流体先沿一个方向流动,然后折回以相反方向流动,或反复地作折流流动。

复杂折流:两流体均作折流流动,或既有折流,又有错流。

1. 恒温传热时的平均温度差

两流体在换热过程中,热流体的温度 T 和冷流体的温度 t 都始终保持不变,称为恒温传热。如两流体均只发生相变的传热过程,就属这种情况。Δt_m 如下计算。

$$\Delta t_m = T - t \tag{4-26}$$

2. 变温传热时的平均温度差

在换热过程中,间壁一边或两边流体的温度仅沿传热面随流动的距离而变化,但不随时间而变化的传热,称为变温传热。Δt_m 如下计算。

(1) 间壁一边变温和间壁两边变温的并流、逆流的平均温度差

$$\Delta t_m = \frac{\Delta t_1 - \Delta t_2}{\ln \frac{\Delta t_1}{\Delta t_2}} \tag{4-27}$$

当 $\Delta t_1 / \Delta t_2 \leqslant 2$ 时，工程计算中可近似用算术平均温度差 $(\Delta t_1 + \Delta t_2)/2$ 代替对数平均温度差。

(2) 错流、折流时的平均温度差 通常是先按逆流求算对数平均温度差 $\Delta t_{m逆}$，然后再根据具体流动形式乘以校正系数 $\varphi_{\Delta t}$，即

$$\Delta t_m = \varphi_{\Delta t} \Delta t_{m逆} \tag{4-28}$$

式中，$\varphi_{\Delta t}$ 为温差校正系数，根据 P 和 R 两个参数从相应的图中查得。

$$P = \frac{t_2 - t_1}{T_1 - t_1}$$

$$R = \frac{T_1 - T_2}{t_2 - t_1}$$

3. 不同流动形式的比较

(1) 逆流 当两流体都是变温传热时，在两流体进、出口温度相同的条件下，逆流时的平均温度差最大。因此就提高传热推动力而言，逆流优于并流及其他流动形式。当换热器的传热量 Q 及总传热系数 K 一定时，采用逆流操作，所需的换热器传热面积较小。

另外，因为逆流时 T_2 可以低于 t_2 或 t_2 可以高于 T_2，所以与并流比较，可以节省加热介质或冷却介质用量。若工艺上无特殊要求，应尽量采用逆流操作。

(2) 并流 可用于工艺上有特殊要求的场合，如要求冷流体被加热时不能超过某一温度，或热流体在冷却时不能低于某一温度采用并流操作就比较容易控制。

(3) 错流、折流 能使换热器结构比较紧凑合理，或用于提高列管式换热器管方或壳方的流速，以提高传热效果。

四、传热系数的获取方法

1. 取经验值

2. 现场实测

先测定有关数据，如设备尺寸，流体的流量和进、出口温度等，然后求得传热速率 Q、传热平均温度差 Δt_m 和传热面积 A，再由传热基本方程式计算 K 值，即

$$K = \frac{Q}{A \Delta t_m}$$

3. 公式计算

(1) 传热面为平壁

$$\frac{1}{K} = \frac{1}{\alpha_i} + \frac{\delta}{\lambda} + \frac{1}{\alpha_o} \tag{4-29}$$

或

$$K = \frac{1}{\frac{1}{\alpha_i} + \frac{\delta}{\lambda} + \frac{1}{\alpha_o}} \tag{4-29a}$$

若考虑污垢热阻，则

$$\frac{1}{K} = \frac{1}{\alpha_i} + R_{Ai} + \frac{\delta}{\lambda} + R_{Ao} + \frac{1}{\alpha_o} \tag{4-30}$$

或

$$K = \frac{1}{\frac{1}{\alpha_i} + R_{Ai} + \frac{\delta}{\lambda} + R_{Ao} + \frac{1}{\alpha_o}} \tag{4-30a}$$

若忽略污垢热阻和管壁热阻，则

$$K = \frac{1}{\frac{1}{\alpha_i} + \frac{1}{\alpha_o}} = \frac{\alpha_i \alpha_o}{\alpha_i + \alpha_o} \tag{4-31}$$

（2）传热面为圆筒壁

$$K_i = \frac{1}{\frac{1}{\alpha_i} + R_{Ai} + \frac{\delta d_i}{\lambda d_m} + R_{Ao} \frac{d_i}{d_o} + \frac{d_i}{\alpha_o d_o}} \tag{4-32}$$

$$K_o = \frac{1}{\frac{d_o}{\alpha_i d_i} + R_{Ai} \frac{d_o}{d_i} + \frac{\delta d_o}{\lambda d_m} + R_{Ao} + \frac{1}{\alpha_o}} \tag{4-33}$$

$$K_m = \frac{1}{\frac{d_m}{\alpha_i d_i} + R_{Ai} \frac{d_m}{d_i} + \frac{\delta}{\lambda} + R_{Ao} \frac{d_m}{d_o} + \frac{d_m}{\alpha_o d_o}} \tag{4-34}$$

如果管壁较薄或管径较大，即管内、外壁表面积很接近时，则圆筒壁的 K 值可近似按平壁计算。

K 值总是接近于小的 α 值，当两个 α 值相差较大时，要提高 K 值，应设法提高小的 α 值，效果才显著。

五、壁温的估算

1. 估算壁温的意义

① 在某些 α 关联式中，需要知道壁温才能计算 α 值；
② 选择换热器的类型和管子材料时也需要知道壁温。

2. 壁温的计算式

忽略管壁热阻，可认为管壁两侧温度基本相等即均为 t_w。若考虑两侧污垢热阻的影响，则壁温的计算式为

$$\frac{t_o - t_w}{\frac{1}{\alpha_o} + R_{Ao}} = \frac{t_w - t_i}{\frac{1}{\alpha_i} + R_{Ai}} = \frac{\Delta t_m}{\frac{1}{K_o}} \tag{4-35}$$

或

$$\frac{t_o - t_w}{t_w - t_i} = \frac{\frac{1}{\alpha_o} + R_{Ao}}{\frac{1}{\alpha_i} + R_{Ai}} \tag{4-35a}$$

应用上式求 t_w 时，有时要用到试差法。

由上式可知，壁温 t_w 必接近于热阻较小一侧流体的温度。若忽略两侧污垢热阻，可以看出壁温接近于 α 值较大的一侧流体的温度，且两流体的 α 值相差越大，壁温就越接近于 α 值大的一侧流体的温度。

第五节 管路和设备的热损失与热绝缘

一、管路和设备的热损失

(1) 概念 管路和设备向周围介质散失的热量。
(2) 热损失的估算 热损失等于对流传热与辐射传热之和,即

$$Q = Q_{对} + Q_{辐} \tag{4-36}$$

或

$$Q = \alpha_{联} A_{壁}(T_{壁} - T_{介}) \tag{4-37}$$

式中,$\alpha_{联}$ 称为对流、辐射联合给热系数,单位为 $W/(m^2 \cdot ℃)$,可根据不同情况,用公式进行估算。

二、热绝缘

1. 目的
(1) 减少热量(或冷量)损失提高操作的经济性;
(2) 维持设备内的温度保证生产在规定温度下进行;
(3) 降低车间温度改善劳动条件。

2. 绝热层厚度 δ 的计算

$$(d_o + 2\delta)\ln\frac{d_o + 2\delta}{d_o} = \frac{2\lambda}{\alpha_{联}} \times \frac{T_o - T_{壁}}{T_{壁} - T_{介}} \tag{4-38}$$

绝热层厚度除特殊要求应计算外,一般可根据经验选用(查有关手册)。厚度增加,热损失减小,但绝热层的费用增加,适宜的厚度应通过经济核算确定。

第六节 换 热 器

换热器的类型较多,根据冷、热两流体热量交换的方式不同可分为间壁式换热器、混合式换热器和蓄热式换热器三类,其中以间壁式换热器最为常用。在间壁式换热器中,又以列管式换热器应用最为广泛。

一、列管式换热器

1. 列管式换热器的构造

主要组成部分:壳体、管束、管板(又称花板)和顶盖(又称封头)。

为了提高管程流体的流速,常在管程安装分程隔板,使流体作多程流动。为了提高壳程流体的流速,常在壳程安装折流挡析,使流体多次错流流过管束。

2. 列管式换热器的基本形式

根据热补偿方法不同,有以下几种主要形式。

(1) 固定管板式换热器
① 结构特点:两块管板分别焊在壳体两端,管束两端固定在管板上。
② 优点:结构简单、紧凑、造价低、管内便于清洗。
③ 缺点:壳程不便于清洗,当壳体与换热管的温差较大时,产生温差应力具有破坏

作用。

④ 适用场合：壳方流体清洁不易结垢，两流体温差小于 60～70℃，壳程压强小于 588kPa 的场合。

(2) U 形管式换热器

① 结构特点：只有一个管板，管子成 U 形，管子两端固定在同一管板上，管子可以自由伸缩，管束可以从壳体中抽出。

② 优点：结构简单，质量轻，不会产生温差应力，管间清洗方便。

③ 缺点：管内清洗困难，可排管子数少，管板利用率低。

④ 适用场合：管内流体清洁不易结垢和高温高压的场合。

(3) 浮头式换热器

① 结构特点：两端管板中有一端不与壳体固定连接，可在壳体内沿轴向自由伸缩，管束可以从壳体中抽出。

② 优点：不会产生温差应力，便于管内和管外的清洗和检修。

③ 缺点：结构复杂，金属耗量多，造价高。

④ 适用场合：壳体与管束温差较大或壳程流体容易结垢的场合。

二、其他间壁式换热器

夹套式换热器、沉浸式蛇管换热器、喷淋式换热器、套管式换热器、螺旋板式换热器、板式换热器、板翅式换热器、翅片式换热器的结构、特点和适用场合。

三、换热器传热过程的强化

由传热基本方程式 $Q = KA\Delta t_m$ 可知，强化传热过程的途径有三个。

1. 增大传热面积 A

增大传热面积不能仅靠增大换热器尺寸来实现，应从改进传热面结构，提高单位体积的传热面积入手。工业上常用的方法有：

① 用翅片来增加传热面积；

② 在管壳式换热器中采用小直径管；

③ 将传热面制成各种凹凸形、波纹形等。

2. 增大平均温度差 Δt_m

工业上可采取如下方法：

① 用饱和蒸汽加热时，可适当增加饱和蒸汽的压强；

② 当两侧流体均变温时，采用逆流操作或增加壳程数。

3. 增大传热系数 K

从传热系数的计算式可知，要提高 K 值必须减小各项热阻，但应从降低最大热阻着手。一般情况，对流传热热阻是传热过程中的主要热阻。当两个 α 值相差较大时，应设法提高小的 α 值。减小热阻的主要方法有：

① 提高流体的流速，增加流体的湍动程度，减薄滞流内层；

② 增加流体的扰动，以减薄滞流底层；

③ 防止结垢和及时清除垢层。

例题与解题分析

【例 4-1】 某平壁燃烧炉由内层为 100mm 厚的耐火砖、中间为 100mm 厚的普通砖和外层为 20mm 厚的保温层构成。已知耐火砖的热导率为 1.05W/(m·℃)，普通砖的热导率为 0.8W/(m·℃)，待操作稳定后，测得炉壁的内表面温度为 800℃，普通砖与保温层之间的温度为 400℃，保温层外表面温度为 70℃。试求：

(1) 单位面积上的导热量；
(2) 耐火砖与普通砖之间的壁面温度；
(3) 保温层的热导率。

分析：本题是多层平壁的导热计算。对多层平壁的导热各层单位面积上的导热量 Q/A 都相等，总推动力等于各层推动力之和，总热阻等于各层热阻之和。另外，在计算 Q/A 时要灵活运用公式，可根据题目中所给出的条件，按一层壁计算或按多层壁计算都可以，但要注意分子上是哪几层的推动力之和，分母上也相应是哪几层的热阻之和。如本题第(1)问由于 t_2、λ_3 未知，所以可按二层壁进行计算。

解：已知 $\delta_1=0.1\text{m}, \delta_2=0.1\text{m}, \delta_3=0.02\text{m}, \lambda_1=1.05\text{W/(m·℃)}, \lambda_2=0.8\text{W/(m·℃)}, t_3=400℃, t_4=70℃$。

(1) 单位面积上的导热量

$$\frac{Q}{A}=\frac{t_1-t_3}{\frac{\delta_1}{\lambda_1}+\frac{\delta_2}{\lambda_2}}=\frac{800-400}{\frac{0.1}{1.05}+\frac{0.1}{0.8}}=1818.2\text{W/m}^2$$

(2) 耐火砖与普通砖之间的壁面温度 t_2

由

$$\frac{Q}{A}=\frac{t_1-t_2}{\frac{\delta_1}{\lambda_1}}$$

得

$$t_2=t_1-\frac{Q}{A}\times\frac{\delta_1}{\lambda_1}=800-1818.2\times\frac{0.1}{1.05}=626.8℃$$

(3) 保温层的热导率 λ_3

由

$$\frac{Q}{A}=\frac{t_3-t_4}{\frac{\delta_3}{\lambda_3}}$$

得

$$\lambda_3=\frac{Q}{A}\times\frac{\delta_3}{t_3-t_4}=1818.2\times\frac{0.02}{400-70}=0.11\text{W/(m·℃)}$$

【例 4-2】 在一个 $\phi38\text{mm}\times2.5\text{mm}$ 的蒸汽管道外包上两层绝热层，第一层厚 0.05m，热导率 $\lambda=0.07\text{W/(m·℃)}$；第二层厚 0.1m，$\lambda=0.15\text{W/(m·℃)}$。测得管内壁温度为 120℃，第二层保温层外表面温度为 20℃。求每米管长的热损失及两保温层界面处的温度 [管壁的热导率取 46.5W/(m·℃)]。

分析：圆筒壁的导热与平壁导热的不同之处在于传热面积和热通量 Q/A 不是常数，而是随半径变化。但传热速率 Q 在稳态时依然是常数且传热的推动力和热阻也是可以叠加的，根据这两点，就可以用类似多层平壁导热的方法来求解多层圆筒壁的导热计算题。

解：已知 $r_1=\frac{38-2\times2.5}{2}=16.5\text{mm}=0.0165\text{m}$，$r_2=\frac{38}{2}=19\text{mm}=0.019\text{m}$，$r_3=$

$0.019+0.05=0.069\text{m}$，$r_4=0.069+0.01=0.079\text{m}$；$t_1=120℃$，$t_4=20℃$，于是有

$$Q=\frac{2\pi L(t_1-t_4)}{\frac{1}{\lambda_1}\ln\frac{r_2}{r_1}+\frac{1}{\lambda_2}\ln\frac{r_3}{r_2}+\frac{1}{\lambda_3}\ln\frac{r_4}{r_3}}$$

$$=\frac{2\times 3.14\times 1\times(120-20)}{\frac{1}{46.5}\ln\frac{0.019}{0.0165}+\frac{1}{0.07}\ln\frac{0.069}{0.019}+\frac{1}{0.15}\ln\frac{0.079}{0.069}}=32.49\text{W}$$

由

$$Q=\frac{2\pi L\Delta t_3}{\frac{1}{\lambda_3}\ln\frac{r_4}{r_3}}$$

得

$$t_3-t_4=\Delta t_3=\frac{Q\frac{1}{\lambda_3}\ln\frac{r_4}{r_3}}{2\pi L}=\frac{32.49\times\frac{1}{0.15}\ln\frac{0.079}{0.069}}{2\times 3.14\times 1}=4.7℃$$

所以 $t_3=\Delta t_3+t_4=4.7+20=24.7℃$

或由

$$Q=\frac{2\pi L(t_1-t_3)}{\frac{1}{\lambda_1}\ln\frac{r_2}{r_1}+\frac{1}{\lambda_2}\ln\frac{r_3}{r_2}}$$

得

$$t_3=t_1-\frac{Q}{2\pi L}(\frac{1}{\lambda_1}\ln\frac{r_2}{r_1}+\frac{1}{\lambda_2}\ln\frac{r_3}{r_2})$$

$$=120-\frac{32.49}{2\times 3.14\times 1}(\frac{1}{46.5}\ln\frac{0.019}{0.0165}+\frac{1}{0.07}\ln\frac{0.069}{0.019})$$

$$=24.7℃$$

【例 4-3】 水以 1m/s 的流速在长 3m 的 $\phi25\text{mm}\times 2.5\text{mm}$ 的钢管内由 20℃加热到 40℃，试求管壁对水的对流传热系数。

分析：计算对流传热系数的公式较多，关键是选用合适的公式及查取公式中的各物理量。

解：定性温度 $t_m=\frac{20+40}{2}=30℃$

查得 30℃时水的物性数据为：$\rho=995.7\text{kg/m}^3$，$\lambda=0.6176\text{W/(m·℃)}$，$\mu=80.07\times 10^{-5}\text{Pa·s}$，$P_r=5.42$

特征尺寸 $d_i=25-2\times 2.5=20\text{mm}=0.02\text{m}$

$$Re=\frac{d_i u\rho}{\mu}=\frac{0.02\times 1\times 995.7}{80.07\times 10^{-5}}$$

$$=2.487\times 10^4>10^4\text{（湍流）}$$

$$0.7<P_r<160$$

$$\frac{L}{d_i}=\frac{3}{0.02}=150>60$$

水为低黏度流体，所以选用式(4-11)计算 α 值，即

$$Nu=0.023Re^{0.8}P_r^n$$

水被加热，取 $n=0.4$

所以

$$\alpha=0.023\frac{\lambda}{d_i}Re^{0.8}P_r^{0.4}$$

$$=0.023\times\frac{0.6176}{0.02}\times(2.487\times 10^4)^{0.8}\times 5.42^{0.4}$$

$$= 4587 \text{W/(m}^2 \cdot \text{℃)}$$

【例 4-4】 某列管换热器中,壳程通以 100℃ 的饱和水蒸气加热管程中的冷水,冷水流量为 7200kg/h,由 20℃ 加热到 60℃。若设备热损失估计为 $Q_热$ 的 5%,试求热负荷及加热蒸汽用量。

分析: 当忽略热损失时,热负荷 $Q' = Q_热 = Q_冷$;当考虑热损失时,应分析热损失是否通过传热面,从而决定是否将这部分热量包括在热负荷中。本题情况下是加热蒸汽走壳程,水走管程,热损失在热流体一边,所以热负荷 $Q' = Q_冷$。加热蒸汽用量可通过热量衡算式计算。

解:(1) 热负荷

查得平均温度下水的比热容为 4.174kJ/(kg·℃)

$$Q' = Q_冷 = q_{m水} c_水 (t_2 - t_1) = \frac{7200}{3600} \times 4.174 \times (60-20) = 333.9 \text{kW}$$

(2) 加热蒸汽用量

查得 100℃ 时饱和水蒸气的冷凝潜热为 2258.4kJ/kg

由

$$q_{m汽} r_汽 = q_{m水} c_水 (t_2 - t_1) + Q_损$$

$$Q_损 = 0.05 q_{m汽} r_汽$$

得

$$q_{m汽} = \frac{q_{m水} c_水 (t_2 - t_1)}{0.95 r_汽} = \frac{333.9}{0.95 \times 2258.4}$$

$$= 0.156 \text{kg/s} = 561.6 \text{kg/h}$$

【例 4-5】 在一套管换热器内,热流体温度由 90℃ 冷却到 60℃,冷流体温度由 20℃ 上升到 40℃,试分别计算两流体作并流和逆流时的平均温度差。

分析: 换热器中,冷、热两流体作并流和逆流时平均温度差的计算方法相同,即先计算换热器两端的温度差 Δt_1 和 Δt_2。虽然取哪一端的温度差为 Δt_1 和 Δt_2,最后计算结果一样,但为方便计算,应取两端温度差中较大的一个为 Δt_1,较小的一个为 Δt_2。在计算中当 $\frac{\Delta t_1}{\Delta t_2} \leq 2$ 时,可以近似用算术均值代替对数均值,其误差不超过 4%。

解:

并流时

```
90 ──→ 60
20 ──→ 40
───────
70    20
```

$$\Delta t_{m并} = \frac{\Delta t_1 - \Delta t_2}{\ln \frac{\Delta t_1}{\Delta t_2}} = \frac{70-20}{\ln \frac{70}{20}} = 39.9 \text{℃}$$

逆流时

```
90 ──→ 60
40 ←── 20
───────
50    40
```

$$\Delta t_{m逆} = \frac{\Delta t_1 - \Delta t_2}{\ln \frac{\Delta t_1}{\Delta t_2}} = \frac{50-40}{\ln \frac{50}{40}} = 44.8 \text{℃}$$

由于 $\frac{\Delta t_1}{\Delta t_2} = \frac{50}{40} = 1.25 < 2$,所以也可取两者的算术均值,即

$$\Delta t_{m逆} = \frac{\Delta t_1 + \Delta t_2}{2} = \frac{50+40}{2} = 45 \text{℃}$$

说明：计算表明，对双边变温传热当冷、热两流体的温度一定时，$\Delta t_{m逆} > \Delta t_{m并}$。

【例 4-6】 在一单壳程二管程列管式换热器中用水冷却油。冷水在管程流动，进口温度为 15℃，出口温度为 35℃，油在壳程流动，进口温度为 110℃，出口温度为 50℃。试求平均传热温度差。

分析：本题是求两流体作折流流动时的平均温度差，其求取方法是先按逆流计算对数平均温度差 $\Delta t_{m逆}$，然后再乘以温度差校正系数 $\varphi_{\Delta t}$。$\varphi_{\Delta t}$ 根据两个参数 R、P 由相应的温度校正系数图查取。

解：先按逆流计算 $\Delta t_{m逆}$

$$\begin{array}{c} 110 \longrightarrow 50 \\ 35 \longleftarrow 15 \\ \hline 75 \quad\quad 35 \end{array}$$

$$\Delta t_{m逆} = \frac{\Delta t_1 - \Delta t_2}{\ln \dfrac{\Delta t_1}{\Delta t_2}} = \frac{75-35}{\ln \dfrac{75}{35}} = 52.5℃$$

$$R = \frac{T_1 - T_2}{t_2 - t_1} = \frac{110-50}{35-15} = 3$$

$$P = \frac{t_2 - t_1}{T_1 - t_1} = \frac{35-15}{110-15} = 0.211$$

根据 R、P 由单壳程的温差校正系数图查得 $\varphi_{\Delta t} = 0.92$

所以 $\quad\quad\quad\quad \Delta t_m = \varphi_{\Delta t} \Delta t_{m逆} = 0.92 \times 52.5 = 48.3℃$

说明：由计算知 $\varphi_{\Delta t} < 1$，所以折流时的平均温度差小于逆流时的平均温度差。

【例 4-7】 有一用 $\phi 25\text{mm} \times 2\text{mm}$ 的无缝钢管[$\lambda = 46.5\text{W}/(\text{m} \cdot ℃)$]制成的列管换热器，管内通以冷却水，$\alpha_i = 400\text{W}/(\text{m}^2 \cdot ℃)$，管外为饱和水蒸气冷凝，$\alpha_o = 10000\text{W}/(\text{m}^2 \cdot ℃)$，换热器刚投入使用时，污垢热阻可以忽略。试计算：

(1) 传热系数 K；

(2) 其他条件不变，将 α_i 提高 1 倍后，K 值增大的百分比；

(3) 其他条件不变，将 α_o 提高 1 倍后，K 值增大的百分比；

(4) 当换热器使用一段时间后，形成了垢层，取水的污垢热阻 $R_{si} = 0.58\text{m}^2 \cdot ℃/\text{kW}$ 水蒸气的污垢热阻 $R_{so} = 0.09\text{m}^2 \cdot ℃/\text{kW}$，在其他条件不变的情况下，$K$ 值降低的百分比。

计算时可忽略管壁内，外表面积的差异，即 K 值可近似按平壁计算。

分析：本题是通过计算表明，当两个 α 值相差较大时，提高小的 α 值对传热更有利，当有污垢形成时会使 K 值降低。计算时应注意单位一致，将污垢热阻的单位由 $\text{m}^2 \cdot ℃/\text{kW}$ 换算成 $\text{m}^2 \cdot ℃/\text{W}$。

解：(1) 无污垢形成时的传热系数 K

已知 $\delta = 2\text{mm} = 0.002\text{m}$，$\lambda = 46.5\text{W}/(\text{m} \cdot ℃)$，$\alpha_i = 400\text{W}/(\text{m}^2 \cdot ℃)$，$\alpha_o = 10000\text{W}/(\text{m}^2 \cdot ℃)$。

$$K = \frac{1}{\dfrac{1}{\alpha_i} + \dfrac{\delta}{\lambda} + \dfrac{1}{\alpha_o}} = \frac{1}{\dfrac{1}{400} + \dfrac{0.002}{46.5} + \dfrac{1}{10000}} = 378.4\text{W}/(\text{m}^2 \cdot ℃)$$

(2) 其他条件不变，将 α_i 提高 1 倍，有

$$K' = \frac{1}{\dfrac{1}{2 \times 400} + \dfrac{0.002}{46.5} + \dfrac{1}{10000}} = 717.9\text{W}/(\text{m}^2 \cdot ℃)$$

增大的百分比为

$$\frac{K'-K}{K}\times 100\%=\frac{717.9-378.4}{378.4}\times 100\%=89.7\%$$

(3) 其他条件不变，将 α_o 提高 1 倍，有

$$K''=\frac{1}{\frac{1}{400}+\frac{0.002}{46.5}+\frac{1}{2\times 10000}}=385.7\text{W/(m}^2\cdot\text{℃)}$$

增大的百分比为

$$\frac{K''-K}{K}\times 100\%=\frac{385.7-378.4}{378.4}\times 100\%=1.9\%$$

(4) 已知 $R_{si}=0.58\text{m}^2\cdot\text{℃/kW}=0.00058\text{m}^2\cdot\text{℃/W}$，$R_{so}=0.09\text{m}^2\cdot\text{℃/kW}=0.00009\text{m}^2\cdot\text{℃/W}$，其他条件不变，有

$$K'''=\frac{1}{\frac{1}{\alpha_i}+R_{si}+\frac{\delta}{\lambda}+R_{so}+\frac{1}{\alpha_o}}$$

$$=\frac{1}{\frac{1}{400}+0.00058+\frac{0.002}{46.5}+0.00009+\frac{1}{10000}}$$

$$=301.8\text{W/(m}^2\cdot\text{℃)}$$

降低的百分比为

$$\frac{K-K'''}{K}\times 100\%=\frac{378.4-301.8}{378.4}\times 100\%=20.2\%$$

【例 4-8】 现有一单程列管换热器，管束由 $\phi 25\text{mm}\times 2.5\text{mm}$，长 2m 的 200 根钢管组成。欲将质量流量为 7200kg/h 的空气由 20℃ 加热到 80℃，空气的平均比热容为 1.01kJ/(kg·℃)，选用 110℃ 的饱和水蒸气为加热介质。空气走管程，水蒸气走壳程。已知以外表面为基准的传热系数为 90W/(m²·℃)。试核算该换热器能否满足生产要求。

分析： 核算换热器能否满足生产要求，就是用工艺本身的要求与现有换热器进行比较。一种方法是核算换热器的实际传热面积应大于生产上需要的传热面积，即 $A_\text{实}>A_\text{需}$；另一种方法是核算换热器的传热速率应大于生产上需要的传热速率，即 $Q>Q_\text{需}$。

解： 热负荷

$$Q_\text{需}=q_{m\text{冷}}c_\text{冷}(t_2-t_1)=\frac{7200}{3600}\times 1.01\times 10^3\times(80-20)=1.21\times 10^5\text{W}$$

平均温度差

$$\begin{array}{cc} 110 \longrightarrow 110 \\ 80 \longleftarrow 20 \\ \hline 30 \quad\quad 90 \end{array}$$

$$\Delta t_m=\frac{90-30}{\ln\frac{90}{30}}=54.6\text{℃}$$

需要的传热面积

$$A_\text{需}=\frac{Q}{K_o\Delta t_m}=\frac{1.21\times 10^5}{90\times 54.6}=24.6\text{m}^2$$

换热器的实际传热面积

$$A_\text{实}=\pi d_o Ln=3.14\times 0.025\times 2\times 200=31.4\text{m}^2$$

因为 $A_{实} > A_{需}$，所以该换热器能满足生产要求。

另一解法：

换热器传热速率为

$$Q = K_o A_o \Delta t_m = 90 \times 31.4 \times 54.6 = 1.54 \times 10^5 \text{W}$$

因为 $Q > Q_{需}$，说明该换热器能满足生产要求。

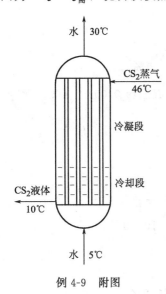

例 4-9 附图

【例 4-9】用一单程立式列管换热器将 46℃ 的 CS_2 饱和蒸气冷凝后再冷却到 10℃。CS_2 走壳程，其流量为 250kg/h，冷凝潜热为 356kJ/kg，液体 CS_2 的平均比热容为 1.05kJ/(kg·℃)。冷却水走管程，自下而上与 CS_2 呈逆流流动，其进、出口温度分别为 5℃ 和 30℃。换热器中有 $\phi 25\text{mm} \times 2.5\text{mm}$ 的钢管 30 根，管长 3m，设此换热器在 CS_2 蒸气冷凝和液体冷却时的传热系数分别为 232W/(m^2·℃) 和 116W/(m^2·℃)（均以管子外表面积为基准）。问此换热器能否满足生产要求？

分析：此题是核算现有换热器是否合用，可用生产上需要的传热面积与换热器实际提供的传热面积进行比较，如果 $A_{实} > A_{需}$ 则合用，否则不合用。本题中的换热情况包括冷凝及冷却两个阶段，应分别计算各段所需的传热面积，然后以两段面积之和与换热器具有的传热面积进行比较。

解：（1）计算传热量

冷凝段

$$Q_{冷凝} = q_{m热} r_{热} = 250 \times 356$$
$$= 89000 \text{kJ/h} = 24.72 \text{kW}$$

冷却段

$$Q_{冷却} = q_{m热} c_{热} (T_1 - T_2)$$
$$= 250 \times 1.05 \times (46 - 10)$$
$$= 9450 \text{kJ/h} = 2.63 \text{kW}$$

总传热量

$$Q = Q_{冷凝} + Q_{冷却} = 24.72 + 2.63 = 27.35 \text{kW}$$

（2）计算冷却水用量

$$q_{m水} = \frac{Q}{c_水 (t_2 - t_1)} = \frac{27.35}{4.19 \times (30 - 5)} = 0.261 \text{kg/s}$$

（3）求两段各自的平均温度差

先求出冷却水离开冷却段的温度 t

$$t = \frac{Q_{冷却}}{q_{m水} c_水} + 5 = \frac{2.63}{0.261 \times 4.19} + 5 = 7.4 ℃$$

冷凝段

$$\begin{array}{c} 46 \longrightarrow 46 \\ 30 \longleftarrow 7.4 \\ \hline 16 \quad\quad 38.6 \end{array}$$

$$\Delta t_{m冷凝} = \frac{38.6 - 16}{\ln \frac{38.6}{16}} = 25.7 ℃$$

冷却段

$$\begin{array}{c} 46 \longrightarrow 10 \\ 7.4 \longleftarrow 5 \\ \hline 38.6 \quad\quad 5 \end{array}$$

$$\Delta t_{m冷却} = \frac{38.6-5}{\ln\frac{38.6}{5}} = 16.4℃$$

(4) 求所需的传热面积

冷凝段
$$A_{冷凝} = \frac{Q_{冷凝}}{K_1 \Delta t_{m冷凝}} = \frac{24.72 \times 10^3}{232 \times 25.7} = 4.15 m^2$$

冷却段
$$A_{冷却} = \frac{Q_{冷却}}{K_2 \Delta t_{m冷却}} = \frac{2.63 \times 10^3}{116 \times 16.4} = 1.38 m^2$$

所需总传热面积
$$A_{需} = A_{冷凝} + A_{冷却} = 4.15 + 1.38 = 5.53 m^2$$

(5) 换热器的实际传热面积
$$A_{实} = \pi d_o L n = 3.14 \times 0.025 \times 3 \times 30 = 7.07 m^2$$

因为 $A_{实} > A_{需}$，所以此换热器能满足生产要求。

【例 4-10】 一传热面积为 $15 m^2$ 的列管式换热器，壳程用 110℃ 饱和水蒸气将管程某溶液由 20℃ 加热到 80℃。溶液的流量为 $2.5 \times 10^4 kg/h$，平均比热容为 $4 kJ/(kg·℃)$。试求：

(1) 此操作条件下换热器的传热系数。

(2) 该换热器使用一年后，由于污垢热阻增加，使溶液出口温度由 80℃ 降至 72℃，这时的传热量、平均温度差和传热系数各为多少？

(3) 若要使溶液出口温度仍为 80℃，加热蒸汽温度至少要多高？

分析：本题是传热基本方程式 $Q = KA\Delta t_m$ 的应用及影响传热因素的分析和有关计算。

解：(1) 求传热系数 K

$$K = \frac{Q}{A\Delta t_m}$$

$$Q = q_{m冷} c_{冷}(t_2 - t_1) = 2.5 \times 10^4 \times 4 \times (80-20) = 6 \times 10^6 kJ/h$$

$$\begin{array}{cc} 110 \longrightarrow 110 \\ 80 \longleftarrow 20 \\ \hline 30 \quad\quad 90 \end{array}$$

$$\Delta t_m = \frac{\Delta t_1 - \Delta t_2}{\ln\frac{\Delta t_1}{\Delta t_2}} = \frac{90-30}{\ln\frac{90}{30}} = 54.6℃$$

$$K = \frac{6 \times 10^6 \times 10^3}{3600 \times 15 \times 54.6} = 2035 W/(m^2·℃)$$

(2) 操作一年后，由于污垢热阻增加，所以使 K 值减小，而使 Δt_m 增加（因为 t_2 下降，而 t_1、T_1、T_2 不变，所以 Δt_m 增加）。这时根据传热基本方程式有

$$Q' = K' A \Delta t'_m$$

其中
$$Q' = q_{m冷} c_{冷}(t'_2 - t_1)$$
$$= 2.5 \times 10^4 \times 4 \times (72-20) = 5.2 \times 10^6 kJ/h$$

$$\begin{array}{cc} 110 \longrightarrow 110 \\ 72 \longleftarrow 20 \\ \hline 38 \quad\quad 90 \end{array}$$

$$\Delta t'_m = \frac{90-38}{\ln\frac{90}{38}} = 60.3℃$$

$$K' = \frac{Q'}{A\Delta t'_m} = \frac{5.2\times 10^6\times 10^3}{3600\times 15\times 60.3} = 1597\text{W}/(\text{m}^2\cdot\text{℃})$$

(3) 要使溶液出口温度 t_2 仍达到 80℃，应使传热量 $Q=6\times 10^6\text{kJ/h}$ 保持不变。由 $Q=KA\Delta t_m$ 知，换热器传热面积 $A=15\text{m}^2$ 已固定，但 K 值降为 $K'=1597\text{W}/(\text{m}^2\cdot\text{℃})$，所以要使 Q 值不变，应使 Δt_m 增加，其值为

$$\Delta t''_m = \frac{Q}{AK'} = \frac{6\times 10^6\times 10^3}{3600\times 15\times 1597} = 69.6\text{℃}$$

又

$$\Delta t''_m = \frac{(T-20)-(T-80)}{\ln\dfrac{T-20}{T-80}} = 69.6\text{℃}$$

由上式解得 $T=123.9$℃，即加热蒸汽温度至少要 123.9℃。

习 题 解 答

4-1 试比较 1mm 厚的钢板、水垢和灰垢的热阻。已知它们的热导率分别为 46.4W/(m·℃)、1.16W/(m·℃)、0.116W/(m·℃)，导热面积都为 1m²。由此得出：1mm 厚的水垢热阻相当于多少 mm 厚的钢板的热阻？而 1mm 厚的灰垢热阻相当于多少 mm 的钢板的热阻？

解：

钢板热阻　　　　　　　　　$R_{钢} = \dfrac{\delta_{钢}}{\lambda_{钢}} = \dfrac{0.001}{46.4} = \dfrac{1}{46400}\text{m}^2\cdot\text{℃/W}$

水垢热阻　　　　　　　　　$R_{水垢} = \dfrac{\delta_{水垢}}{\lambda_{水垢}} = \dfrac{0.001}{1.16} = \dfrac{1}{1160}\text{m}^2\cdot\text{℃/W}$

灰垢热阻　　　　　　　　　$R_{灰垢} = \dfrac{\delta_{灰垢}}{\lambda_{灰垢}} = \dfrac{0.001}{0.116} = \dfrac{1}{116}\text{m}^2\cdot\text{℃/W}$

$$\frac{R_{水垢}}{R_{钢}} = \frac{\dfrac{1}{1160}}{\dfrac{1}{46400}} = \frac{46400}{1160} = 40$$

$$\frac{R_{灰垢}}{R_{钢}} = \frac{\dfrac{1}{116}}{\dfrac{1}{46400}} = \frac{46400}{116} = 400$$

计算知，1mm 厚的水垢热阻相当于 40mm 厚的钢板的热阻；1mm 厚的灰垢热阻相当于 400mm 厚的钢板的热阻。

4-2 一块厚 $\delta=50\text{mm}$ 的平板，其两侧表面温度分别稳定维持在 $t_{w1}=300$℃，$t_{w2}=100$℃。试求下列条件下通过单位面积的导热量：(1) 材料为铜，$\lambda=374\text{W}/(\text{m}\cdot\text{℃})$；(2) 材料为钢，$\lambda=36.3\text{W}/(\text{m}\cdot\text{℃})$；(3) 材料为铬砖，$\lambda=2.32\text{W}/(\text{m}\cdot\text{℃})$；(4) 材料为硅藻土砖，$\lambda=0.242\text{W}/(\text{m}\cdot\text{℃})$。

解： 由式　　　$\dfrac{Q}{A} = \lambda\dfrac{t_{w1}-t_{w2}}{\delta}$ 计算通过单位面积的导热量

铜　　　　　　　　　　　$\dfrac{Q}{A} = 374\times\dfrac{300-100}{0.05} = 1.50\times 10^6\text{W/m}^2$

钢　　　　　　　　　　　$\dfrac{Q}{A} = 36.3\times\dfrac{300-100}{0.05} = 1.45\times 10^5\text{W/m}^2$

铬砖 $$\frac{Q}{A}=2.32\times\frac{300-100}{0.05}=9.28\times10^3\,\text{W/m}^2$$

硅藻土砖 $$\frac{Q}{A}=0.242\times\frac{300-100}{0.05}=9.68\times10^2\,\text{W/m}^2$$

4-3 某平壁炉的炉壁是用内层为120mm厚的某耐火材料和外层为230mm厚的普通建筑材料砌成的。两种材料的热导率未知。已测得炉内温度为800℃，外侧壁面温度为113℃。现在普通建筑材料外面又包一层厚度为50mm的石棉以减少热损失，$\lambda=0.15\,\text{W/(m·℃)}$。包扎后测得各层温度为：炉内壁温度为800℃，耐火材料与建筑材料交界面的温度为686℃，建筑材料与石棉交界面的温度为405℃，石棉外侧温度为77℃。问包扎石棉后热损失比原来减少百分之几？

解：

包扎石棉前 $$\frac{Q}{A}=\frac{t_\text{内}-t_\text{外}}{\frac{\delta_1}{\lambda_1}+\frac{\delta_2}{\lambda_2}}$$

包扎石棉后 $$\frac{Q'}{A}=\frac{t_\text{内}-t'_\text{外}}{\frac{\delta_1}{\lambda_1}+\frac{\delta_2}{\lambda_2}}$$

包扎石棉后热损失比原来减少的百分数

$$\frac{\frac{Q}{A}-\frac{Q'}{A}}{\frac{Q}{A}}=\frac{t'_\text{外}-t_\text{外}}{t_\text{内}-t_\text{外}}=\frac{405-113}{800-113}=0.425=42.5\%$$

4-4 某化工厂有一蒸汽管道，管内径和外径分别为160mm和170mm，管外面包扎一层厚度为60mm的保温材料，$\lambda=0.07\,\text{W/(m·℃)}$。保温层的内表面温度为290℃，外表面温度为50℃。试求每米长的蒸汽管热损失多少？

解： 已知 $r_2=\frac{170}{2}=85\,\text{mm}$，$r_3=85+60=145\,\text{mm}$，$t_\text{w2}=290℃$，$t_\text{w3}=50℃$

$$\frac{Q}{L}=\frac{2\pi\lambda(t_\text{w2}-t_\text{w3})}{\ln\frac{r_3}{r_2}}$$

$$=\frac{2\times3.14\times0.07\times(290-50)}{\ln\frac{145}{85}}=197.6\,\text{W/m}$$

4-5 外径为100mm的蒸汽管，包有一层50mm厚的绝缘材料A，$\lambda_A=0.06\,\text{W/(m·℃)}$，其外再包一层25mm的绝缘材料B，$\lambda_B=0.075\,\text{W/(m·℃)}$。若绝缘层A的内表面及绝缘层B的外表面的温度各为170℃及38℃。试求每米管长的热损失和A、B界面的温度。

解：（1）每米管长的热损失

$$\frac{Q}{L}=\frac{2\pi(t_\text{w1}-t_\text{w3})}{\frac{1}{\lambda_A}\ln\frac{r_2}{r_1}+\frac{1}{\lambda_B}\ln\frac{r_3}{r_2}}$$

$$=\frac{2\times3.14\times(170-38)}{\frac{1}{0.06}\ln\frac{50+50}{50}+\frac{1}{0.075}\ln\frac{100+25}{50+50}}=57.1\,\text{W/m}$$

(2) A、B交界面温度

稳定热传导
$$\frac{Q_1}{L}=\frac{Q_2}{L}=\frac{Q}{L}=57.1\text{W/m}$$

所以
$$\frac{2\pi(170-t_2)}{\frac{1}{0.06}\ln\frac{50+50}{50}}=57.1$$

解得
$$t_2=65℃$$

4-6 一个尺寸为 $\phi 60\text{mm}\times 3\text{mm}$ 的钢管，外包一层 30mm 厚的软木和一层 30mm 厚的 (85%MgO) 保温材料，管内壁的温度为 $-110℃$，保温材料外表温度为 $10℃$。试求：(1) 每米管长散失的冷量；(2) 如将二层绝热物互相交换，设互换后管内壁温度和保温材料外表面温度不变，已知钢管 $\lambda=45\text{W/(m·℃)}$，软木 $\lambda=0.043\text{W/(m·℃)}$，85%MgO 的 $\lambda=0.07\text{W/(m·℃)}$。则传热量为多少？

解：(1) 每米管长散失的冷量

$$\frac{Q}{L}=\frac{2\pi(-110-10)}{\frac{1}{45}\ln\frac{60}{54}+\frac{1}{0.043}\ln\frac{120}{60}+\frac{1}{0.07}\ln\frac{180}{120}}=-31.1\text{W/m}$$

负号表示由外界向系统内传热，即为损失的冷量。

(2) 两层绝热材料互换后，每米管长散失的冷量

$$\frac{Q}{L}=\frac{2\pi(-110-10)}{\frac{1}{45}\ln\frac{60}{54}+\frac{1}{0.07}\ln\frac{120}{60}+\frac{1}{0.043}\ln\frac{180}{120}}=-34.8\text{W/m}$$

可见，互换后每米管长的冷量损失增加，所以 λ 值小的保温材料应包在管的内层。

4-7 有一蒸汽管外径为 25mm，外面包以两层保温材料，每层厚 25mm，若两种绝热材料的热导率的比值为 $\lambda_2/\lambda_1=5$。今将二层材料互换位置，而其他情况均保持不变。试问哪一种绝热材料包在内层更为有效？

解： $d_1=25\text{mm}$，$d_2=75\text{mm}$，$d_3=125\text{mm}$，$\lambda_2=5\lambda_1$

热导率为 λ_1 的材料在内层时

$$Q_1=\frac{2\pi L\Delta t}{\frac{1}{\lambda_1}\ln\frac{d_2}{d_1}+\frac{1}{\lambda_2}\ln\frac{d_3}{d_2}}$$

热导率为 λ_2 的材料在内层时

$$Q_2=\frac{2\pi L\Delta t}{\frac{1}{\lambda_2}\ln\frac{d_2}{d_1}+\frac{1}{\lambda_1}\ln\frac{d_3}{d_2}}$$

两种情况导热速率之比

$$\frac{Q_1}{Q_2}=\frac{\frac{1}{\lambda_2}\ln\frac{d_2}{d_1}+\frac{1}{\lambda_1}\ln\frac{d_3}{d_2}}{\frac{1}{\lambda_1}\ln\frac{d_2}{d_1}+\frac{1}{\lambda_2}\ln\frac{d_3}{d_2}}=\frac{\frac{1}{5\lambda_1}\ln\frac{75}{25}+\frac{1}{\lambda_1}\ln\frac{125}{75}}{\frac{1}{\lambda_1}\ln\frac{75}{25}+\frac{1}{5\lambda_1}\ln\frac{125}{75}}=0.61$$

$Q_1<Q_2$，说明在本题条件下，λ 值小的材料放在内层更为有效。

4-8 为了减少热量损失和保证安全工作条件，在外径为 133mm 蒸汽管道外覆盖保温层。蒸汽管外壁温度为 $400℃$，按某厂安全操作规定，保温材料外侧温度不得超过 $50℃$。如果采用水泥蛭石制作保温材料，并把每米长管道的热损失 Q/L 控制在 465W/m 之下，已知

保温材料 $\lambda = 0.102 + 0.000197 t_{均}$。问保温层厚度为多少 mm？

解：保温层平均温度为

$$t_{均} = \frac{400 + 50}{2} = 225℃$$

保温材料的热导率为

$$\lambda = 0.102 + 0.000197 \times 225 = 0.146 \text{ W/(m·℃)}$$

由

$$Q = \frac{2\pi L \lambda (t_1 - t_2)}{\ln \frac{d_2}{d_1}}$$

得

$$\ln \frac{d_2}{d_1} = \frac{2\pi \lambda (t_1 - t_2)}{\frac{Q}{L}}$$

所以

$$\ln d_2 = \frac{2\pi \lambda (t_1 - t_2)}{\frac{Q}{L}} + \ln d_1$$

$$= \frac{2 \times 3.14 \times 0.146 \times (400 - 50)}{465} + \ln 0.133$$

$$= -1.327$$

解得

$$d_2 = 0.265 \text{ m}$$

保温层厚度 δ

$$\delta = \frac{d_2 - d_1}{2} = \frac{0.265 - 0.133}{2} = 0.066 \text{ m} = 66 \text{ mm}$$

4-9 水在 $\phi 38\text{mm} \times 1.5\text{mm}$ 的管内流动，流速为 1m/s，水进管时的温度为 20℃，出管时的温度为 80℃，试求管壁对水的对流传热系数。

解：定性温度 $t_m = (20+80)/2 = 50℃$，查得在定性温度下水的物性数据为

$\rho = 988.1 \text{kg/m}^3$，$c_p = 4.174 \times 10^3 \text{J/(kg·℃)}$，$\lambda = 0.6478 \text{W/(m·℃)}$，$\mu = 0.5494 \times 10^{-3} \text{Pa·s}$

管内直径为 $d_i = 38 - 2 \times 1.5 = 35\text{mm} = 0.035\text{m}$

$$Re = \frac{d_i u \rho}{\mu} = \frac{0.035 \times 1 \times 988.1}{0.5494 \times 10^{-3}} = 6.3 \times 10^4 > 10^4 \text{（湍流）}$$

$$P_r = \frac{c_p \mu}{\lambda} = \frac{4.174 \times 10^3 \times 0.5494 \times 10^{-3}}{0.6478} = 3.54$$

流体被加热，取 $n = 0.4$

$$\alpha = 0.023 \frac{\lambda}{d_i} Re^{0.8} P_r^{0.4}$$

$$= 0.023 \times \frac{0.6478}{0.035} \times (6.3 \times 10^4)^{0.8} \times 3.54^{0.4}$$

$$= 4.88 \times 10^3 \text{ W/(m}^2\text{·℃)}$$

4-10 每小时将 4200kg 的苯，从 27℃ 加热到 50℃。苯系在 $\phi 20\text{mm} \times 2.5\text{mm}$ 的管内流动。试求管壁对苯的对流传热系数。

解：定性温度 $t_m = (27+50)/2 = 38.5℃$，查得在定性温度下苯的物性数据为

$c_p = 1.74 \times 10^3 \text{J/(kg·℃)}$，$\rho = 860 \text{kg/m}^3$，$\lambda = 0.141 \text{W/(m·℃)}$，$\mu = 0.53 \times 10^{-3} \text{Pa·s}$

管内流速为 $u = \dfrac{q_m}{\dfrac{\pi}{4}d^2} = \dfrac{4200}{3600 \times 860 \times 0.785 \times 0.15^2} = 7.68 \text{m/s}$

$$Re = \dfrac{d_i u \rho}{\mu} = \dfrac{0.015 \times 7.68 \times 860}{0.53 \times 10^{-3}} = 1.87 \times 10^5 > 10^4 \text{(湍流)}$$

$$P_r = \dfrac{c_p \mu}{\lambda} = \dfrac{1.74 \times 10^3 \times 0.53 \times 10^{-3}}{0.141} = 6.54$$

流体被加热，取 $n = 0.4$

$$\begin{aligned}\alpha &= 0.023 \dfrac{\lambda}{d_i} Re^{0.8} P_r^{0.4} \\ &= 0.023 \times \dfrac{0.141}{0.015} \times (1.87 \times 10^5)^{0.8} \times 6.54^{0.4} \\ &= 7.56 \times 10^3 \text{W/(m}^2 \cdot \text{℃)}\end{aligned}$$

4-11 有一套管换热器，内管为 $\phi 25\text{mm} \times 1\text{mm}$，外管为 $\phi 38\text{mm} \times 1.5\text{mm}$。冷水在环隙内流过，用以冷却管内的高温气体，水的流速为 0.3m/s，水的入口温度为 20℃，出口温度为 40℃。试求环隙内水的对流传热系数。

解： 定性温度 $t_m = (20+40)/2 = 30\text{℃}$，查得水在 30℃ 时的物性数据为
$\rho = 995.7 \text{kg/m}^3$, $c_p = 4.174 \times 10^3 \text{J/(kg} \cdot \text{℃)}$, $\lambda = 0.6176 \text{W/(m} \cdot \text{℃)}$, $\mu = 0.8007 \times 10^{-3} \text{Pa} \cdot \text{s}$
当量直径 $d_e = d_1 - d_2 = 0.035 - 0.025 = 0.01 \text{m}$

$$Re = \dfrac{d_e u \rho}{\mu} = \dfrac{0.01 \times 0.3 \times 995.7}{0.8007 \times 10^{-3}} = 3731 \text{(过渡区)}$$

$$P_r = \dfrac{c_p \mu}{\lambda} = \dfrac{4.174 \times 10^3 \times 0.8007 \times 10^{-3}}{0.6176} = 5.41$$

校正系数 $\phi = 1 - \dfrac{6 \times 10^5}{Re^{1.8}} = 1 - \dfrac{6 \times 10^5}{3731^{1.8}} = 0.777$

流体被加热，取 $n = 0.4$

$$\begin{aligned}\alpha &= 0.023 \dfrac{\lambda}{d_e} Re^{0.8} P_r^{0.4} \times \phi \\ &= 0.023 \times \dfrac{0.6176}{0.01} \times 3731^{0.8} \times 5.41^{0.4} \times 0.777 \\ &= 1.56 \times 10^3 \text{W/(m}^2 \cdot \text{℃)}\end{aligned}$$

4-12 在苯胺生产工艺过程中，液态苯胺在列管式换热器中从 80℃ 冷却到 40℃。然后送入贮罐贮存。苯胺在管内流动，已知每根管内苯胺质量流量为 1300kg/h。管子直径为 $\phi 25\text{mm} \times 2.5\text{mm}$，内壁平均温度为 50℃。设管长与管径之比大于 60。试求苯胺和管壁间的对流传热系数。

解： 定性温度 $t_m = (40+80)/2 = 60\text{℃}$，查得苯胺在 60℃ 时的物性数据为
$c_p = 2.22 \times 10^3 \text{J/(kg} \cdot \text{℃)}$, $\lambda = 0.177 \text{W/(m} \cdot \text{℃)}$, $\mu = 1.75 \times 10^{-3} \text{Pa} \cdot \text{s}$
查得壁温下的黏度为 $\mu_w = 2.3 \times 10^{-3} \text{Pa} \cdot \text{s}$
苯胺的质量流速为

$$G = \dfrac{q_m}{A} = \dfrac{1300}{3600 \times \dfrac{\pi}{4} \times 0.02^2} = 1150 \text{kg/(m}^2 \cdot \text{s)}$$

$$Re = \dfrac{d_i G}{\mu} = \dfrac{0.02 \times 1150}{1.75 \times 10^{-3}} = 1.31 \times 10^4 \text{(湍流)}$$

$$P_r = \frac{c_p \mu}{\lambda} = \frac{2.22 \times 10^3 \times 1.75 \times 10^{-3}}{0.177} = 21.9$$

因为苯胺黏度较大，α 值由下式计算

$$\alpha = 0.027 \frac{\lambda}{d_i} Re^{0.8} P_r^{0.33} \left(\frac{\mu}{\mu_w}\right)^{0.14}$$

$$= 0.027 \times \frac{0.177}{0.02} \times (1.31 \times 10^4)^{0.8} \times 21.9^{0.33} \times \left(\frac{1.75}{2.3}\right)^{0.14}$$

$$= 1.25 \times 10^3 \, \text{W}/(\text{m}^2 \cdot \text{℃})$$

4-13 载热体流量为 1590kg/h，试计算以下各过程中载热体放出或得到的热量。

(1) 100℃的饱和水蒸气冷凝成100℃水；

(2) 比热容为 3.77kJ/(kg·℃) 的 NaOH 溶液从17℃加热到97℃；

(3) 常压下 20℃ 的空气被加热到 150℃；

(4) 绝对压强为 200kPa 的饱和水蒸气冷凝并冷却成 50℃ 的水。

解：(1) 查得 $r_\text{热} = 2258.4$ kJ/kg

$$Q_\text{热} = q_{m\text{热}} r_\text{热}$$
$$= 1590 \times 2258.4 = 3.59 \times 10^6 \, \text{kJ/h}$$

(2) 已知 $c_\text{冷} = 3.77$ kJ/(kg·℃)

$$Q_\text{冷} = q_{m\text{冷}} c_\text{冷} (t_2 - t_1)$$
$$= 1590 \times 3.77 \times (97 - 17) = 4.80 \times 10^5 \, \text{kJ/h}$$

(3) 查得 $t_m = (20 + 150)/2 = 85$℃下空气的比热容为 $c_\text{冷} = 1.009$ kJ/(kg·℃)

$$Q_\text{冷} = q_{m\text{冷}} c_\text{冷} (t_2 - t_1)$$
$$= 1590 \times 1.009 \times (150 - 20) = 2.09 \times 10^5 \, \text{kJ/h}$$

(4) 查得 200kPa 饱和水蒸气的温度为 120.2℃，汽化热为 2206.4kJ/kg；$t_m = (120.2 + 50)/2 = 85.1$℃下水的比热容为 4.20kJ/(kg·℃)

$$Q_1 = q_{m\text{热}} r_\text{热}$$
$$= 1590 \times 2206.4 = 3.51 \times 10^6 \, \text{kJ/h}$$
$$Q_2 = q_{m\text{热}} c_\text{热} (T_1 - T_2)$$
$$= 1590 \times 4.20 \times (120.2 - 50) = 4.69 \times 10^5 \, \text{kJ/h}$$

共放出的热量为

$$Q_\text{热} = Q_1 + Q_2$$
$$= 3.51 \times 10^6 + 4.69 \times 10^5 = 3.98 \times 10^6 \, \text{kJ/h}$$

4-14 在间壁式换热器中，用水将 2000kg/h 的正丁醇由 100℃ 冷却到 20℃。冷却水的初温为 15℃，终温为 30℃。如热损失可以忽略，试求该换热器的热负荷及冷却水用量。又如冷却水的用量为 9m³/h，则冷却水的终温将是多少？

解：查得平均温度下 $c_\text{水} = 4.18$ kJ/(kg·℃)，$c_\text{正丁醇} = 2.86$ kJ/(kg·℃)

(1) 热负荷及冷却水用量

热负荷
$$Q' = Q_\text{热} = q_{m\text{正丁醇}} c_\text{正丁醇} (T_1 - T_2)$$
$$= 2000 \times 2.86 \times (100 - 20)$$
$$= 457600 \, \text{kJ/h} \approx 127 \, \text{kW}$$

冷却水用量　由热量衡算式得

$$q_{m水} = \frac{457600}{4.18 \times (30-15)} = 7.30 \times 10^3 \text{kg/h}$$

(2) 如果冷却水用量为 $9\text{m}^3/\text{h}$，求冷却水的终温 t_2

由热量衡算式得
$$Q_热 = Q_冷 = q_{m水} c_水 (t_2 - t_1)$$

即
$$457600 = 9 \times 10^3 \times 4.18 \times (t_2 - 15)$$

解得
$$t_2 = 27.2℃$$

4-15 用 300kPa（绝压）的饱和水蒸气在列管式换热器中将对二甲苯由 80℃ 加热到 100℃，冷流体走管内。已知对二甲苯的流量为 $80\text{m}^3/\text{h}$，密度为 860kg/m^3。若设备的热损失估计为 $Q_冷$ 的 5%，试求该换热器的热负荷及蒸汽用量。

解： 查得 300kPa 下饱和水蒸气的汽化热为 2168.1kJ/kg；平均温度下对二甲苯的比热容为 1.88kJ/(kg·℃)

(1) 热负荷
$$Q' = Q_冷 = q_{m冷} c_冷 (t_2 - t_1)$$
$$= \frac{80 \times 860}{3600} \times 1.88 \times 10^3 \times (100-80)$$
$$= 719 \times 10^3 \text{J/s} = 719\text{kW}$$

(2) 蒸汽用量　由热量衡算式得
$$q_{m汽} r_汽 = Q_冷 + 0.05 Q_冷 = 1.05 Q_冷$$
$$q_{m汽} = \frac{1.05 Q_冷}{r_汽} = \frac{1.05 \times 719 \times 10^3}{2168.1 \times 10^3}$$
$$= 0.348\text{kg/s} = 1.25 \times 10^3 \text{kg/h}$$

4-16 炼油厂在一间壁式换热器内利用渣油废热以加热原油。若渣油初温为 300℃，终温为 200℃；原油初温为 25℃，终温为 175℃。试分别求两流体作并流流动及逆流流动时的平均温度差，并讨论计算结果。

解：（1）并流

$$\begin{array}{r} 300 \longrightarrow 200 \\ 25 \longrightarrow 175 \\ \hline 275 \quad\quad 25 \end{array}$$

由于
$$\frac{\Delta t_1}{\Delta t_2} = \frac{275}{25} = 11 > 2, \text{用对数均值}$$

所以
$$\Delta t_{m并} = \frac{275 - 75}{\ln \frac{275}{25}} = 104℃$$

(2) 逆流

$$\begin{array}{r} 300 \longrightarrow 200 \\ 175 \longleftarrow 25 \\ \hline 125 \quad\quad 175 \end{array}$$

由于
$$\frac{\Delta t_1}{\Delta t_2} = \frac{175}{125} = 1.4 < 2, \text{可以用算术均值}$$

所以
$$\Delta t_{m逆} = \frac{125+175}{2} = 150℃$$

（3）讨论：由计算可知，对双边变温传热，当冷、热两流体的进、出口温度一定，$\Delta t_{m逆} > \Delta t_{m并}$，就提高传热推动力而言逆流优于并流。

4-17 某单壳程、二管程列管式换热器用水来冷却油品。油品进口温度为120℃，出口温度为40℃，冷水进口温度为15℃，出口温度为32℃。冷却水走管内，油走管外。求该换热器换热过程的平均温度差。

解： 先按逆流计算平均温度差，然后再进行校正。

$$\begin{array}{cc} 120 \longrightarrow 40 \\ 32 \longleftarrow 15 \\ \hline 88 \quad\quad 25 \end{array}$$

$$\Delta t_{m逆} = \frac{88-25}{\ln\frac{88}{25}} = 50℃$$

$$R = \frac{T_1 - T_2}{t_2 - t_1} = \frac{120-40}{32-15} = 4.71$$

$$P = \frac{t_2 - t_1}{T_1 - t_1} = \frac{32-15}{120-15} = 0.162$$

查图得
$$\varphi_{\Delta t} = 0.89$$

所以
$$\Delta t_m = \varphi_{\Delta t} \Delta t_{m逆}$$
$$= 0.89 \times 50 = 44.5℃$$

4-18 在列管式换热器中，用水将80℃的某有机溶剂冷却到35℃。冷却水进口温度为30℃，出口温度不能低于35℃。试确定两种流体应作并流还是逆流流动，并计算其平均温差。

解： 应采用逆流流动。平均温度差为

$$\begin{array}{cc} 80 \longrightarrow 35 \\ 35 \longleftarrow 30 \\ \hline 45 \quad\quad 5 \end{array}$$

$$\Delta t_m = \frac{\Delta t_1 - \Delta t_2}{\ln\frac{\Delta t_1}{\Delta t_2}} = \frac{45-5}{\ln\frac{45}{5}} = 18.2℃$$

4-19 在套管式换热器中，用冷水将100℃的热水冷却到60℃，热水流量为3500kg/h。冷水在管内流动，温度从20℃升至30℃。已知基于内管外表面积的总传热系数为2320W/(m²·℃)。内管规格为ϕ180mm×10mm。若忽略热损失，且近似地认为冷水与热水的比热容相等，均为4.187kJ/(kg·℃)。试求：

（1）冷却水用量；
（2）两流体作并流时的平均温度差及所需管子长度；
（3）两流体作逆流时的平均温度差及所需管子长度；
（4）根据上面计算比较并流和逆流换热。

解：（1）冷却水用量
$$q_{m热} c_热 (T_1 - T_2) = q_{m冷} c_冷 (t_2 - t_1)$$

$$q_{m冷} = \frac{q_{m热} c_热 (T_1 - T_2)}{c_冷 (t_2 - t_1)}$$

$$= \frac{3500 \times 4.187 \times (100-60)}{4.187 \times (30-20)} = 1.40 \times 10^4 \, \text{kg/h}$$

(2) 并流时的平均温度差及所需管子长度

$$\begin{array}{c} 100 \longrightarrow 60 \\ 20 \longrightarrow 30 \\ \hline 80 \quad\quad 30 \end{array}$$

$$\Delta t_{m并} = \frac{80-30}{\ln\frac{80}{30}} = 51\,℃$$

$$Q = q_{m热} c_热 (T_1 - T_2)$$

$$= \frac{3500}{3600} \times 4.187 \times 10^3 \times (100-60) = 1.628 \times 10^5 \, \text{W}$$

由

$$Q = K A_并 \Delta t_{m并} = K \pi d_外 L_并 \Delta t_{m并}$$

得

$$L_并 = \frac{Q}{K \pi d_外 \Delta t_{m并}}$$

$$= \frac{1.628 \times 10^5}{2320 \times 3.14 \times 0.18 \times 51} = 2.43 \, \text{m}$$

(3) 逆流时的平均温度差及所需管子长度

$$\begin{array}{c} 100 \longrightarrow 60 \\ 30 \longleftarrow 20 \\ \hline 70 \quad\quad 40 \end{array}$$

$$\Delta t_{m逆} = \frac{\Delta t_1 + \Delta t_2}{2} = \frac{70+40}{2} = 55\,℃$$

同理得

$$L_逆 = \frac{Q}{K \pi d_外 \Delta t_{m逆}}$$

$$= \frac{1.628 \times 10^5}{2320 \times 3.14 \times 0.18 \times 55} = 2.26 \, \text{m}$$

(4) 由计算知 $L_逆 < L_并$，所以逆流换热优于并流换热。

4-20 某厂有一台列管式热交换器，管子规格为 $\phi 25\text{mm} \times 2.5\text{mm}$，管子材料为碳钢，其热导率为 $46\text{W}/(\text{m} \cdot ℃)$。在换热器中用水加热某种原料气体，热水走管内，热水对管壁的对流传热系数是 $930\text{W}/(\text{m}^2 \cdot ℃)$。原料气走管外，气体对管壁的对流传热系数是 $29\text{W}/(\text{m}^2 \cdot ℃)$，管内壁结有一层水垢，已知 $R_垢 = 0.0004 \, (\text{m}^2 \cdot ℃)/\text{W}$。试计算传热系数 K。

解： 已知 $\delta = 2.5\text{mm} = 0.0025\text{m}$，$d_o = 25\text{mm} = 0.025\text{m}$，$d_i = 20\text{mm} = 0.02\text{m}$，$d_m = (20+25)/2 = 22.5\text{mm} = 0.0225\text{m}$，$\lambda = 46\text{W}/(\text{m} \cdot ℃)$，$\alpha_i = 930\text{W}/(\text{m}^2 \cdot ℃)$，$\alpha_o = 29\text{W}/(\text{m}^2 \cdot ℃)$ $R_{Ai} = 0.0004 \, \text{m}^2 \cdot ℃/\text{W}$

$$K_o = \frac{1}{\frac{d_o}{\alpha_i d_i} + R_{Ai} \frac{d_o}{d_i} + \frac{\delta d_o}{\lambda d_m} + \frac{1}{\alpha_o}}$$

$$= \frac{1}{\frac{0.025}{930 \times 0.02} + 0.0004 \times \frac{0.025}{0.02} + \frac{0.0025 \times 0.025}{46 \times 0.0225} + \frac{1}{29}}$$

$$=27.5\text{W}/(\text{m}^2\cdot\text{°C})$$

4-21 某化工厂测定套管式苯冷却器的传热系数 K 值的大小,测定时纪录数据如下:冷却器传热面积为 2m^2,苯的流量为 2000kg/h,苯从 74°C 冷却到 45°C。冷却水从 25°C 升高到 40°C,两流体作逆流流动。不计热损失。试问所测得传热系数 K 值为多少?

解: 平均温度 $t_m=\dfrac{74+45}{2}=59.5\text{°C}$

查得平均温度下苯的比热容为 $1.82\times10^3\text{J}/(\text{kg}\cdot\text{°C})$

$$\begin{aligned}Q&=q_{m苯}c_{苯}(T_1-T_2)\\&=\frac{2000}{3600}\times1.82\times10^3\times(74-45)=29322\text{W}\end{aligned}$$

$$\begin{array}{c}74\longrightarrow45\\40\longleftarrow20\\\hline34\quad\quad20\end{array}$$

$$\Delta t_m=\frac{34-20}{\ln\dfrac{34}{20}}=26.4\text{°C}$$

由
$$Q=KA\Delta t_m$$

得
$$K=\frac{Q}{A\Delta t_m}=\frac{29322}{2\times26.4}=555\text{W}/(\text{m}^2\cdot\text{°C})$$

4-22 在列管式换热器中,用冷却水冷却煤油。水在规格为 $\phi19\text{mm}\times2\text{mm}$ 的钢管内流过。已知水的对流传热系数 α_i 为 $3490\text{W}/(\text{m}^2\cdot\text{°C})$,煤油的对流传热系数 α_o 为 $258\text{W}/(\text{m}^2\cdot\text{°C})$。换热器使用一段时间后,间壁两侧均有污垢生成。水侧污垢 R_{Ai} 为 $0.00026\ (\text{m}^2\cdot\text{°C})/\text{W}$,油侧污垢 R_{Ao} 为 $0.000176\ (\text{m}^2\cdot\text{°C})/\text{W}$。管壁的热导率 λ 为 $46\text{W}/(\text{m}\cdot\text{°C})$。试求:

(1) 基于管子外表面积的传热系数 K;
(2) 产生污垢后热阻增加的百分数。

解: (1) 基于管子外表面的传热系数 K_o

$$\begin{aligned}K_o&=\frac{1}{\dfrac{d_o}{\alpha_id_i}+R_{Ai}\dfrac{d_o}{d_i}+\dfrac{\delta d_o}{\lambda d_m}+R_{Ao}+\dfrac{1}{\alpha_o}}\\&=\frac{1}{\dfrac{19}{3490\times15}+0.00026\times\dfrac{19}{15}+\dfrac{0.002\times19}{46\times17}+0.000176+\dfrac{1}{258}}\\&=\frac{1}{0.000363+0.000329+0.0000486+0.000176+0.00388}\\&=\frac{1}{0.00480}=208\text{W}/(\text{m}^2\cdot\text{°C})\end{aligned}$$

(2) 产生污垢后热阻增加的百分数

$$\frac{0.000329+0.000176}{0.00480-(0.000329+0.000176)}\times100\%=11.8\%$$

4-23 一套管式换热器,管内流体的对流传热系数 α_i 为 $233\text{W}/(\text{m}^2\cdot\text{°C})$,管外流体的对流传热系数 α_o 为 $407\text{W}/(\text{m}^2\cdot\text{°C})$。已知两种流体均在湍流情况下进行传热,管壁热阻及污垢热阻可以不计。试问(1)假设管内流体流速增加 1 倍;(2)假设管外流体流速增加 1 倍,其他条件不变时,上述两种情况下传热系数增加多少?

解： 由题意知 $\alpha \propto u^{0.8}$

(1) 管内流体流速 u_i 增加 1 倍

$$\alpha'_i = \alpha_i \left(\frac{u'_i}{u_i}\right)^{0.8} = \alpha_i \left(\frac{2u_i}{u_i}\right)^{0.8}$$
$$= 2^{0.8} \times 233 = 406 \text{W}/(\text{m}^2 \cdot \text{℃})$$

流速增加前
$$K = \frac{\alpha_i \alpha_o}{\alpha_i + \alpha_o}$$

流速增加后
$$K' = \frac{\alpha'_i \alpha_o}{\alpha'_i + \alpha_o}$$

$$\frac{K'}{K} = \frac{\alpha'_i \alpha_o}{\alpha'_i + \alpha_o} \times \frac{\alpha_i + \alpha_o}{\alpha_i \alpha_o} = \frac{\alpha'_i (\alpha_i + \alpha_o)}{\alpha_i (\alpha'_i + \alpha_o)}$$
$$= \frac{406 \times (233 \times 407)}{233 \times (406 \times 407)} = 1.37$$

即 $K' = 1.37K$,增加了 37%。

(2) 管外流体流速 u_o 增加 1 倍

$$\alpha'_o = \alpha_o \left(\frac{u'_o}{u_o}\right)^{0.8} = \alpha_o \left(\frac{2u_o}{u_o}\right)^{0.8}$$
$$= 2^{0.8} \times 407 = 709 \text{W}/(\text{m}^2 \cdot \text{℃})$$

$$\frac{K'}{K} = \frac{\alpha'_o \alpha_i}{\alpha'_o + \alpha_i} \times \frac{\alpha_i + \alpha_o}{\alpha_i \alpha_o} = \frac{\alpha'_o (\alpha_i + \alpha_o)}{\alpha_o (\alpha'_o + \alpha_i)}$$
$$= \frac{709 \times (233 + 407)}{407 \times (709 + 233)} = 1.18$$

即 $K' = 1.18K$,增加了 18%。

4-24 在间壁式换热器中,用初温为 30℃ 的原油来冷却重油,使重油从 180℃ 冷却到 120℃。重油和原油的流量分别为 10000kg/h 和 14000kg/h,重油和原油的比热容分别为 2.174kJ/(kg·℃) 和 1.923kJ/(kg·℃)。两流体系逆流流动。传热系数 $K = 116.3 \text{W}/(\text{m}^2 \cdot \text{℃})$。求原油的最终温度和传热面积。若两流体系并流流动时,传热系数仍然为 116.3W/(m²·℃)。问传热面积为多少?(忽略热损失)

解： (1) 原油的终温 t_2

$$q_{m热} c_{热} (T_1 - T_2) = q_{m冷} c_{冷} (t_2 - t_1)$$
$$10000 \times 2.174 \times (180 - 120) = 14000 \times 1.923 \times (t_2 - 30)$$

解得
$$t_2 = 78.5℃$$

(2) 传热面积

$$Q = q_{m热} c_{热} (T_1 - T_2)$$
$$= \frac{10000}{3600} \times 2.174 \times 10^3 \times (180 - 120) = 3.62 \times 10^5 \text{W}$$

并流时

$$\begin{array}{r} 180 \longrightarrow 120 \\ 30 \longrightarrow 78.5 \\ \hline 150 \quad\quad 41.5 \end{array}$$

$$\Delta t_{m并} = \frac{150 - 41.5}{\ln \dfrac{150}{41.5}} = 84.4℃$$

逆流时

$$
\begin{array}{r}
180 \longrightarrow 120 \\
78.5 \longleftarrow 30 \\
\hline
101.5 \quad\quad 90
\end{array}
$$

$$\Delta t_{m\text{逆}}=\frac{101.5-90}{\ln\dfrac{101.5}{90}}=95.6℃$$

$$A_{\text{并}}=\frac{Q}{K\Delta t_{m\text{并}}}=\frac{3.62\times10^5}{116.3\times84.4}=36.9\text{m}^2$$

$$A_{\text{逆}}=\frac{Q}{K\Delta t_{m\text{逆}}}=\frac{3.62\times10^5}{116.3\times95.6}=32.6\text{m}^2$$

4-25 某套管式换热器，CO_2 气体以 24kg/h 的流量在管内流动，其温度由 50℃ 降至 20℃。CO_2 的平均比热容为 $c_{p1}=0.836$kJ/(kg·℃)。冷却水以 110kg/h 在管外流动，其比热容为 $c_{p2}=4.18$kJ/(kg·℃)，水的进口温度为 10℃。已知，管内 CO_2 侧的对流传热系数 $\alpha_1=34.89$W/(m²·℃)，管外水侧的对流传热系数 $\alpha_2=1395.6$W/(m²·℃)。试求：(1) 传热量 Q；(2) 冷却水出口温度；(3) 传热系数 K；(4) 若将 α_1 提高至 69.78W/(m²·℃)，而 α_2 保持不变，问传热系数为多少？(5) 若 α_1 保持不变，而提高 α_2 至 2791.2W/(m²·℃)，问传热系数为多少？(6) 通过 (4)、(5) 两项计算，得出什么结论？(K 值近似按平壁计算，并忽略管壁热阻和污垢热阻)

解：(1) 传热量

$$Q=q_{m\text{热}}c_{\text{热}}(T_1-T_2)$$
$$=\frac{24}{3600}\times0.836\times10^3\times(50-20)=167.8\text{W}\approx168\text{W}$$

(2) 冷却水出口温度

由 $$\frac{110}{3600}\times4.18\times10^3\times(t_2-10)=167.8\text{W}$$

解得 $$t_2=11.3℃$$

(3) 传热系数 K

$$K=\frac{\alpha_1\alpha_2}{\alpha_1+\alpha_2}=\frac{34.89\times1395.6}{34.89+1395.6}=34.0\text{W/(m}^2\cdot℃)$$

(4) 将 α_1 提高时的传热系数 K

$$K=\frac{\alpha_1'\alpha_2}{\alpha_1'+\alpha_2}=\frac{69.78\times1395.6}{69.78+1395.6}=66.5\text{W/(m}^2\cdot℃)$$

(5) 将 α_2 提高时的传热系数 K

$$K=\frac{\alpha_1\alpha_2'}{\alpha_1+\alpha_2'}=\frac{34.89\times2791.2}{34.89+2791.2}=34.5\text{W/(m}^2\cdot℃)$$

(6) 由 (4)、(5) 两项计算知，提高小的 α 值可使 K 值增大的更为显著。

4-26 列管式换热器由 19 根规格为 $\phi19\text{mm}\times2\text{mm}$、长为 1.2m 的钢管组成。拟用它将流量为 350kg/h，常压下的乙醇饱和蒸气冷凝成饱和液体。冷水的进、出口温度分别为 15℃ 及 35℃。已知基于管子外表面积的传热系数 K_o 为 700W/(m²·℃)。试计算该换热器能否满足要求。

解： 常压下乙醇的沸点为 78.3℃，汽化热为 846kJ/kg

平均传热温度差

$$
\begin{array}{rcl}
78.3 & \longrightarrow & 78.3 \\
15 & \longrightarrow & 35 \\
\hline
63.3 & & 43.3
\end{array}
$$

$$\Delta t_m = \frac{63.3 + 43.3}{2} = 53.3℃$$

需要的传热面积

由

$$Q = \frac{350}{3600} \times 846 \times 10^3 = 700 A_o \times 53.3$$

解得

$$A_o = 2.2 \text{m}^2$$

换热器的实际传热面积

$$A_{实} = \pi d_o L n = 3.14 \times 0.019 \times 1.2 \times 19 = 1.36 \text{m}^2$$

因为 $1.36\text{m}^2 < 2.2\text{m}^2$，所以该换热器不能满足要求。

4-27 在一套管式换热器中，用冷却水将 1.25kg/s 的苯由 350K 冷却至 300K，冷水在 $\phi 25\text{mm} \times 2.5\text{mm}$ 的内管中流动，其进、出口温度分别为 290K 和 320K，已知水和苯的对流传热系数分别为 $0.86\text{kW}/(\text{m}^2 \cdot ℃)$ 和 $1.7\text{kW}/(\text{m}^2 \cdot ℃)$，两侧的污垢热阻可忽略不计，试求所需管长及冷却水用量。

解：（1）冷却水用量

查得平均温度下苯的比热容为 $1.8\text{kJ}/(\text{kg} \cdot ℃)$；水的比热容为 $4.17\text{kJ}/(\text{kg} \cdot ℃)$

由

$$q_{m热} c_{热}(T_1 - T_2) = q_{m冷} c_{冷}(t_2 - t_1)$$

得

$$q_{m冷} = \frac{q_{m热} c_{热}(T_1 - T_2)}{c_{冷}(t_2 - t_1)}$$

$$= \frac{1.25 \times 1.8 \times (350 - 300)}{4.17 \times (320 - 290)}$$

$$= 0.897 \text{kg/s} = 3.23 \times 10^3 \text{kg/h}$$

（2）所需管长

$$Q = q_{m热} c_{热}(T_1 - T_2)$$

$$= 1.25 \times 1.8 \times (350 - 300) = 112.5 \text{kW}$$

$$
\begin{array}{rcl}
350 & \longrightarrow & 300 \\
320 & \longleftarrow & 290 \\
\hline
30 & & 10
\end{array}
$$

$$\Delta t_m = \frac{30 - 10}{\ln \dfrac{30}{10}} = 18.2℃$$

取钢的热导率 $\lambda = 45\text{W}/(\text{m} \cdot ℃)$

$$K_o = \frac{1}{\dfrac{d_o}{\alpha_i d_i} + \dfrac{\delta d_o}{\lambda d_m} + \dfrac{1}{\alpha_o}}$$

$$= \frac{1}{\dfrac{25}{0.86 \times 20} + \dfrac{0.0025 \times 25}{45 \times 10^{-3} \times 22.5} + \dfrac{1}{1.7}}$$

$$= 0.476 \text{kW/(m}^2 \cdot \text{℃)}$$

$$A_o = \frac{Q}{K_o \Delta t_m} = \frac{112.5}{0.476 \times 18.2} = 13.0 \text{m}^2$$

所需管子的长度 L

由
$$A_o = \pi d_{\text{外}} L$$

得
$$L = \frac{A_o}{\pi d_{\text{外}}} = \frac{13.0}{3.14 \times 0.025} = 166 \text{m}$$

4-28 一套管式换热器，用饱和水蒸气将在内管作湍流的空气加热，设此时的总传热系数近似等于空气的对流传热系数。今要求空气量增加1倍，而空气的进出口温度仍然不变，问该换热器的长度增加百分之几？

解： 空气量增加前
$$Q = KA\Delta t_m = K\pi dL\Delta t_m$$
$$L = \frac{Q}{K\pi d \Delta t_m}$$

空气量增加1倍后
$$Q' = 2Q$$
$$K' \approx \alpha' = 2^{0.8}\alpha = 1.74\alpha \approx 1.74K$$
$$Q' = K'\pi dL'\Delta t_m$$
$$L' = \frac{Q'}{K'\pi d \Delta t_m}$$

管长增加的百分数
$$\frac{L'}{L} = \frac{Q'}{K'\pi d \Delta t_m} \times \frac{K\pi d \Delta t_m}{Q} = \frac{Q'K}{K'Q}$$
$$= \frac{2QK}{1.74KQ} = \frac{2}{1.74} = 1.15$$

即 $L' = 1.15L$，管长增加了 15%。

4-29 某工厂需用200kPa（绝压）的饱和水蒸气将常压空气由20℃加热至90℃，空气量为5200m³/h（标准状态）。今仓库有一台单程列管式换热器，内有 $\phi 38\text{mm} \times 3\text{mm}$ 的钢管151根，管长3m。若壳程水蒸气冷凝的对流传热系数取 $10000 \text{W/(m}^2 \cdot \text{℃)}$，两侧污垢热阻可忽略不计，试核算此换热器能否满足要求。

解：（1）热负荷

查得空气在标准状态下的密度为 1.293kg/m^3；在 $t_m = (20+90)/2 = 55$℃下的比热容为 $1.005 \text{kJ/(kg} \cdot \text{℃)}$

空气的质量流量
$$q_m = 5200 \times 1.293 = 6724 \text{kg/h}$$
$$Q = q_{m\text{冷}} c_{\text{冷}}(t_2 - t_1)$$
$$= 6724 \times 1.005 \times (90 - 20) = 4.73 \times 10^5 \text{kJ/h}$$

（2）传热系数

查得 $t_m = 55$℃下空气的物性数据为
$$\lambda = 2.861 \times 10^{-2} \text{W/(m} \cdot \text{℃)}, \mu = 1.985 \times 10^{-5} \text{Pa} \cdot \text{s}, P_r = 0.697$$

空气的质量流速为
$$G = \frac{q_m}{\frac{\pi}{4}d^2 n} = \frac{6724}{3600 \times 0.785 \times 0.032^2 \times 151} = 15.4 \text{kg/(m}^2 \cdot \text{s)}$$

$$Re = \frac{d_i G}{\mu} = \frac{0.032 \times 15.4}{1.985 \times 10^{-5}}$$
$$= 2.48 \times 10^4 > 10^4 \text{(湍流)}$$

$$\alpha = 0.023 \frac{\lambda}{d_i} Re^{0.8} P_r^{0.4}$$
$$= 0.023 \times \frac{0.02861}{0.032} \times (2.48 \times 10^4)^{0.8} \times 0.697^{0.4}$$
$$= 58.3 \text{W}/(\text{m}^2 \cdot \text{°C})$$

取钢的热导率 $\lambda = 45 \text{W}/(\text{m}^2 \cdot \text{°C})$

$$K_o = \frac{1}{\dfrac{d_o}{\alpha_i d_i} + \dfrac{\delta d_o}{\lambda d_m} + \dfrac{1}{\alpha_o}}$$

$$= \frac{1}{\dfrac{38}{58.3 \times 32} + \dfrac{0.003 \times 38}{45 \times 35} + \dfrac{1}{10000}} = 48.7 \text{W}/(\text{m}^2 \cdot \text{°C})$$

(3) 平均温度差

查得 200kPa 下饱和水蒸气的温度为 120.2℃

$$\Delta t_m = \frac{(120.2 - 20) - (120.2 - 90)}{\ln \dfrac{120.2 - 20}{120.2 - 90}} = 58.4 \text{°C}$$

(4) 所需传热面积

$$A_{需} = \frac{Q}{K_o \Delta t_m} = \frac{4.73 \times 10^5 \times 10^3}{3600 \times 48.7 \times 58.3} = 46.3 \text{m}^2$$

(5) 换热器的实际传热面积

$$A_{实} = n \pi d_o L = 151 \times 3.14 \times 0.038 \times 3 = 54.1 \text{m}^2$$

因为 $A_{实} > A_{需}$,所以该换热器能满足要求。

第五章 蒸　发

学 习 要 求

一、掌握的内容

1. 蒸发操作的基本原理；
2. 单效蒸发过程及其计算。

二、了解的内容

1. 蒸发的工业应用与分类；
2. 多效蒸发流程；
3. 常用蒸发器的结构、特点和应用场合。

学 习 要 点

一、蒸发的基本概念

（1）蒸发概念　将溶液加热，使其中部分溶剂汽化并不断除去，以提高溶液中溶质浓度的操作。

（2）蒸发目的

① 稀溶液浓缩直接制取液体产品，或将浓缩的溶液进一步处理（如冷却结晶）制取固体产品。

② 制取纯净的溶剂。

③ 同时制备浓溶液和回收溶剂。

（3）蒸发的方式

① 自然蒸发　溶液中的溶剂在低于沸点下汽化，溶剂的汽化仅发生在溶液表面，蒸发速率慢。

② 沸腾蒸发　溶液中的溶剂在沸点下汽化，溶液的各个部分几乎都同时发生汽化，蒸发速率快。工业上大多采用沸腾蒸发。

（4）蒸发操作的必要条件

① 不断供热使溶剂汽化；

② 汽化后的溶剂要及时地移除。

（5）蒸发的特点　蒸发是间壁两侧均发生相变化的传热过程，蒸发速率取决于传热速率，工程上常把它归类为传热过程，但和一般传热过程相比有以下特点。

① 蒸发的物料是溶有不挥发性溶质的溶液，在进行蒸发设备的计算时，必须考虑溶液沸点的升高。

② 被蒸发的溶液本身常具有某些特性，在选择蒸发方法和设备时，必须考虑物料的特

性，如热敏性、腐蚀性、结垢、结晶或产生泡沫等。

③ 蒸发时需要大量的加热蒸汽，节能问题比一般传热过程更为突出。

二、蒸发操作的分类

1. 按操作方式分

(1) 间歇蒸发　分批进料或出料，蒸发过程中，溶液的浓度和沸点随时间改变，所以是不稳定操作，适用于小规模、多品种的场合。

(2) 连续蒸发　连续进料和连续出料，适用于大规模的生产过程。

2. 按操作压强分

(1) 常压蒸发　蒸发操作在常压下进行，可用敞口设备，二次蒸汽可直接排入大气中。

(2) 加压蒸发　操作在加压下进行，可提高二次蒸汽的温度，从而提高二次蒸汽的利用价值。

(3) 减压蒸发　也称真空蒸发。操作压强低于大气压强，要依靠真空泵抽出不凝气体并维持系统的真空度。减压蒸发的目的是为了降低溶液的沸点和有效利用热源。与常压蒸发相比，减压蒸发可以使用低压蒸汽或废蒸汽作热源；系统的热损失减小；有利于处理热敏性物料；在相同热源温度下传热温度差增大。但由于溶液沸点降低使其黏度增大，导致传热系数减小，同时造成真空需要消耗动力和增加设备。

3. 按二次蒸汽的利用情况分

(1) 单效蒸发　蒸发出来的二次蒸汽不再被利用或用于蒸发器以外的操作。

(2) 多效蒸发　将二次蒸汽引至另一蒸发器作为加热蒸汽使用，以提高加热蒸汽利用率的蒸发操作。

三、单效真空蒸发流程

(1) 主要设备　蒸发器（由加热室和蒸发室构成）、冷凝器、分离器、缓冲罐、真空泵。

(2) 流程　加热蒸汽进入加热室，在管间冷凝，冷凝液经疏水器排出。加热蒸汽所放出的热量通过管壁传给管内的溶液，使溶液沸腾汽化。经浓缩后的完成液，由蒸发器底部排出。汽化产生的二次蒸汽在蒸发室及其顶部的除沫器中，分离掉夹带的液沫，进入冷凝器被冷却水冷凝后排出。不凝气体进入分离器，分离掉夹带的液沫经缓冲罐被真空泵抽出排至大气中。

第一节　蒸发设备

一、蒸发器

蒸发器的基本组成部分：加热室和蒸发室。

1. 循环型蒸发器

根据引起循环的原因不同分为：自然循环和强制循环两类。

(1) 自然循环型蒸发器

① 特点　溶液被加热过程中，因受热程度不同产生密度差，形成自然循环。

② 常用的自然循环型蒸发器　中央循环管式（标准式）蒸发器、悬筐式蒸发器和外热

式蒸发器的结构、工作原理和适用场合。

（2）强制循环型蒸发器

① 特点　利用外力（如用泵）迫使溶液进行循环，传热系数较自然循环型蒸发器的大。

② 结构、工作原理、优缺点和适用场合。

2.单程型蒸发器

① 特点　溶液仅通过加热管一次，不作循环，溶液在加热管壁上呈薄膜状，蒸发速度快，传热效率高，对热敏性物料的蒸发特别适宜。

② 常用单程型蒸发器　升膜式蒸发器、降膜式蒸发器、旋转刮板式蒸发器的结构、工作原理、适用场合。

二、蒸发器的辅助装置

除沫器、冷凝器、真空泵的作用、结构形式。

第二节　单效蒸发

一、单效蒸发的计算

1.水分蒸发量的计算

物料衡算式
$$Fw_0=(F-W)w_1 \tag{5-1}$$

由物料衡算式得

水分蒸发量
$$W=F\left(1-\frac{w_0}{w_1}\right) \tag{5-2}$$

完成液浓度
$$w_1=\frac{Fw_0}{F-W} \tag{5-3}$$

完成液量
$$F-W=\frac{Fw_0}{w_1} \tag{5-4}$$

2.加热蒸汽消耗量的计算

加热蒸汽消耗量可通过热量衡算确定。

（1）溶液浓缩热不可忽略，加热蒸汽的冷凝液在饱和温度下排除时
$$D=\frac{WH'+(F-W)h_1-Fh_0+Q_L}{r} \tag{5-5}$$

（2）溶液浓缩热可以忽略，加热蒸汽的冷凝液在饱和温度下排除时
$$D=\frac{Wr'+Fc_0(t_1-t_0)+Q_L}{r} \tag{5-6}$$

上式表示加热蒸汽放出的热量用于：

① 原料液由 t_0 升温到沸点 t_1；

② 使水在 t_1 温度下汽化成二次蒸汽；

③ 热损失。

当溶液浓缩热效应不大时，其比热容可按下式计算
$$c=c_w(1-w)+c_Bw \tag{5-7}$$

对稀溶液，即当 $w<0.2$ 时比热容可近似按下式估算

$$c = c_w(1-w) \tag{5-8}$$

若原料液在沸点下进入蒸发器,并忽略热损失,可得单位蒸汽消耗量为

$$\frac{D}{W} = \frac{r'}{r} \tag{5-9}$$

单位蒸汽消耗量 D/W,为蒸发 1kg 水时的蒸汽消耗量,常用以表示加热蒸汽的经济程度,是衡量蒸发操作经济性的一个重要指标。

对单效蒸发 理论上 $\frac{D}{W} \approx 1$

实际上 $\frac{D}{W} \approx 1.1$ 或更大

D/W 值越小,蒸发过程的经济性越好,为提高加热蒸汽的利用率,采用多效蒸发就是提高蒸发经济性的途径之一。

3. 蒸发器传热面积的计算

蒸发器的传热面积可依传热基本方程式求得,即

$$A_0 = \frac{Q}{K_0 \Delta t_m} \tag{5-10}$$

式中热负荷依热量衡算求取,若只利用加热蒸汽的潜热,且忽略热损失,则 $Q = Dr$;设计计算中,K_0 多由实验测定或取经验值;Δt_m 是加热蒸汽温度与溶液沸点之差。

二、蒸发器中传热温度差的计算

蒸发器中的传热温度差 Δt_m 等于加热蒸汽温度 T 减去溶液的沸点 t_1,即

$$\Delta t_m = T - t_1 \tag{5-11}$$

1. 温度差损失

在实际蒸发器操作压强下,器内溶液的沸点温度要高于纯水在此操作压强下的沸点温度,所以在蒸发操作中当加热蒸汽温度一定,蒸发溶液时的传热温度差必小于在相同压强下蒸发纯水时的传热温度差,此差值称为蒸发器的传热温度差损失,简称温度差损失,用符号 Δ 表示,即

$$\Delta = (T - T') - (T - t_1) = t_1 - T' \tag{5-12}$$

或 $$t_1 = T' + \Delta \tag{5-12a}$$

2. 温度差损失的计算

(1) 由于溶液蒸汽压下降而引起的温度差损失 Δ'

① 常压 $$\Delta' = t_A - T' \tag{5-13}$$

② 非常压 缺乏实验数据时,可用下式估算

$$\Delta' = f \Delta a' \tag{5-14}$$

$$f = \frac{0.0162(T' + 273)^2}{r'_s} \tag{5-15}$$

溶液的沸点也可用杜林规则估算。杜林规则表明:某溶液在两种不同压强下两沸点之差 $(t_A - t'_A)$,于另一标准液体在相应压强下两沸点之差 $(t_W - t'_W)$,其比值为一常数,即

$$\frac{t_A - t'_A}{t_W - t'_W} = K \tag{5-16}$$

由上式求得 K 值后,即可依下式求出任一压强下某溶液的沸点 t_A。

$$t_A = t'_A + K(t_W - t'_W) \tag{5-17}$$

此外,还可以利用杜林线图来查取溶液的沸点。

(2) 由蒸发器中溶液静压强引起的温度差损失 Δ''

$$\Delta'' = t'_{p_m} - t'_p \tag{5-18}$$

作为近似计算,式中 t'_{p_m} 和 t'_p 可分别用相应压强 $p_m = p + \dfrac{\rho g L}{2}$ 和 p 下水的沸点。

(3) 由管道流体阻力产生的压强降所引起的温度差损失 Δ''' 根据经验可取 1~1.5℃,对于多效蒸发,效间的温度差损失一般取为 1℃。

3. 总温度差损失、溶液的沸点和蒸发器中的传热温度差

若 T' 依冷凝器的压强确定时,则

$$\Delta = \Delta' + \Delta'' + \Delta''' \tag{5-19}$$
$$t_1 = T' + \Delta = T' + \Delta' + \Delta'' + \Delta''' \tag{5-20}$$
$$\Delta t_m = T - t_1 = T - T' - \Delta' - \Delta'' - \Delta''' \tag{5-21}$$

若 T' 依蒸发室的压强确定时,则

$$\Delta = \Delta' + \Delta'' \tag{5-22}$$
$$t_1 = T' + \Delta = T' + \Delta' + \Delta'' \tag{5-23}$$
$$\Delta t_m = T - t_1 = T - T' - \Delta' - \Delta'' \tag{5-24}$$

三、蒸发器的生产能力和生产强度

1. 蒸发器的生产能力

蒸发器的生产能力是指蒸发器单位时间内所蒸发的水分量,即蒸发量,kg/h。蒸发器的生产能力取决于蒸发器的传热速率 Q,因此也可以用蒸发器的传热速率来衡量其生产能力。

若忽略蒸发器的热损失且在沸点下进料,则其生产能力为

$$W = \frac{Q}{r'} = \frac{KA\Delta t_m}{r'} \tag{5-25}$$

蒸发器的生产能力只能笼统地表示一个蒸发器生产量的大小,并未涉及蒸发器本身的传热面积,不能反映蒸发器的优劣,要表达蒸发器的优劣,需采用生产强度的概念。

2. 蒸发器的生产强度

蒸发器的生产强度简称蒸发强度,是指单位传热面积上每单位时间内所蒸发的水分量,用 U 表示。单位为 kg/(m²·h),即

$$U = \frac{W}{A} \tag{5-26}$$

蒸发强度是评价蒸发器性能优劣的重要指标。对于给定的蒸发量,蒸发强度越大,所需的传热面积越小,因而设备的投资越小。

假定沸点进料,并忽略蒸发器的热损失,则可得

$$U = \frac{Q}{Ar'} = \frac{K\Delta t_m}{r'} \tag{5-27}$$

由上式可知,提高蒸发强度的基本途径是提高总传热系数 K 和传热温度差 Δt_m。但 Δt_m 的提高受到加热蒸汽温度和溶液沸点的限制,所以提高蒸发强度的主要途径是增大 K 值,主要措施是:

① 增加管内溶液的循环速度，以提高 α 值；
② 防止或减少溶液侧污垢热阻的生成，定期清洗加热管；
③ 及时排放加热蒸汽侧的不凝性气体。

第三节 多效蒸发

多效蒸发对节能的意义：蒸发操作费用主要是汽化溶剂（如水）所需消耗的蒸汽动力费。单效蒸发时，单位蒸汽消耗量大于1，采用多效蒸发时，随着效数的增加，单位蒸汽消耗量减小，相应的操作费用降低。所以大型的工业生产中，当蒸发大量的水分时，为减少加热蒸汽消耗量，多采用多效蒸发。

多效蒸发的操作原理：利用减压的方法使后一个蒸发器的操作压强和溶液的沸点均较前一个蒸发器的为低，以使前一个蒸发器引出的二次蒸汽作为后一个蒸发器的加热蒸汽，且后一个蒸发器的加热室为前一个蒸发器的冷凝器。按此原则将几个蒸发器顺次连接起来协同操作。每一个蒸发器称为一效。

一、多效蒸发装置的流程

1. 并流法

（1）流程　溶液和蒸汽流动方向相同，均由第一效流至末效。
（2）优点　溶液在效间不需用泵输送，产生二次蒸汽多，热损失少。
（3）缺点　因为黏度逐效增大，使后效传热系数降低，不宜处理黏度随浓度的增加而迅速增大的溶液。

2. 逆流法

（1）流程　溶液的流向与蒸汽的流向相反，即加热蒸汽由第一效进入，而原料液由末效进入，由第一效排出。
（2）优点　因各效黏度较为接近，使各效传热系数大致相同，适用于处理黏度随温度和浓度变化较大的溶液。
（3）缺点　效间溶液需用泵输送，增加设备和能量消耗；与并流比较，产生的二次蒸汽量较少；不适宜于处理热敏性物料。

3. 平流法

原料液分成几股同时加入到各效，完成液分别从各效引出，蒸汽从第一效依次流至末效。适用于在蒸发过程中有结晶析出或对稀溶液稍加浓缩的场合。

二、多效蒸发效数的限制

对于多效蒸发装置，一方面，随着效数的增加，单位蒸汽消耗量减小，操作费用降低；另一方面，效数越多，设备投资费用越大。尽管单位蒸汽消耗量随着效数的增加而降低，但降低的幅度越来越小。当效数达到一定程度再增加时，所节省的加热蒸汽操作费用与增加的设备投资费用相比，可能得不偿失。另外，效数越多，温度差损失越大。若效数过多还可能发生总温度差损失等于或大于有效温度差，而使蒸发操作无法进行，所以多效蒸发的效数是有一定限度的。原则上，适宜的效数应根据设备费用与操作费用之和最小来确定。

例题与解题分析

【例 5-1】 在单效蒸发器中,将 3600kg/h 的 NaOH 水溶液由 25%浓缩至 50%(均为质量分数)。蒸发操作的绝对压强为 55kPa,溶液的沸点为 130℃。无水 NaOH 的比热容为 1.31kJ/(kg·℃)。加热蒸汽的绝对压强为 400kPa,热损失(包括溶液浓缩热的影响)为加热蒸汽放热量的 5%。试求:(1)水分蒸发量;(2)完成液量;(3)原料液分别在 20℃、130℃和 140℃进入蒸发器时的加热蒸汽消耗量及单位蒸汽消耗量。

分析:本题是蒸发操作中物料衡算和热量衡算的计算问题。题中没有给出原料液的比热容,但可以进行估算。解题代入数据时要注意区分加热蒸汽的汽化潜热 r 与二次蒸汽的汽化潜热 r'。

解:(1)水分蒸发量

$$W = F\left(1 - \frac{w_0}{w_1}\right) = 3600 \times \left(1 - \frac{0.25}{0.50}\right) = 1800 \text{kg/h}$$

(2)完成液量

$$F - W = 3600 - 1800 = 1800 \text{kg/h}$$

(3)加热蒸汽消耗量

查得 400kPa 和 55kPa 时,饱和水蒸气的汽化潜热分别为 2138.5kJ/kg 和 2299.2kJ/kg。原料液的比热容由式(5-7)计算,即

$$c_0 = c_w(1-w_0) + c_B w_0 = 4.19 \times (1-0.25) + 1.31 \times 0.25 = 3.47 \text{kJ/(kg·℃)}$$

已知 $Q_L = 0.05Dr$,由式(5-6)可得

$$D = \frac{Wr' + Fc_0(t_1 - t_0)}{0.95r}$$

① 20℃进料时,加热蒸汽消耗量为

$$D = \frac{1800 \times 2299.2 + 3600 \times 3.47 + (130-20)}{0.95 \times 2138.5} = 2714 \text{kg/h}$$

$$\frac{D}{W} = \frac{2714}{1800} = 1.51$$

② 130℃进料时,加热蒸汽消耗量为

$$D = \frac{1800 \times 2299.2}{0.95 \times 2138.5} = 2037 \text{kg/h}$$

$$\frac{D}{W} = \frac{2037}{1800} = 1.13$$

③ 140℃进料时,加热蒸汽消耗量为

$$D = \frac{1800 \times 2299.2 + 3600 \times 3.47 \times (130-140)}{0.95 \times 2138.5} = 1976 \text{kg/h}$$

$$\frac{D}{W} = \frac{1976}{1800} = 1.10$$

说明:由以上计算结果可知,进料温度越高,蒸发 1kg 水分所消耗的加热蒸汽量越少。在生产中,凡有条件时,常利用各种废热源将待蒸发的原料液进行预热,以减少加热蒸汽用量,降低蒸发成本。

【例 5-2】 在单效蒸发器中,将 15%的 $CaCl_2$ 水溶液连续浓缩到 25%(均为质量分数)。原料液流量为 4000kg/h,温度为 75℃,原料液的比热容为 3.56kJ/(kg·℃)。蒸发器在

50kPa 绝对压强下操作，溶液的沸点为 87.5℃。加热蒸汽绝对压强为 200kPa。若蒸发器的传热系数为 2000W/(m²·℃)，热损失为加热蒸汽放热量的 3%，试求：(1) 加热蒸汽消耗量；(2) 蒸发器的传热面积。

分析： 蒸发器的传热面积由下式计算

$$A = \frac{Q}{K\Delta t_m} = \frac{Dr}{K(T-t_1)}$$

式中 K、t_1 已知，T 和 r 可根据加热蒸汽压强由饱和水蒸气表查得，所以本题关键是求加热蒸汽消耗量 D。

解： (1) 加热蒸汽消耗量

水分蒸发量为

$$W = F\left(1 - \frac{w_0}{w_1}\right) = 4000 \times \left(1 - \frac{0.15}{0.25}\right) = 1600 \text{kg/h}$$

查得 200kPa 和 50kPa 时，饱和水蒸气的汽化潜热分别为 2204.6kJ/kg 和 2304.5kJ/kg。依题意 $Q_L = 0.03Dr$，所以由式 (5-6) 得

$$D = \frac{Wr' + Fc_0(t_1-t_0)}{0.97r} = \frac{1600 \times 2304.5 + 4000 \times 3.56 \times (87.5-75)}{0.97 \times 2204.6} = 1807 \text{kg/h}$$

(2) 蒸发器的传热面积

查得 200kPa 时饱和水蒸气的温度为 120.2℃，所以

$$A = \frac{Q}{K\Delta t_m} = \frac{Dr}{K(T-t_1)} = \frac{1807 \times 2204.6 \times 1000}{3600 \times 2000 \times (120.2-87.5)} = 16.9 \text{m}^2$$

【例 5-3】 已知 24.24%（质量分数）的 NaCl 水溶液在 47.38kPa 下的沸点为 86℃。试用杜林规则估算该溶液在 25.01kPa 下的沸点。

分析： 该题是杜林规则的应用。用杜林规则估算溶液的沸点，首先要求出杜林直线斜率 K 值，然后再求要求压强下溶液的沸点。求杜林直线斜率时，需要知道两个压强下溶液的沸点和相应压强下水的沸点。而题目中只给出了一个压强下溶液的沸点，所以需要查出常压下溶液的沸点（因为常压下溶液的沸点容易查到）和水在各相应压强下的沸点，才能求出 K 值，进而求出要求压强下溶液的沸点。

解： 查得水的沸点为，常压下 $t'_W = 100$℃，47.38kPa 下 $t_{W1} = 80$℃，25.01kPa 下 $t_{W2} = 65$℃。

查得 24.24% 的 NaCl 水溶液在常压下的沸点 $t'_A = 106.6$℃，已知该溶液在 47.38kPa 下的沸点 $t_{A1} = 86$℃，求该溶液在 25.01kPa 下的沸点 t_{A2}。

由杜林规则得

$$K = \frac{t'_A - t_{A1}}{t'_W - t_{W1}} = \frac{106.6 - 86}{100 - 80} = 1.03$$

于是有

$$K = \frac{t'_A - t_{A2}}{t'_W - t_{W2}} = \frac{106.6 - t_{A2}}{100 - 65} = 1.03$$

解得
$$t_{A2} = 70.55℃$$

【例 5-4】 用单效蒸发器浓缩 NaOH 水溶液，蒸发室内操作压强为 40.52kPa（绝压）。已知蒸发器内溶液的浓度为 20%（质量分数），其平均密度为 1176kg/m³。若蒸发器内液面高度为 1.2m，试求此时溶液的沸点。

分析：本题是根据温度差损失来估算溶液的沸点，因为已知蒸发室内压强，所以计算温度差损失时不必考虑 Δ'''。

解：(1) 求 Δ'

查得常压下 20%NaOH 水溶液的沸点为 108℃，水的沸点为 100℃，故
$$\Delta a' = 108 - 100 = 8℃$$

查得 40.52kPa 时饱和水蒸气的温度为 75.3℃，汽化潜热为 2311.8kJ/kg，故校正系数为
$$f = 0.0162\frac{(T'+273)^2}{r'_S} = 0.0162 \times \frac{(75.3+273)^2}{2311.8} = 0.85$$

所以
$$\Delta' = f\Delta a' = 0.85 \times 8 = 6.8℃$$

(2) 求 Δ''
$$p_m = p + \frac{\rho g L}{2} = 40.52 + \frac{1176 \times 9.81 \times 1.2}{2 \times 1000} = 47.44\text{kPa}$$

查得 47.44kPa 时饱和水蒸气的温度为 79.6℃，则
$$\Delta'' = t_{pm} - t_p = 79.6 - 75.3 = 4.3℃$$

(3) 溶液的沸点
$$t_1 = T' + \Delta' + \Delta'' = 75.3 + 6.8 + 4.3 = 86.4℃$$

习 题 解 答

5-1 在葡萄糖水溶液浓缩过程中，每小时的加料量为 3000kg，浓度由 15%（质量分数）浓缩到 70%（质量分数）。试求每小时蒸发水量和完成液量。

解：(1) 蒸发水量
$$W = F\left(1 - \frac{w_0}{w_1}\right) = 3000 \times \left(1 - \frac{0.15}{0.7}\right) = 2357\text{kg/h}$$

(2) 完成液量
$$F - W = 3000 - 2357 = 643\text{kg/h}$$

5-2 固体 NaOH 的比热容为 1.31kJ/(kg·℃)，试分别估算 NaOH 水溶液为 10%（质量分数）和 25%（质量分数）时的比热容。

解：(1) NaOH 的稀溶液（$w = 10\%$ 时）
$$c = c_w(1-w) = 4.187 \times (1-0.1) = 3.77\text{kJ/(kg·℃)}$$

(2) NaOH 的浓溶液（$w = 25\%$ 时）
$$c = c_w(1-w) + c_B w = 4.187 \times (1-0.25) + 1.31 \times 0.25 = 3.47\text{kJ/(kg·℃)}$$

5-3 已知单效常压蒸发器每小时处理 2t NaOH 水溶液，溶液由 15%（质量分数）浓缩到 25%（质量分数）。加热蒸汽压强为 400kPa（绝压），冷凝后在饱和温度下排出。假设蒸发器的热损失忽略不计。溶液的沸点为 113℃，分别按 20℃ 加料和沸点加料，求此两种情况下的加热蒸汽消耗量和单位蒸汽消耗量。

解：水分蒸发量为
$$W = F\left(1 - \frac{w_0}{w_1}\right) = 2000 \times \left(1 - \frac{0.15}{0.25}\right) = 800\text{kg/h}$$

查得 400kPa 时蒸汽的潜热 $r = 2138.5$kJ/kg，常压（101.33kPa）下二次蒸汽的潜热 $r' = 2258.4$kJ/kg

原料液的比热容为
$$c_0 = c_w(1-w_0) = 4.187 \times (1-0.15) = 3.56 \text{kJ/(kg} \cdot \text{℃)}$$
忽略热损失，即 $Q_L = 0$

(1) 20℃加料时
$$D = \frac{Wr' + Fc_0(t_1-t_0) + Q_L}{r} = \frac{800 \times 2258.4 + 2000 \times 3.56 \times (113-20)}{2138.5}$$
$$= 1.15 \times 10^3 \text{kg/h}$$
$$\frac{D}{W} = \frac{1150}{800} = 1.44$$

(2) 沸点加料时
$$D = \frac{Wr'}{r} = \frac{800 \times 2258.4}{2138.5} = 845 \text{kg/h}$$
$$\frac{D}{W} = \frac{845}{800} = 1.06$$

5-4 传热面积为 52m^2 的蒸发器，在常压下每小时蒸发 2500kg 7%（质量分数）的某水溶液。原料液的温度为 95℃，常压下的沸点为 103℃，完成液为 45%（质量分数）。加热蒸汽的绝压为 300kPa。热损失为 110000W。试估算蒸发器的总传热系数。

解：查得 300kPa 时饱和水蒸汽的温度为 133.3℃；常压（101.3kPa）下二次蒸汽的潜热为 $2258.4 \text{kJ/(kg} \cdot \text{℃)}$

水分蒸发量为
$$W = F\left(1 - \frac{w_0}{w}\right) = 2500 \times \left(1 - \frac{0.07}{0.45}\right) = 2111 \text{kg/h}$$

原料液的比热容为
$$c_0 = c_w(1-w_0) = 4.187 \times (1-0.07) = 3.89 \text{kJ/(kg} \cdot \text{℃)}$$

由传热基本方程式及热量衡算式得
$$KA\Delta t_m = Wr' + Fc_0(t_1 - t_0) + Q_L$$
$$K \times 52 \times (133.3 - 103) = \frac{2111}{3600} \times 2258.4 \times 10^3 + \frac{2500}{3600} \times 3.89 \times 10^3 \times (103-95) + 110000$$

解得
$$K = 924 \text{W/(m}^2 \cdot \text{℃)}$$

5-5 已知 25.09%（质量分数）的 NaCl 水溶液在 101.3kPa 绝压下的沸点为 107℃，在 20kPa 绝压下的沸点为 65.4℃，试利用杜林规则计算此溶液在 50kPa 绝对压强下的沸点。

解：查得 20kPa 下水的沸点为 60.1℃，50kPa 下水的沸点为 81.2℃，101.3kPa 下水的沸点为 100℃
$$K = \frac{t_A - t'_A}{t_W - t'_W} = \frac{65.4 - 107}{60.1 - 100} = 1.04$$
$$t_A = t'_A + K(t_W - t'_W) = 107 + 1.04 \times (81.2 - 100) = 87.4\text{℃}$$

5-6 试计算 30%（质量分数）的 NaOH 水溶液，在 60kPa（绝压）下由于溶液的蒸汽压降低所引起的温度差损失。

解：查得常压下 30% NaOH 水溶液的沸点为 117.5℃，常压下水的沸点为 100℃，故
$$\Delta''_a = 117.5 - 100 = 17.5\text{℃}$$

查得 60kPa 时水的沸点 $T' = 85.6\text{℃}$，汽化热 $r'_S = 2393.9 \text{kJ/kg}$
校正系数为

$$f=0.0162\frac{(T'+273)^2}{r'_s}=0.0162\times\frac{(85.6+273)^2}{2393.9}=0.87$$

所以 $\Delta'=f\Delta a'=0.87\times17.5=15.2℃$

5-7 某单效蒸发器的液面高度为 2m，溶液的密度为 1250kg/m^3。试通过计算比较在下列操作条件下，因液层静压强所引起的温度差损失：(1) 操作压强为常压；(2) 操作压强为 44kPa（绝压）。

解：(1) 操作压强为常压时

$$p_m=p+\frac{\rho g L}{2}=1.013\times10^5+\frac{1250\times9.81\times2}{2}=1.136\times10^5\text{Pa}$$

常压下水的沸点为 100℃，p_m 压强下水的沸点为 102.9℃

因液层静压强引起的温度差损失为

$$\Delta''=t'_{p_m}-t'_p=102.9-100=2.9℃$$

(2) 操作压强为 44kPa 时

$$p_m=p+\frac{\rho g L}{2}=44\times10^3+\frac{1250\times9.81\times2}{2}=5.626\times10^4\text{Pa}$$

查得 44kPa 下水的沸点为 77.5℃，p_m 压强下水的沸点为 84.0℃

因液层静压强引起的温度差损失为

$$\Delta''=t'_{p_m}-t'_p=84.0-77.5=6.5℃$$

5-8 用单效蒸发器浓缩 $CaCl_2$ 水溶液，操作压强为 101.3kPa，已知蒸发器中 $CaCl_2$ 溶液为 40.83%（质量分数），其密度为 1340kg/m^3。若蒸发时的液面高度为 1m，试求此时溶液的沸点。

解：蒸发器中液面和底部的平均压强为

$$p_m=p+\frac{\rho g L}{2}=1.013\times10^5+\frac{1340\times9.81\times1}{2}=1.079\times10^5\text{Pa}$$

查得 101.3kPa 下水的沸点 $T'=100℃$，40.83% $CaCl_2$ 水溶液的沸点 $t_A=120℃$；$p_m=1.079\times10^5\text{Pa}$ 下水的沸点为 101.5℃

$$\Delta'=t_A-T'=120-100=20℃$$
$$\Delta''=t'_{p_m}-t'_p=101.5-100=1.5℃$$

溶液的沸点为

$$t_1=T'+\Delta'+\Delta''=100+20+1.5=121.5℃$$

5-9 在单效蒸发器中，每小时将 5000kg 的 NaOH 水溶液从 10%（质量分数）浓缩到 30%（质量分数），原料液温度为 50℃，蒸发室内绝压为 40kPa，加热蒸汽的绝压为 140kPa。蒸发器的传热系数 K_0 为 $2000\text{W/(m}^2\cdot℃)$。热损失为加热蒸汽放热量的 5%。不计液柱静压强引起的温度差损失。试求蒸发器的传热面积及加热蒸汽消耗量。

解：(1) 加热蒸汽消耗量

水分蒸发量为

$$W=F\left(1-\frac{w_0}{w_1}\right)=5000\times\left(1-\frac{0.1}{0.3}\right)=3333\text{kg/h}$$

查得 40kPa 下水的沸点为 75℃，汽化热为 2312.2kJ/kg；140kPa 下饱和水蒸气温度为 109.2℃，汽化热为 2234.4kJ/kg

原料液的比热容为

$$c_0 = c_w(1-w_0) = 4.187 \times (1-0.1) = 3.77 \text{kJ}/(\text{kg} \cdot ℃)$$

查得101.3kPa下30%NaOH水溶液的沸点为117.5℃，水的沸点为100℃，故常压下溶液的沸点升高为

$$\Delta a' = 117.5 - 100 = 17.5 ℃$$

校正系数
$$f = 0.0162 \frac{(T'+273)^2}{r'_s}$$
$$= 0.0162 \times \frac{(75+273)^2}{2312.2} = 0.848$$

溶液的沸点升高
$$\Delta' = f\Delta a' = 0.848 \times 17.5 = 14.8 ℃$$

溶液的沸点
$$t_1 = T' + \Delta' = 75 + 14.8 = 89.8 ℃$$

由 $Dr = Wr' + Fc_0(t_1-t_0) + Q_L, \quad Q_L = 0.05 Dr$

得
$$D = \frac{Wr' + Fc_0(t_1-t_0)}{0.95 r} = \frac{333 \times 2312.2 + 5000 \times 3.77 \times (89.8-50)}{0.95 \times 2234.4}$$
$$= 3984 \text{kg/h}$$

(2) 蒸发器的传热面积

$$A_0 = \frac{Q}{K_0 \Delta t_m} = \frac{Dr}{K_0 \Delta t_m} = \frac{3984 \times 2234.4 \times 10^3}{3600 \times 2000 \times (109.2-89.8)} = 63.7 \text{m}^2$$

第六章　蒸　馏

学 习 要 求

一、掌握的内容

1. 二组分理想溶液的汽液相平衡关系及其相图表达；
2. 精馏原理与精馏过程分析；
3. 二组分连续精馏塔的物料衡算、操作线方程、q 线方程、进料热状况参数 q 的计算及其对理论塔板数的影响；
4. 理论塔板数的确定、最小回流比的计算、回流比的选择及其对精馏的影响；
5. 精馏装置的热量衡算。

二、了解的内容

1. 非理想溶液的汽液相平衡关系；
2. 间歇精馏、特殊蒸馏的特点；
3. 板式塔主要类型的结构与特点。

学 习 要 点

蒸馏概念：利用混合液中各组分挥发性的不同，分离液体混合物的操作。

蒸馏操作分类：简单蒸馏、平衡蒸馏、精馏和特殊蒸馏；常压精馏、减压精馏和加压精馏；两组分精馏和多组分精馏；间歇蒸馏和连续蒸馏。

第一节　二组分溶液的汽液相平衡

一、相组成的表示方法

以混合物中含 A、B 两组分为例

1. 质量分数 w

$$w_A = \frac{m_A}{m}; w_B = \frac{m_B}{m} \tag{6-1}$$

$$w_A + w_B = 1$$

2. 摩尔分数 x

$$x_A = \frac{n_A}{n}; x_B = \frac{n_B}{n} \tag{6-2}$$

$$x_A + x_B = 1$$

质量分数和摩尔分数的换算

$$x_A = \frac{\frac{w_A}{M_A}}{\frac{w_A}{M_A} + \frac{w_B}{M_B}}; \quad x_B = \frac{\frac{w_B}{M_B}}{\frac{w_A}{M_A} + \frac{w_B}{M_B}} \tag{6-3}$$

$$w_A = \frac{M_A x_A}{M_A x_A + M_B x_B}; \quad w_B = \frac{M_B x_B}{M_A x_A + M_B x_B} \tag{6-4}$$

3. 气体混合物的组成

$$y_A = \frac{p_A}{p} = \frac{V_A}{V}; \quad y_B = \frac{p_B}{p} = \frac{V_B}{V} \tag{6-5}$$

$$y_A + y_B = 1$$

二、二组分理想溶液的汽液相平衡

1. 汽液相平衡

拉乌尔定律：当汽液平衡时，溶液上方蒸气中任一组分的分压，等于此纯组分在该温度下的饱和蒸气压乘以其在液相中的摩尔分数，即

$$p = p^\circ x \tag{6-6}$$

由拉乌尔定律和道尔顿分压定律可得

$$x_A = \frac{p - p_B^\circ}{p_A^\circ - p_B^\circ} \tag{6-7}$$

$$y_A = \frac{p_A}{p} = \frac{p_A^\circ x_A}{p} \tag{6-8}$$

2. 汽液平衡相图

(1) 温度-组成（t-x-y）图

① 点、线、面的意义。

② 泡点、露点的概念。

③ 由 t-x-y 图可知，在一定总压下，溶液的泡点不是定值，随溶液中易挥发组分的浓度而变，对二元理想溶液其值在两纯组分的沸点之间；同一组成下，溶液的泡点与露点并不相等。

(2) 相平衡（x-y）图　图中曲线表示液相组成和与之平衡的气相组成之间的关系，对角线为精馏计算时的辅助线。对于大多数溶液，达到平衡时，总有 $y>x$，所以平衡线位于对角线上方。平衡线偏离对角线越远，表示该溶液越易分离。

三、挥发度和相对挥发度

(1) 挥发度　挥发度表示某种液体容易挥发的程度，用达到平衡时，某组分在蒸气中的分压和它在平衡液相中的摩尔分数之比来表示，即

$$v_A = \frac{p_A}{x_A}; \quad v_B = \frac{p_B}{x_B} \tag{6-9}$$

当溶液符合拉乌尔定律时，则

$$v_A = p_A^\circ; \quad v_B = p_B^\circ \tag{6-10}$$

(2) 相对挥发度 α　为两组分挥发度之比，即

$$\alpha=\frac{v_A}{v_B}=\frac{\dfrac{p_A}{x_A}}{\dfrac{p_B}{x_B}} \tag{6-11}$$

当操作压强不高,气相服从道尔顿分压定律时,则

$$\alpha=\frac{y_A x_B}{y_B x_A} \tag{6-12}$$

对理想溶液

$$\alpha=\frac{p_A^\circ}{p_B^\circ} \tag{6-13}$$

(3) 用相对挥发度表示的汽液相平衡关系

$$y=\frac{\alpha x}{1+(\alpha-1)x} \tag{6-14}$$

上式称汽液平衡方程,若已知 α,由上式可求得 x-y 平衡关系。

由式(6-14)知:若 $\alpha>1$,则 $y>x$,α 值越大,y 比 x 大的越多,表明混合液越有利于分离;若 $\alpha=1$,则 $y=x$,表明混合液不能用普通的蒸馏方法分离。

四、二组分非理想溶液的汽液相平衡

非理想溶液分为两大类:对拉乌尔定律具有正偏差的溶液和对拉乌尔定律具有负偏差的溶液。

(1) 具有正偏差的溶液　溶液中相异分子之间的引力小于相同分子之间的引力,分子易汽化,溶液上方各组分的蒸气压比理想溶液的大。正偏差较大时形成最低恒沸物,具有最低恒沸点,如乙醇-水溶液。

(2) 具有负偏差的溶液　溶液中相异分子之间的引力大于相同分子之间的引力,分子难汽化,溶液上方各组分的蒸气压比理想溶液的小。负偏差较大时形成最高恒沸物,具有最高恒沸点,如硝酸-水溶液。

恒沸点的溶液称为恒沸液,其 $\alpha=1$,不能用普通的蒸馏方法分离。

对于能够形成恒沸物的溶液,两个组分总不能同时得到分离,而只能得到一个纯组分和一个恒沸液,否则需用特殊的蒸馏方法分离。

第二节　蒸馏方式

一、简单蒸馏

(1) 概念　使溶液在蒸馏釜中逐渐受热汽化,并不断将生成的蒸气引入冷凝器中冷凝,以使溶液中各组分得以部分分离的操作,称简单蒸馏或微分蒸馏。

(2) 特点　在蒸馏过程中系统的温度和汽、液组成随时间而变,属不稳定操作,釜内任一时刻的汽、液两相组成互成平衡状态。简单蒸馏不能得到两种较纯的组分。

(3) 适用场合　适用于沸点相差较大,分离程度要求不高或混合液的粗分离。

二、精馏

精馏是多次而且同时运用部分汽化和部分冷凝的方法,使混合液得到较完全分离,以获

得接近纯组分的操作。

1. 精馏原理

由 t-x-y 图知，分别将液相多次部分汽化和将汽相多次部分冷凝，可获得两组分高纯度的分离。

生产中的精馏过程是在精馏塔内进行的，即在精馏塔中将液相的部分汽化和汽相的部分冷凝过程有机结合而进行操作的。

塔顶的液体回流和塔底的蒸气回流是实现精馏操作的必要条件。

2. 连续精馏流程

精馏装置：主要由精馏塔、再沸器和冷凝器构成。

精馏塔分为上下两段，加料板以上称为精馏段，加料板以下称为提馏段（包括加料板）。原料液从加料板加入，与塔内气液混合，气体上行，液体下降。自塔顶出来的蒸气进入冷凝器冷凝后，一部分作为塔顶产品（馏出液），一部分回流到塔内。液体下降至塔底再沸器，一部分作为塔底产品（釜残液），一部分汽化回到塔内。在每层塔板上，回流液体与上升蒸气互相接触，进行传热和传质。

在精馏塔内，各板上易挥发组分的浓度由上而下逐渐降低，温度逐渐升高。

第三节　二组分混合液连续精馏的分析和计算

一、精馏塔的全塔物料衡算

通过全塔的物料衡算，可求出 F、x_F、D、x_D、W、x_W 六个物理量之间的关系。

（1）物料衡算式

总物料量
$$F = D + W \tag{6-15}$$

易挥发组分量
$$F x_F = D x_D + W x_W \tag{6-16}$$

（2）塔顶、塔底产品量

$$D = \frac{F(x_F - x_W)}{x_D - x_W} \tag{6-17}$$

$$W = \frac{F(x_D - x_F)}{x_D - x_W} \tag{6-18}$$

（3）采出率和回收率

馏出液采出率
$$\frac{D}{F} = \frac{x_F - x_W}{x_D - x_W} \tag{6-19}$$

残液采出率
$$\frac{W}{F} = \frac{x_D - x_F}{x_D - x_W} \tag{6-20}$$

精馏塔的分离程度除用 x_D、x_W 表示外，也可用回收率表示。

塔顶易挥发组分回收率 η_D

$$\eta_D = \frac{D x_D}{F x_F} \times 100\% \tag{6-21}$$

塔底难挥发组分回收率 η_W

$$\eta_W = \frac{W(1 - x_W)}{F(1 - x_F)} \times 100\% \tag{6-22}$$

二、精馏塔的操作线方程

1.理论板的概念及恒摩尔流假定

(1) 理论板的概念 指离开该板的汽、液两相互成平衡，而且板上的液相组成视为均匀一致。

(2) 恒摩尔流假定

① 恒摩尔气流 精馏操作时，在精馏段内每层塔板上升的蒸气摩尔流量都相等，提馏段内也如此，但两段的上升蒸气摩尔流量不一定相等。

② 恒摩尔液流 精馏操作时，在精馏段内每层塔板下降的液体摩尔流量都相等，提馏段内也如此。但两段的下降液体摩尔流量不一定相等。

2.精馏段操作线方程

(1) 物理意义 表示精馏段内任意相邻的两板之间上升的蒸气与下降的液体组成之间的关系。

(2) 操作线方程 对精馏段作物料衡算可得

$$y_{n+1} = \frac{L}{L+D}x_n + \frac{D}{L+D}x_D \tag{6-23}$$

令 $R = \frac{L}{D}$（称回流比），代入上式得

$$y_{n+1} = \frac{R}{R+1}x_n + \frac{x_D}{R+1} \tag{6-24}$$

或

$$y = \frac{R}{R+1}x + \frac{x_D}{R+1} \tag{6-25}$$

3.提馏段操作线方程

(1) 物理意义 表示提馏段内任意相邻的两板之间上升的蒸气和下降的液体组成之间的关系。

(2) 操作线方程 对提馏段作物料衡算可得

$$y'_{m+1} = \frac{L'}{L'-W}x'_m - \frac{W}{L'-W}x_W \tag{6-26}$$

或

$$y' = \frac{L'}{L'-W}x' - \frac{Wx_W}{L'-W} \tag{6-27}$$

提馏段内的液体流量 L' 除与 L 有关外，还受进料量及进料热状况的影响。

4.进料热状况的影响

(1) 进料热状况 五种不同的进料热状况：①过冷液体；②饱和液体；③汽液混合物；④饱和蒸气；⑤过热蒸气。

(2) 加料板的物料衡算与热量衡算

① 目的 找出精馏塔中两段的汽、液摩尔流量与进料热状况的定量关系。

② 进料热状况参数 q

$$q = \frac{L'-L}{F} = \frac{I_V - I_F}{I_V - I_L} \approx \frac{\text{将1kmol进料变为饱和蒸气所需的热量}}{\text{原料液的千摩尔汽化潜热}} \tag{6-28}$$

q 值取决于不同的进料热状况。不同进料热状况的 q 值为

冷液进料 $q > 1$

饱和液体进料　$q=1$
汽液混合物进料　$0<q<1$
饱和蒸气进料　$q=0$
过热蒸气进料　$q<0$

③ 精馏塔中两段的汽、液摩尔流量与进料热状况的关系

$$L'=L+qF \tag{6-29}$$

$$V=V'+(1-q)F \tag{6-30}$$

④ 提馏段操作线方程的另一种形式

将式(6-29)代入式(6-27)得

$$y'=\frac{L+qF}{L+qF-W}x'-\frac{W}{L+qF-W}x_W \tag{6-31}$$

三、理论板层数的求法

理论板层数的求算方法较多，通常采用逐板计算法和图解法。求算理论板层数要利用：
① 平衡关系；
② 操作关系；
③ 已知条件 x_F、x_D、x_W、q、R。

1. 逐板计算法

逐板计算法的原则是利用相平衡方程和操作线方程计算所需的理论板层数。

计算方法：若塔顶采用全凝器，可从塔顶组成 x_D 开始计算，即先利用相平衡方程和精馏段操作线方程逐板进行计算，当算到 $x_n \leqslant x_q$（x_q 是 q 线与操作线交点的横坐标，泡点进料时 $x_q=x_F$），说明第 n 层板是加料板，该板属于提馏段，因此精馏段理论板数为 $n-1$ 层。然后依次交替地使用提馏段操作线方程和相平衡方程进行计算，一直算到 $x'_m \leqslant x_W$ 为止。由于一般再沸器相当于一层理论板，故提馏段所需的理论板数为 $m-1$ 层。计算中每使用一次相平衡方程，就表示需要一层理论板，所使用的相平衡方程的次数即代表理论板层数。

2. 图解法

图解法求理论板层数的原理与逐板计算法相同，只不过是用图解代替方程的计算，步骤如下：

(1) 在 x-y 图上作出平衡线和对角线。

(2) 在 x-y 图上作出操作线。

① 精馏段操作线的作法：用两个特殊点作图。一点用精馏段操作线与对角线的交点 a (x_D, x_D)；另一点用 y 轴上的截距点 b $\left(0, \dfrac{x_D}{R+1}\right)$，连接 a、b 两点得精馏段操作线。

② 提馏段操作线的作法：仍用两个特殊点作图。一点用提馏段操作线与对角线的交点 $c(x_W, x_W)$；另一点用两操作线的交点 d。

联立两操作线方程得

$$y=\frac{q}{q-1}x-\frac{x_F}{q-1} \tag{6-32}$$

上式即是两操作线交点的轨迹方程，也称 q 线方程或进料方程，在 x-y 图上为一直线，称为 q 线。

q 线在 x-y 图上的作法：将 q 线方程与对角线方程联立得交点 $e(x_F, x_F)$，再从 e 点作斜率为 $q/(q-1)$ 的直线即为 q 线。

q 线与精馏段操作线的交点为 d，连接 c、d 两点便得提馏段操作线。

（3）从 a 点开始画直角梯级，先在精馏段操作线与平衡线之间画直角梯级，当梯级跨过 d 点后，改在提馏段操作线与平衡线之间画直角梯级，一直画到 $x \leqslant x_W$ 为止，梯级数等于理论板层数。跨两操作线交点的梯级为加料板，最后一个梯级为塔釜（再沸器）。

3. 进料热状况对 q 线及操作线的影响

进料热状况不同，q 值及 q 线斜率不同，q 线与精馏段操作线的交点不同。当 x_F、x_D、x_W、R 一定时，q 值不同，不影响精馏段操作线的斜率，但影响提馏段操作线的斜率，从而使理论板层数和加料板位置发生变化。即 q 值增加，两操作线的交点上移，提馏段操作线远离平衡线，每块板的分离程度增加，达到相同的分离要求所需的理论板数减少，由于 q 值增加使两操作线交点上移，所以加料板位置也随 q 值的增加而上移。

4. 适宜进料位置的确定

（1）概念　精馏塔设计中，适宜的进料位置是指达到一定的分离要求，所需的总理论板层数最少时的加数板位置。

（2）适宜进料位置的确定　在逐板计算法中，当计算到 $x_n \leqslant x_q$ 时（x_q 为两操作线交点的横坐标），第 n 层板代表适宜的加料板；在图解法中，跨两操作线交点 d 的梯级代表适宜的加料板。

四、回流比的影响及其选择

1. 全回流和最少理论板层数

（1）全回流概念　塔顶蒸气冷凝后，全部回流到塔内，不采出产品，也不向塔内加料。

（2）全回流特点　F、D、W 皆为零，$R = \dfrac{L}{D} = \infty$，精馏段操作线斜率 $R/(R+1) = 1$。精馏段操作线和提馏段操作线均与对角线重合，精馏塔无精馏段和提馏段之分，全塔只有一条操作线，即 $y_{n+1} = x_n$。达到给定的分离要求，所需的理论板层数最少。

（3）全回流时最少理论板层数 $N_{\min}$ 的求法

仍可用逐板计算法和图解法。逐板计算时，操作线方程更为简单，即 $y_{n+1} = x_n$；图解时，在平衡线与对角线（也是全回流操作时的操作线）之间画直角梯级。

（4）全回流操作的应用　用于精馏塔的开工阶段，实验研究中，或操作异常时采用全回流操作便于调节和控制。

2. 最小回流比

（1）回流比 R 对理论板层数的影响　由理论板数的图解法可知，R 增加，达到给定的分离要求，所需的理论板数减少；反之，R 减小，所需的理论板数增加。

（2）最小回流比

① 概念　对给定的分离要求，需要无穷多理论板层数时的回流比，称为最小回流比，用 $R_{\min}$ 表示，它是回流比的下限。

② $R_{\min}$ 的计算

a. 对于正常的相平衡曲线，则有

$$R_{min} = \frac{x_D - y_q}{y_q - x_q} \tag{6-33}$$

b. 对于不正常的相平衡曲线，可根据最小回流比时精馏段操作线的斜率求得。

3. 适宜回流比的选择

(1) 适宜回流比　对于一定的分离任务，操作费用和设备折旧费用总和为最小时的回流比，即为适宜回流比。

(2) 设计时一般取值范围　根据经验可取

$$R = (1.1 \sim 2.0) R_{min}$$

五、塔高和塔径的计算

1. 塔高的计算

(1) 板效率

① 单板效率 E_M　又称莫弗里板效率，用汽相（或液相）经过一块实际板时组成的变化与经过一块理论板时组成的变化比值来表示。对任意的第 n 层塔板，可分别用汽相或液相表示，即

汽相莫弗里板效率
$$E_{MV} = \frac{y_n - y_{n+1}}{y_n^* - y_{n+1}} \tag{6-34}$$

液相莫弗里板效率
$$E_{ML} = \frac{x_{n-1} - x_n}{x_{n-1} - x_n^*} \tag{6-35}$$

② 全塔效率 E_T　又称总板效率，是指一定分离任务下理论板数 N_T 和实际板数 N_P 的比值，即

$$E_T = \frac{N_T}{N_P} \times 100\% \tag{6-36}$$

注意：全塔效率是以所需理论板数为基准定义的，单板效率是以单板理论增浓为基准定义的，两者基准不同。因此，即使塔内各板效率相等，全塔效率在数值上也不等于单板效率。

全塔效率 E_T 由实验测得，或用经验式估算。在求得全塔理论板数后，只要知道全塔效率，便可算出实际塔板数，即

$$N_P = \frac{N_T}{E_T} \tag{6-37}$$

(2) 塔高的计算

$$Z = (N_P - 1) H_T \tag{6-38}$$

2. 塔径的计算

$$D = \sqrt{\frac{4V_S}{\pi u}} \tag{6-39}$$

六、精馏装置的热量衡算

1. 再沸器的热负荷和加热蒸汽用量

(1) 再沸器的热负荷

$$Q_h = Q_V + Q_W + Q_n - Q_F - Q_R \tag{6-40}$$

或
$$Q_h = D(R+1)I_V + Wc_W t_W + Q_n - Fc_F t_F - DRc_R t_R \tag{6-41}$$

（2）再沸器中加热蒸汽用量

$$W_h = \frac{Q_V + Q_W + Q_n - Q_F - Q_R}{I - i} \tag{6-42}$$

2. 冷凝器的热负荷和冷却水用量

若塔顶为全凝器，液体在饱和温度下排出。

（1）冷凝器的热负荷

$$Q_C = D(R+1)r_v \tag{6-43}$$

（2）冷凝器中冷却水用量

$$W_C = \frac{Q_C}{c_C(t_2 - t_1)} \tag{6-44}$$

七、二组分精馏的操作型计算与影响精馏操作的因素

1. 二组分精馏的操作型计算

由理论板层数的图解法可知：x_F、x_D、x_W、平衡关系、R、q、和精馏段与提馏段的理论板层数 n、m 之间存在着如图解所示的关系。对于操作型计算问题也可以根据图解所示的关系进行计算，但计算更为复杂，一般需用图解试差法，如

（1）已知 n，m，x_F，R，求可能达到的分离效果，即求 x_D 与 x_W。

（2）已知 x_F，总理论板数 N_T，分离要求 x_D、x_W，求 R 与加料板位置。

2. 影响精馏操作的主要因素

对特定的精馏塔和物系，影响精馏操作的因素主要有：操作压强、进料组成和热状况、塔顶回流、全塔的物料平衡和稳定、冷凝器和再沸器的传热性能，设备的热损失等。可见影响精馏操作的因素十分复杂，并相互制约。在分析具体过程时，应做适当的简化假定，抓住主要矛盾，做出正确的判断，如

（1）保持精馏装置进出物料平衡是保证稳定操作的必要条件。

（2）塔顶回流的影响。

（3）进料组成和进料热状况的影响。

第四节 板 式 塔

一、板式塔主要类型的结构与特点

1. 板式塔类型

板式塔的类型很多，主要在于塔内所设置的塔板结构不同。根据塔板间有无降液管沟通，板式塔可分为有降液管及无降液管两大类。

2. 几种主要类型的板式塔

（1）泡罩塔

① 塔板结构特点：板上装有多个泡罩。

② 优点：操作性能稳定，操作弹性大；塔板不易堵塞，能处理含少量污垢的物料。

③ 缺点：塔板结构复杂、金属耗量大，造价高、安装和维修不便；气体流动阻力大。

(2) 浮阀塔

① 塔板结构特点：塔板上装有多个可上下浮动的浮阀。

② 优点：生产能力大；操作弹性大；塔板效率高；气体压强降及液面落差较小；结构较简单，安装较方便。

③ 缺点：在处理易结焦，高黏度的物料时，阀片易与塔板黏结；操作时会发生阀片脱落卡死等现象。

(3) 筛板塔

① 塔板结构特点：板上开有许多筛孔。

② 优点：结构简单，金属耗量小，造价低；气体压降小，板上液面落差较小，生产能力及板效率较泡罩塔高。

③ 缺点：操作弹性小，小孔筛板容易堵塞。

二、塔板上汽液流动方式

汽液两相在塔内的流动方式从总体上说是逆流流动，以获得最大的传质推动力。而在每一块塔板上汽液两相为错流流动，使汽液两相充分接触，为传质提供足够大，而且不断更新的相际接触面积，以减小传质阻力。

三、塔板上的异常操作现象

(1) 液泛（淹塔）　当降液管内的液体满到上层塔板溢流堰顶之后，漫到上层塔板上去的现象。

(2) 液（雾）沫夹带　指板上液体被上升气流带入上一层塔板的现象。

(3) 泄漏（漏液）　气速较小时，液体通过升气孔道流下的现象。

第五节　其他蒸馏方式

一、间歇精馏

(1) 操作特点　分批操作，属于不稳定操作，塔内只有精馏段没有提馏段，只能获得较纯的易挥发组分。

(2) 适用场合　小批量多品种或用一个塔分离多组分混合物成为几个不同馏分时。

(3) 两种操作方式

① 馏出液浓度恒定时的间歇精馏　在精馏过程中，因 x_W 不断下降，为保持 x_D 不变，必须不断地增大回流比。

② 回流比恒定时的间歇精馏　在精馏过程中，R 保持恒定，x_D 和 x_W 不断下降。

实际生产中常将上述两种操作方式合并使用，即采用分段保持恒定馏出液组成，而使回流比逐渐跃升，以进行操作。

二、特殊蒸馏

1. 恒沸精馏

(1) 概念　在被分离的溶液中加入第三组分（称挟带剂），该组分能与原溶液中一个或两个组分形成新的恒沸液,从而使溶液得以分离的精馏操作。

(2) 应用　恒沸精馏可以分离恒沸液以及挥发度相近的物系。如乙醇-水溶液分离制取无水乙醇时,加入苯作为挟带剂。

2. 萃取精馏

(1) 概念　在被分离的溶液中加入第三组分(称萃取剂),以增加原有组分的相对挥发度,使溶液得以分离的精馏操作。

(2) 应用　萃取精馏常用于分离各组分挥发度相差很小的溶液。如苯-环己烷溶液的分离,以糠醛为萃取剂。

3. 恒沸精馏与萃取精馏的主要异同点

(1) 相同点　都是在被分离的溶液中加入第三组分,用以改变原溶液中各组分之间的相对挥发度,使溶液得到分离。

(2) 不同点　恒沸精馏中加入的第三组分一般挥发性较大,能与原溶液中的组分形成恒沸物,而萃取精馏中加入的第三组分挥发性很小,且不与原溶液中的组分形成恒沸物。

例题与解题分析

【例 6-1】　在常压连续精馏塔中分离含苯 0.45(摩尔分数,下同)的苯-甲苯混合液。要求馏出液组成为 0.97,釜残液组成为 0.03。操作条件下物系的平均相对挥发度为 2.48。试分别计算以下两种进料热状况下的最小回流比:(1) 饱和液体进料;(2) 饱和蒸气进料。

分析: 最小回流比是对一定的原料液为达到一定分离程度所需回流比的最低限度,实际回流比应大于最小回流比。计算最小回流比的意义是由其确定适宜的操作回流比。计算最小回流比可按公式进行,但由于进料热状况不同,其最小回流比的值也随之而变,一般热进料的 R_{min} 较冷进料时的 R_{min} 为高。

解:(1) 饱和液体进料

最小回流比计算公式

$$R_{min} = \frac{x_D - y_q}{y_q - x_q}$$

因饱和液体进料,$x_q = x_F = 0.45$

由汽液平衡方程

$$y_q = \frac{\alpha x_q}{1 + (\alpha - 1)x_q} = \frac{2.48 \times 0.45}{1 + (2.48 - 1) \times 0.45} = 0.67$$

得

$$R_{min} = \frac{0.97 - 0.67}{0.67 - 0.45} = 1.36$$

(2) 饱和蒸气进料,

因饱和蒸气进料,$y_q = x_F = 0.45$

由汽液平衡方程

$$x_q = \frac{y_q}{\alpha - (\alpha - 1)y_q} = \frac{0.45}{2.48 - (2.48 - 1) \times 0.45} = 0.248$$

得

$$R_{min} = \frac{0.97 - 0.45}{0.45 - 0.248} = 2.57$$

【例 6-2】　用一连续精馏塔分离由 A、B 所组成的理想混合液。原料液中含组分 A 为 0.45,馏出液中含组分 A 为 0.96(以上均为摩尔分数)。已知在操作条件下,溶液的平均相对挥发度为 2.3，最小回流比为 1.65。试说明原料液的进料热状况，并求出 q 值。

分析： 这是一个了解最小回流比与精馏段操作线、q 线和平衡线间关系的题目。由最小回流比的定义可知：平衡线和精馏段操作线的交点，也必是平衡线与 q 线的交点。由此交点向下在 y-x 图的横坐标上可读得 x_q，若 $x_q = x_F$，必然是饱和液体进料；若 $x_q > x_F$，必然是冷液进料；若 $x_q < x_F$，则是汽液混合物进料，饱和蒸气和过热蒸气进料。此题关键是求出 x_q、y_q 的值，而后与 x_F 作大小的比较即可得解。

解： 由平衡线方程得

$$y = \frac{\alpha x}{1+(\alpha-1)x} = \frac{2.3x}{1+1.3x} \tag{1}$$

由精馏段操作线方程得

$$y = \frac{R}{R+1}x + \frac{x_D}{R+1} = \frac{R_{min}}{R_{min}+1}x + \frac{x_D}{R_{min}+1}$$

$$= \frac{1.65}{1.65+1}x + \frac{0.96}{1.65+1}$$

$$= 0.623x + 0.362 \tag{2}$$

联立式(1) 和式(2)，解得

$$x_q = 0.391 \qquad y_q = 0.605$$

因为：$x_q < x_F$，$y_q > x_F$，故原料液进料热状况为气液混合物。

由 q 线方程得

$$y = \frac{q}{q-1}x - \frac{x_F}{q-1}$$

即

$$0.605 = \frac{q}{q-1} \times 0.391 - \frac{0.45}{q-1}$$

解得

$$q = 0.724$$

【例 6-3】 在一连续精馏塔内分离某两组分理想混合液。已知进料组成为 0.5（摩尔分数，下同），釜残液组成为 0.05，进料热状况为饱和液体，塔顶采用全凝器。操作条件下物系的平均相对挥发度为 2.303，精馏段操作线方程为 $y = 0.72x + 0.275$，试用图解法求该塔的理论板数。

分析： 此题是依所给条件按图解法求该塔理论塔板数。先依物系的平均相对挥发度在 y-x 图上绘出该物系的平衡线，再按精馏段操作线方程求出 x_D 和 $\dfrac{x_D}{R+1}$，结合题目所给条件用图解法求出该塔理论板数。

解： 汽液平衡方程为

$$y = \frac{2.303x}{1+(2.303-1)x} = \frac{2.303x}{1+1.303x}$$

给定一系列 x 值，依上式可计算出与之平衡的 y 值，将计算结果列表如下

x	0	0.1	0.2	0.3	0.4	0.5	0.6	0.7	0.8	0.9	1.0
y	0	0.204	0.365	0.497	0.606	0.697	0.776	0.843	0.902	0.954	1.0

将以上数据绘在 x-y 图上，得到该物系的平衡线，如例 6-3 附图中所示。

由精馏段操作线方程可知

$$\frac{R}{R+1}=0.72 \tag{1}$$

$$\frac{x_\text{D}}{R+1}=0.275 \tag{2}$$

联立以上二式，可得

$$R=2.571 \quad x_\text{D}=0.982$$

用图解法求理论板数，图解过程见本例附图。图解结果为：$N_\text{T}=15$ 层（包括再沸器），进料位置在第 9 层板。

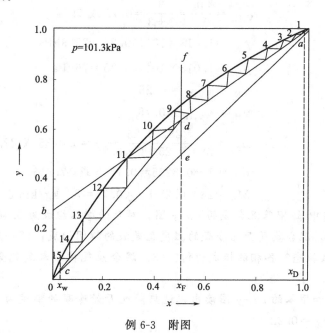

例 6-3 附图

习 题 解 答

6-1 乙醇和水的混合液中，乙醇的质量为 25kg，水的质量为 15kg。试求乙醇在混合液中的质量分数和摩尔分数。

解： 乙醇的质量分数

$$w_{乙醇}=\frac{25}{25+15}=0.625$$

乙醇的摩尔分数

$$x_{乙醇}=\frac{\frac{25}{46}}{\frac{25}{46}+\frac{15}{18}}=0.395$$

6-2 工业用酒精中，含乙醇的质量百分数为 95%，试以摩尔分数表示该酒精中乙醇和水的组成。

解：

$$x_{乙醇}=\frac{\frac{95}{46}}{\frac{95}{46}+\frac{5}{18}}=0.881$$

$$x_{水}=1-0.881=0.119$$

6-3 生产合成氨的原料氮、氢混合气体中，两组分体积之比为 $V(N_2):V(H_2)=1:3$。氮、氢混合气体可视为理想气体。试求：（1）氮与氢的体积百分数；（2）混合气体为 1.013×10^5Pa 总压时，氮和氢的分压；（3）以摩尔分数表示该混合气体中氮与氢的组成；（4）以质量百分数表示该混合气体中氮与氢的组成；（5）混合气体的摩尔质量。

解：（1）
$$y_{V,N_2}=\frac{V_{N_2}}{V}=\frac{1}{1+3}=0.25 \text{ 或 } 25\%$$

$$y_{V,H_2}=\frac{V_{H_2}}{V}=\frac{3}{1+3}=0.75 \text{ 或 } 75\%$$

（2）
$$p_{N_2}=1.013\times10^5\times0.25=25.3\text{kPa}$$

$$p_{H_2}=1.013\times10^5\times0.75=76\text{kPa}$$

（3）
$$y_{N_2}=y_{V,N_2}=0.25$$

$$y_{H_2}=y_{V,H_2}=0.75$$

（4）
$$w_{N_2}=\frac{28\times0.25}{28\times0.25+2\times0.75}=0.8235 \text{ 或 } 82.4\%$$

$$w_{H_2}=1-0.8235=0.1765 \text{ 或 } 17.6\%$$

（5）
$$M_m=28\times0.25+2\times0.75=8.5\text{kg/kmol}$$

6-4 试根据书中苯-甲苯混合液的 t-x-y 图，对苯的摩尔组成为 0.40 的苯和甲苯混合蒸气求以下各项：（1）混合蒸气开始冷凝的温度及凝液的瞬间组成；（2）若将混合蒸气冷却到 100℃时，将成什么状态？各相的组成为何？（3）混合蒸气被冷却到能全部冷凝成为饱和液体时的温度？

解：（1）由苯和甲苯的 t-x-y 图读出，过热蒸气开始冷凝的温度为 102℃，凝液的瞬间组成为 0.22，即 $x_{苯}=0.22$

（2）若将此混合蒸汽冷凝冷却到 100℃，由 t-x-y 图可知，该物系处于气、液两相并存的平衡状态。此时的液相组成 $x_{苯}=0.256$，气相组成为 $y_{苯}=0.453$

（3）混合蒸气被冷却到 95℃时，才会全部冷凝成饱和液体。

6-5 在 101.3kPa 下甲醇与-水的平衡数据如下表：

温度 t/℃	液相中甲醇的摩尔分数/%	气相中甲醇的摩尔分数/%	温度 t/℃	液相中甲醇的摩尔分数/%	气相中甲醇的摩尔分数/%
100.0	0.0	0.0	75.3	40.0	72.9
96.4	2.0	13.4	73.1	50.0	77.9
93.5	4.0	23.4	71.2	60.0	82.5
91.2	6.0	30.4	69.3	70.0	87.0
89.3	8.0	36.5	67.6	80.0	91.5
87.7	10.0	41.8	66.0	90.0	95.8
84.4	15.0	51.7	65.0	95.0	97.9
81.7	20.0	57.9	64.5	100.0	100.0
78.0	30.0	66.5			

试根据上表中的数据作 101.3kPa 下甲醇-水的 t-x-y 图和 x-y 图。

解：（1）依总压 $p=101.3$kPa 下甲醇和水混合液的平衡数据，绘出甲醇-水的 t-x-y 图

（2）依总压 $p=101.3$kPa 下甲醇和水混合液的平衡数据，绘出甲醇-水的 x-y 图。

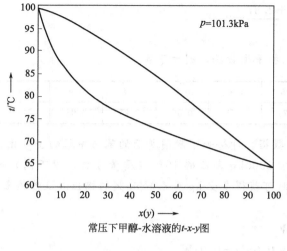

常压下甲醇-水溶液的 t-x-y 图

习题 6-5 附图 1

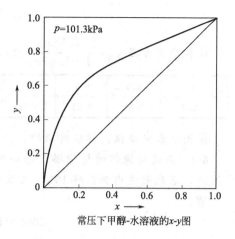

常压下甲醇-水溶液的 x-y 图

习题 6-5 附图 2

6-6 试根据书中例 6-4 附表 1 的数据计算：(1) 苯和甲苯在各温度下的相对挥发度；(2) 根据最低与最高温度的数据，计算苯对甲苯相对挥发度的平均值 α_m，并依相平衡方程，作此物系的 x-y 图。

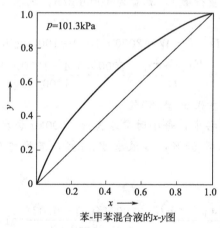

苯-甲苯混合液的 x-y 图

习题 6-6 附图

解： 书中例 6-4 附表 1 的数据为

温度/℃	80.1	85	90	95	100	105	110.6
p_A°/kPa	101.3	116.9	135.5	155.7	179.2	204.2	240.0
p_B°/kPa	40.0	46.0	54.0	63.3	74.5	86.0	101.3

(1) 80.1℃ 时 $p_A^\circ = 101.3 \text{kPa}$，$p_B^\circ = 40 \text{kPa}$

则 $\alpha = \dfrac{101.3}{40} = 2.53$

同法，苯和甲苯在各温度下的相对挥发度计算出，列表如下

温度/℃	81.1	85	90	95	100	105	110.6
相对挥发度 α	2.53	2.54	2.51	2.46	2.41	2.37	2.37

(2) 在最低与最高温度下，苯与甲苯的平均相对挥发度 α_m 为

$$\alpha_m = \frac{2.53 + 2.37}{2} = 2.45$$

依相平衡方程 $y_A = \dfrac{2.45 x_A}{1 + 1.45 x_A}$ 求得汽液相平衡数据，列于下表

x_A	0.1	0.2	0.3	0.4	0.5	0.6	0.7	0.8	0.9	1.0
y_A	0.21	0.38	0.51	0.62	0.71	0.79	0.85	0.91	0.96	1.0

根据上表中数值，标绘对应的 x_A；y_A 数据，即得如下附图所示的苯与甲苯的 x-y 图。

6-7 某连续操作的精馏塔，每小时蒸馏 5000kg 含乙醇 15%（质量分数，以下同）的水溶液，塔底残液内含乙醇 1%，试求每小时可获得多少 kg 含乙醇 95% 的馏出液及残液量。

解：

$$\begin{cases} 5000 = D + W \\ 5000 \times 0.15 = 0.05D + 0.01W \end{cases}$$

解得
$$D = 745 \text{kg/h}$$
$$W = 4255 \text{kg/h}$$

6-8 某精馏塔的进料成分为丙烯 40%，丙烷 60%，进料为 2000kg/h。塔底产品中丙烯含量为 20%（以上均为质量分数），流量为 1000kg/h。试求塔顶产品的产量及组成。

解：

$$D = F - W = 2000 - 1000 = 1000 \text{kg/h}$$

$$x_D = \frac{Fx_F - Wx_W}{D} = \frac{2000 \times 0.4 - 1000 \times 0.2}{1000}$$

$$= 0.60 \text{ 或 } 60\%$$

6-9 在连续操作的精馏塔中，每小时要求蒸馏 2000kg 含水 90%（质量分数，以下同）的乙醇水溶液。馏出液含乙醇 95%，残液含水 98%，若操作回流比为 3.5，问回流量为多少？

解：

$$D = \frac{F(x_F - x_W)}{x_D - x_W} = \frac{2000 \times (0.1 - 0.02)}{0.95 - 0.02} = 172 \text{kg/h}$$

由 $D = \dfrac{L}{D}$ 得

$$L = DR = 172 \times 3.5 = 602 \text{kg/h}$$

6-10 将含 24%（摩尔分数，以下同）易挥发组分的某混合液送入连续操作的精馏塔，要求馏出液中含 95% 的易挥发组分，残液中含 3% 易挥发组分。塔顶每小时送入全凝器 850kmol 蒸气，而每小时从冷凝器流入精馏塔的回流量为 670kmol。试求每小时能抽出多少 kmol 残液量？回流比为多少？

解：

$$D = V - L = 850 - 670 = 180 \text{kmol/h}$$

又
$$\begin{cases} F = 180 + W \\ W = \dfrac{F(0.95 - 0.24)}{0.95 - 0.03} \end{cases}$$

联立方程式组得

$$F = 788.6 \text{kmol/h}$$
$$W = 608.6 \text{kmol/h}$$

又
$$R = \frac{L}{D} = \frac{670}{180} = 3.72$$

6-11 用某精馏塔分离丙酮-正丁醇混合液。料液含30%丙酮,馏出液含95%(以上均为质量分数)的丙酮,加料量为1000kg/h,馏出液量为300kg/h,进料为沸点状态。回流比为2。求精馏段操作线方程和提馏段操作线方程。

解:将质量分率换算成摩尔分率

$$x_F = \frac{\frac{30}{58}}{\frac{30}{58} + \frac{70}{74}} = 0.354$$

$$x_D = \frac{\frac{95}{58}}{\frac{95}{58} + \frac{5}{74}} = 0.96$$

$$M_{m,F} = 0.354 \times 58 + 0.646 \times 74 = 68.34 \text{kg/kmol}$$

$$F = \frac{1000}{68.34} = 14.63 \text{kmol/h}$$

$$M_{m,D} = 0.96 \times 58 + 0.04 \times 74 = 58.64 \text{kg/kmol}$$

$$D = \frac{300}{58.64} = 5.12 \text{kmol/h}$$

$$W = F - D = 14.63 - 5.12 = 9.51 \text{kmol/h}$$

(1) 精馏段操作线方程为

$$y_{n+1} = \frac{R}{R+1} x_n + \frac{1}{R+1} x_D$$
$$= \frac{2}{2+1} x_n + \frac{1}{2+1} \times 0.96$$
$$= 0.67 x_n + 0.32$$

(2) 提馏段操作线方程为

$$y'_{m+1} = \frac{L'}{L'+W} x'_m - \frac{W}{L'-W} x_W$$

式中 $L' = L + qF = DR + 1 \times F = 5.12 \times 2 + 1 \times 14.63 = 24.87$

又由 $Fx_F = Dx_D + Wx_W$ 求 x_W 得

$$14.63 \times 0.354 = 5.12 \times 0.96 + 9.51 x_W$$
$$x_W = 0.028$$

则
$$y'_{m+1} = \frac{24.87}{24.87 - 9.51} x'_m - \frac{9.51}{24.87 - 9.51} \times 0.028$$
$$= 1.62 x'_m - 0.017$$

6-12 连续精馏塔的操作线方程如下:

精馏段 $\quad y = 0.75x + 0.205$

提馏段 $\quad y = 1.25x - 0.02$

试求泡点进料时,原料液、馏出液、釜液组成及回流比。

解：由精馏段操作线方程知

$$\frac{R}{R+1}=0.75 \quad \text{解得 } R=3$$

$$\frac{x_D}{R+1}=0.205 \quad \text{解得 } x_D=0.82$$

联立两操作线方程

$$\begin{cases} y=0.75x+0.205 \\ y=1.25x-0.02 \end{cases}$$

解得
$$x_F=0.45$$

联立提馏段操作线方程和对角线方程得

$$\begin{cases} y=1.25x-0.02 \\ y=x \end{cases}$$

解得
$$x_W=0.08$$

6-13 欲设计一连续操作的精馏塔，在常压下分离含苯与甲苯各50%的料液。要求馏出液中含苯96%，残液中含苯不高于5%（以上均为摩尔百分数）。泡点进料，操作时所用回流比为3，物系的平均相对挥发度为2.5。试用逐板计算法求所需的理论板层数与加料板位置。

解：苯-甲苯气液平衡方程为

$$y=\frac{2.5x}{1+(2.5-1)x}=\frac{2.5x}{1+1.5x}$$

精馏线操作线方程为

$$\begin{aligned} y_{n+1} &= \frac{R}{R+1}x_n + \frac{1}{R+1}x_D \\ &= \frac{3}{3+1}x_n + \frac{x_D}{3+1} \\ &= 0.75x_n + 0.25 \times 0.96 \\ &= 0.75x_n + 0.24 \end{aligned}$$

提馏段操作线方程为

$$\begin{aligned} y'_{m+1} &= \frac{L'}{L'-W}x'_m - \frac{W}{L'-W}x_W \\ &= \frac{L+qF}{L+qF-W}x'_m - \frac{W}{L+qF-W}x_W \end{aligned}$$

式中：$q=1 \quad L=DR$

基准 100kmol/h

$$\begin{cases} 100=D+W \\ 100\times 0.5=D\times 0.96+W\times 0.05 \end{cases}$$

解得
$$D=49.45\text{kmol/h}$$
$$W=50.55\text{kmol/h}$$
$$L'=L+qF=DR+qF=49.45\times 3+1\times 100=248.35\text{kmol/h}$$

所以
$$y'_{m+1}=\frac{248.35}{248.35-50.55}x'_m-\frac{50.55}{248.35-50.55}\times 0.05$$

$$= 1.26x'_m - 0.0128$$

逐板法计算理论板数

设全部冷凝
$$y_1 = x_D = 0.96$$

用平衡线方程
$$x_1 = \frac{y_1}{2.5 - 1.5y_1} = \frac{0.96}{2.5 - 1.5 \times 0.96} = 0.9056$$

用精馏段操作线方程
$$y_2 = 0.75x_1 + 0.24 = 0.75 \times 0.9056 + 0.24 = 0.9192$$

第二层塔板下降的液体组成仍用平衡线方程式求出。如此计算下去
$x_D = y_1 \rightarrow x_1 \rightarrow y_2 \rightarrow x_2 \rightarrow y_3$ 当 $x_{n+1} \leqslant x_F < x_n$ 为止。计算结果如下

$$y_1 = 0.9600 \quad x_1 = 0.9056$$
$$y_2 = 0.9192 \quad x_2 = 0.8198$$
$$y_3 = 0.8549 \quad x_3 = 0.7121$$
$$y_4 = 0.7666 \quad x_4 = 0.5618$$
$$y_5 = 0.6659 \quad x_5 = 0.4436$$

因第 5 层板上液相组成，已小于进料液组成（$x_F = 0.5$），故让此板为加料板。即第 5 层为加料板。

今取第 5 层理论板上的液相为 x'_5，令 $x'_5 = x_5 = 0.4436$ 交替使用相平衡方程和提馏段操作线方程计算提馏段各板的组成 y'_{m+1} 与 x'_m 计算结果如下

$$y'_{m+1} = 1.26x'_m - 0.0128, \quad x'_m = \frac{y'_m}{2.5 - 1.5y'_m}$$

$$y'_6 = 0.559 \quad x'_6 = 0.336$$
$$y'_7 = 0.210 \quad x'_7 = 0.218$$
$$y'_8 = 0.262 \quad x'_8 = 0.124$$
$$y'_9 = 0.143 \quad x'_9 = 0.062$$
$$y'_{10} = 0.065 \quad x'_{10} = 0.027$$
$$x'_{10} < x_W = 0.05$$

计算理论板数结果

总理论板层数为 10 层（包括再沸器）其中精馏段为 4 层，提馏段为 5 层，第 5 层为加料板。

6-14 在常压下欲用连续操作精馏塔将含甲醇 35%、含水 65% 的混合液分离，以得到含甲醇 95% 的馏出液与含甲醇 4% 的残液（以上均为摩尔百分数）。操作回流比为 1.5，进料温度为 20℃。试用图解法求理论板层数。

解： 精馏段操作线在 y 轴上的截距为
$$\frac{x_D}{R+1} = \frac{0.95}{1.5+1} = 0.38$$

原料液平均分子量 M_m
$$M_m = 32 \times 0.35 + 18 \times 0.65 = 22.9 \text{kg/kmol}$$

进料温度 $t_F = 20℃$，沸点 $t_沸 = 78℃$

原料液的比热，查教材附录并计算
$$c_{原料} = 2.45 \times 0.35 + 4.187 \times 0.65 = 3.577 \text{kJ/kg℃} = 81.92 \text{kJ/(kmol·℃)}$$

原料液汽化潜热

$$r_{原料} = 1150 \times 0.35 \times 32 + 2450 \times 0.65 \times 18 = 41545 \text{kJ/kmol}$$

$$q = \frac{c_{原料} \Delta t + r_{原料}}{r_{原料}} = \frac{81.92 \times (78-20) + 41545}{41545} = 1.114$$

q 线的斜率

$$\frac{q}{q-1} = \frac{1.114}{1.114-1} = 9.7$$

依 $x_D = 0.95$，$x_W = 0.04$，$x_F = 0.35$，$\frac{x_D}{R+1} = 0.38$ 及 q 线的斜率 9.7，作出精馏段，提馏段操作线，如附图所示。在操作线与平衡线之间，由 a 点开始画阶梯，由图可知阶梯数为 7，即理论板为 7 层（包括塔釜）。精馏段为 4 层；提馏段为 2 层；进料在第 5 层板。

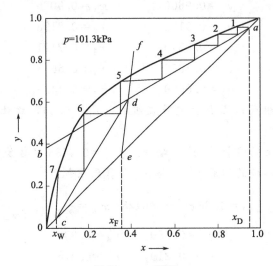

习题 6-14 附图

6-15 设题 6-14 所述的精馏塔的总板效率为 65%，试确定其实际板数。

解： $E_T = 0.65 = 65\%$　$N_T = 7$ 层（包括塔釜）

则

$$N_P = \frac{N_T}{E_T} = \frac{6}{0.65} = 9.23 \text{ 取 } 10 \text{ 层（不包括塔釜）}$$

6-16 常压下把含甲醇 0.4（摩尔分数）的水溶液在有 8 块板的精馏塔中进行连续精馏。塔顶馏出液、塔釜残液中甲醇的组成分别为 0.93、0.01（摩尔分数）。若回流比为 2，原料液在沸点时进料。求总塔板效率。

解： 首先用图解法求理论塔板数：

(1) 在 x-y 图上作出甲醇-水的平衡线及对角线

(2) 在对角线上定点 $a(x_D = 0.93, y_D = 0.93)$，点 $e(x_F = 0.4, y_F = 0.4)$，和点 $c(x_W = 0.01, y_W = 0.01)$

(3) 依精馏段操作线截距 $= \frac{x_D}{2+1} = 0.31$，在 y 轴上定出点 b，连 a、b 两点间的直线，

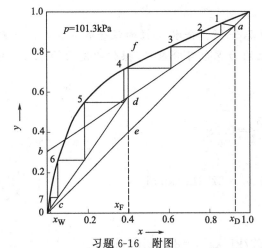

习题 6-16 附图

即得精馏段操作线,如图所示。

(4) 绘 q 线:因沸点进料,q 线为通过点 e 向上作垂线,如图中 ef 线。

(5) 绘提馏段操作线:将 q 线与精馏段操作线之交点 d 与点 c 相连即得,如图中所示。

(6) 绘梯级:自附图中点 a 开始,在平衡线与精馏段操作线之间绘梯级,跨过 d 点后改在平衡线与提馏操作线之间绘梯级,直到跨过 c 点为止。由图中得知塔板数为 7 块(包括釜)

总塔板效率

$$E_T = \frac{N_T}{N_p} = \frac{7-1}{8} \times 100\% = 75\%$$

6-17 含苯 44% 及甲苯 56% 的混合液,于常压下进行精馏,要求塔顶馏出液含苯 97.4%,釜液含甲苯 97.6%(均为摩尔百分数)。求此混合液在:(1) 泡点下的最小回流比;(2) 20℃冷液下的最小回流比。

解:

$$R_{min} = \frac{x_D - y_q}{y_q - x_q}$$

(1) 泡点进料

由本题附图查出 q 线与平衡线的交点坐标为:

$$x_q = x_F = 0.44 \text{ 及 } y_q = 0.658$$

则

$$R_{min} = \frac{0.974 - 0.658}{0.658 - 0.44} = 1.45$$

(2) 20℃进料

由教材下册例 6-10 得知,若进料温度为 20℃的冷液体,则 $q = 1.36$,$\frac{q}{q-1} = 3.78$。过 e 点作斜率为 3.78 的直线,即得 q 线。依 q 线与平衡线交点坐标查知:$x'_q = 0.521$,$y'_q = 0.73$

则

$$R_{min} = \frac{0.974 - 0.73}{0.73 - 0.521} = 1.17$$

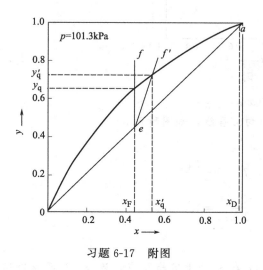

习题 6-17 附图

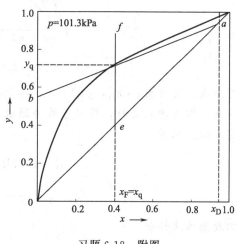

习题 6-18 附图

6-18 今欲在连续精馏塔中将甲醇 40% 与水 60% 的混合液在常压下加以分离,以得到含甲醇 95%(均为摩尔百分数)的馏出液。进料温度为泡点温度。若取回流比为最小回流比的 1.5 倍，试求实际回流比 R。

解：绘出甲醇-水的 x-y 图

泡点进料 $q=1$，q 线为过 e 点 $(0.4, 0.4)$ 的垂直于 x 轴的直线。

q 线与平衡线的交点坐标为

$$x_q = x_F = 0.4, \quad y_q = 0.72$$

最小回流比下，精馏段操作线的斜率为

$$\frac{R_{\min}}{R_{\min}+1} = \frac{y_D - y_q}{x_D - x_q} = \frac{0.95 - 0.72}{0.95 - 0.4}$$

$$R_{\min} = 0.72$$

实际回流比

$$R = 1.5 \times 0.72 = 1.08$$

6-19 某连续操作的精馏塔在 101.3kPa 下，分离甲醇-水混合液。原料中含甲醇 31.5%，泡点进料。要求馏出液中甲醇含量为 95%，残液中甲醇含量为 4%（以上均为摩尔百分数）。假设操作回流比为最小回流比的 1.77 倍。试以图解法求该塔的理论塔板层数及加料板位置。

解：在 x-y 图上作出甲醇-水的平衡线及对角线，如本题附图

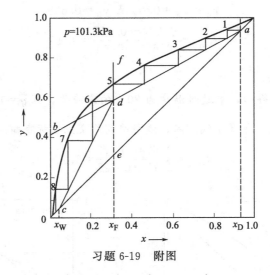

习题 6-19 附图

在对角线上定出点 $a(x_D, y_D)$、$e(x_F, y_F)$、$c(x_W, y_W)$

绘 q 线：因为泡点进料，所以 q 线为通过 e 点的向上垂线，如图所示 ef

求实际回流比 R

$$R = 1.77 R_{\min} = 1.77 \frac{x_D - y_q}{y_q - x_q}$$

$$= 1.77 \times \frac{0.95 - 0.68}{0.68 - 0.315} = 1.31$$

精馏段操作线绘制

依精馏段操作线截距 $\dfrac{x_D}{R+1} = \dfrac{0.95}{1.31+1} = 0.412$ 在 y 轴上定出 b 点，连 a、b 两点即得，且与 q 线交于 d 点。

绘制提馏段操作线

连图中 d、c 两点即得提馏段操作线。
在本题附图中，用图解法绘梯级得

$$\text{理论塔板数 } N_T = 8 \text{ 层（包括釜）}$$

其中精馏段为 5 层，提馏段为 3 层（包括釜），加料板为从上向下数第 6 层。

6-20 在常压连续精馏塔内分离苯和甲苯的混合液，原料中苯的摩尔分数为 0.5（以下同），馏出液浓度不低于 0.96，釜液浓度不高于 0.02。若采取泡点进料，且取回流比为最小回流比的 1.5 倍。混合液服从拉乌尔定律。全塔平均相对挥发度为 2.49。试用图解法求理论板数。

解： 在 x-y 图上作苯-甲苯的平衡线及对角线，如附图

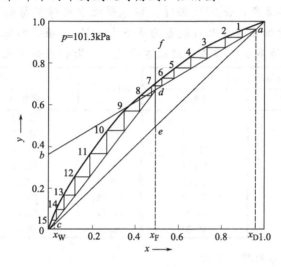

习题 6-20 附图

泡点进料，q 线与平衡线交点坐标为

$$x_q = x_F = 0.5 \qquad y_q = 0.713$$

最小回流比为

$$R_{\min} = \frac{x_D - y_q}{y_q - x_q} = \frac{0.96 - 0.713}{0.713 - 0.5} = 1.16$$

回流比

$$R = 1.5 R_{\min} = 1.5 \times 1.16 = 1.74$$

精馏段操作线的截距

$$\frac{x_D}{R+1} = \frac{0.96}{1.74 + 1} = 0.35$$

在图中作出精馏段操作线与提馏段操作线后，在平衡线与操作线之间画梯级，得 $N_T = 15$ 块塔板（包括釜）。

6-21 在常压连续精馏塔中，每小时将 182kmol 含乙醇摩尔分数（以下同）为 0.144 的乙醇水溶液进行分离。要求塔顶产品中乙醇浓度不低于 0.86，釜中乙醇浓度不高于 0.012。进料为冷料，其 q 值为 1.135。回流比为 4。再沸器内采用 160kPa 水蒸气加热。釜液浓度很低，其物理性质可认为与水相同。试求每小时水蒸气消耗量。

解：

$$\begin{cases} 182 = D + W \\ 182 \times 0.144 = D \times 0.86 + W \times 0.012 \end{cases}$$

解得

$$D = 28.3 \text{kmol/h}$$

又

$$V = D(R+1) = 28.3 \times (4+1) = 141.5 \text{kmol/h}$$

$$V' = V + (q-1)F = 141.5 + (1.135-1) \times 182 = 166 \text{kmol/h}$$

由于釜液可视为水，水在常压时汽化潜热为 2258.4kJ/kg（查附录），每小时使釜液汽化所需热量

$$18 \times 166 \times 2258.4 = 6750000 \text{kJ/h}$$

加热蒸气消耗量

查附录 160kPa 饱和水蒸气的汽化热为 2224.2kJ/kg

$$W_h = \frac{6750000}{2224.2} = 3034 \text{kg/h}$$

6-22 用某常压精馏塔分离酒精水溶液，其中含 30% 酒精，70% 的水。每小时饱和液体进料量为 4000kg。塔顶产品含 91% 酒精，塔底残液中酒精不得超过 0.5%（以上均为质量百分数）。试求每小时馏出液量及残液量为多少 kmol？当操作回流比为 2，总塔板效率为 70% 时，求实际塔板数为多少？常压下酒精水溶液的平衡数据如下表：

温度 $t/℃$	酒精摩尔百分数		温度 $t/℃$	酒精摩尔百分数	
	液相中	气相中		液相中	气相中
100.0	0.00	0.00	81.5	32.73	58.26
95.5	1.90	17.00	80.7	39.65	61.22
89.0	7.21	38.91	79.8	50.79	65.64
86.7	9.66	43.75	79.7	51.98	65.99
85.3	12.38	47.04	79.3	57.32	68.41
84.1	16.61	50.89	78.74	67.63	73.85
82.7	23.37	54.45	78.41	74.72	78.15
82.3	26.08	55.80	78.15	89.43	89.43

解： 将质量分数换算为摩尔分数

$$x_F = \frac{\frac{30}{46}}{\frac{30}{46} + \frac{70}{18}} = 0.143 \qquad x_D = \frac{\frac{91}{46}}{\frac{91}{46} + \frac{9}{18}} = 0.798$$

$$x_W = \frac{\frac{0.5}{46}}{\frac{0.5}{46} + \frac{99.5}{18}} = 0.002$$

$$M_{m,F} = 0.143 \times 46 + 0.857 \times 18 = 22 \text{kg/kmol}$$

$$F = \frac{4000}{22} = 182 \text{kmol/h}$$

由 $\begin{cases} 182 = D + W \\ 182 \times 0.143 = D \times 0.798 + W \times 0.002 \end{cases}$ 式联立解出

$$D = 32.1 \text{kmol/h}$$
$$W = 149.9 \text{kmol/h}$$

精馏段操作线的截距为 $\dfrac{0.798}{2+1} = 0.266$

泡点进料 $q = 1$

依上述条件绘出相平衡 x-y 图，精馏段操作线与提馏段操作线。在平衡线与操作线之间画出梯级，如本题附图所示。

该塔理论板为12层（包括釜）

$$N_p = \frac{N_T}{E_T} = \frac{12-1}{0.7} = 15.7 \text{ 层板(不包括釜)取为 16 层。}$$

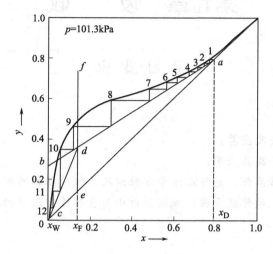

习题 6-22 附图

第七章 吸 收

学 习 要 求

一、掌握的内容

1. 相组成的表示方法及换算；
2. 吸收的相平衡关系及其应用；
3. 吸收机理，总传质系数、总传质速率方程以及总传质阻力的概念；
4. 吸收的物料衡算，操作线方程，吸收剂最小用量和适宜用量的确定，填料塔直径和填料层高度的计算。

二、了解的内容

1. 吸收剂的选择；
2. 各种形式的传质速率方程；
3. 吸收装置的结构和特点。

学 习 要 点

一、基本概念

（1）吸收　气体吸收是利用气体混合物中各组分在液相溶剂中溶解度的差异，分离气体混合物的操作。

（2）其他概念　吸收质（或溶质）、惰性气体（或载体）、吸收剂（或溶剂）、溶液（或吸收液）、吸收尾气。

（3）吸收操作　吸收过程是在吸收塔中进行的。吸收剂自塔顶上部喷淋而下，由塔底部排出溶液；混合气体由塔底部进入，由塔顶部排出吸收后的尾气。气、液两相在塔内进行逆流接触的过程中，混合气体中的吸收质转移到吸收剂中，达到了从混合气体中分离出某种组分的目的。

二、吸收在化工生产中的应用

（1）分离混合气体以获得一个或几个组分。
（2）除去有害组分以净化气体。
（3）制取成品。
（4）废气处理。

三、气体吸收的分类

物理吸收和化学吸收；单组分吸收和多组分吸收；等温吸收和非等温吸收。

第一节 吸收的气液相平衡

一、相组成的表示方法

1. 质量比

(1) 概念 混合物中某两个组分的质量之比，用 X_W（液相）或 Y_W（气相）表示。

(2) 表达式（设混合物由 A、B 两组分组成）

$$X_{W,A}(Y_{W,A}) = \frac{m_A}{m_B} = \frac{w_A}{w_B} = \frac{w_A}{1-w_A} \tag{7-1}$$

2. 摩尔比

(1) 概念 混合物中某两个组分的物质的量之比，用 X（液相）或 Y（气相）表示。

(2) 表达式（设混合物由 A、B 两组分组成）

$$X_A = \frac{n_A}{n_B} = \frac{x_A}{x_B} = \frac{x_A}{1-x_A} \tag{7-2}$$

$$Y_A = \frac{n_A}{n_B} = \frac{y_A}{y_B} = \frac{y_A}{1-y_A} \tag{7-3}$$

3. 质量比与摩尔比之间的关系

$$X_{W,A}(\text{或}Y_{W,A}) = X_A \frac{M_A}{M_B} \tag{7-4}$$

二、气体在液体中的溶解度

(1) 溶解度 在一定温度和压强下，溶解达平衡时液相中溶质气体的浓度，称为该气体在液体中的溶解度。溶解度表明在一定条件下吸收过程可能达到的极限程度。

(2) 溶解度曲线 表明在一定的温度下，溶解度与其气相平衡分压之间关系的曲线称为溶解度曲线，亦即相平衡曲线。

(3) 由溶解度曲线所显示的规律

① 在同一溶剂（水）中，不同气体的溶解度有很大差异。一般可将气体大致分为易溶气体，难溶气体和中等溶解度的气体。正是由于各种气体在同一溶剂中的溶解度不同，才有可能用吸收将气体混合物分离。

② 同一溶质在相同的温度下，随着气体分压的提高，溶解度增大。所以增加压强对吸收有利。

③ 同一溶质在相同的气相分压下，溶解度随温度降低而加大。所以降低温度对吸收有利。

三、亨利定律

(1) 亨利定律 稀溶液上方气体溶质的平衡分压与该溶质在液相中的摩尔分数成正比，表达式为

$$p^* = Ex \tag{7-5}$$

式中，E 称为亨利系数，其值随物系的性质及温度而异。在同一溶剂中，难溶气体 E

值很大，易溶气体的 E 值很小，一般 E 值随温度的升高而增大。

亨利定律的不同表达式形式：

$$p^* = \frac{c}{H} \tag{7-6}$$

$$y^* = mx \tag{7-7}$$

$$Y^* = \frac{mX}{1+(1-m)X} \tag{7-8}$$

溶液浓度很低时
$$Y^* = mX \tag{7-9}$$

利用亨利定律即可根据液相组成计算平衡的气相组成，同样也可根据气相组成计算平衡的液相组成。

(2) 吸收平衡线　将 Y^* 与 X 的关系标绘在 X-Y 图上，得到一条通过原点的曲线，称气液相平衡线或吸收平衡线。当溶液浓度很低时，是一条通过原点的直线，其斜率为 m。

四、吸收剂的选择

选择吸收剂时应注意以下几方面问题：
(1) 吸收剂必须有良好的选择性。
(2) 挥发度要小。
(3) 无毒、无腐蚀性、不易燃、不发泡、价廉易得和具有化学稳定性等。

第二节　吸收过程的机理与吸收速率

一、传质的基本方式

物质有两种基本扩散方式：分子扩散及涡流扩散，而实际传质过程中多为对流扩散。
(1) 分子扩散　由流体分子的无规则热运动而引起的物质传递现象。发生在静止流体或滞流流体中相邻流体层间的传质。
(2) 涡流扩散　凭藉流体质点的湍动和漩涡来传递物质的现象。
(3) 对流扩散　涡流扩散与分子扩散这两种传质作用的总称。

二、吸收过程的机理——双膜理论

1. 基本论点

(1) 在气、液两流体相接触处，有一稳定的相界面。相界面两侧分别存在气膜和液膜。膜内流体呈滞流流动，分子以扩散方式通过两膜层。
(2) 两膜以外流体呈湍流流动，浓度分布均匀，传质阻力主要集中在两膜内。
(3) 相界面处，吸收质气、液两相浓度达到平衡，无传质阻力。

2. 溶质从气相到液相的传质过程

① 溶质从气相主体传递到两相界面；
② 溶质在相界面上溶解；
③ 溶质自相界面传递到液相主体。

三、吸收速率方程

(1) 吸收速率　指每单位相际传质面积上，单位时间内吸收的溶质量，单位为 kmol/(m²·s)。

(2) 吸收速率方程的一般表达式

$$\text{吸收速率}=(\text{吸收系数})\times(\text{吸收推动力})=\frac{\text{吸收推动力}}{\text{吸收阻力}}$$

(3) 吸收速率方程式的形式　吸收速率方程有多种形式，使用时应注意吸收系数与推动力的对应关系。

① 气膜吸收速率方程

$$N_A = k_G(p-p_i) = \frac{p-p_i}{\dfrac{1}{k_G}} \tag{7-10}$$

② 液膜吸收速率方程

$$N_A = k_L(c_i-c) = \frac{c_i-c}{\dfrac{1}{k_L}} \tag{7-11}$$

③ 用总推动力表示的吸收速率方程

$$N_A = K_G(p-p^*) = \frac{p-p^*}{\dfrac{1}{k_G}} \tag{7-12}$$

$$N_A = K_L(c^*-c) = \frac{c^*-c}{\dfrac{1}{k_L}} \tag{7-13}$$

$$N_A = K_Y(Y-Y^*) = \frac{Y-Y^*}{\dfrac{1}{K_Y}} \tag{7-14}$$

$$N_A = K_X(X^*-X) = \frac{X^*-X}{\dfrac{1}{K_X}} \tag{7-15}$$

④ 吸收总阻力与吸收分阻力的关系

$$\frac{1}{K_G} = \frac{1}{Hk_L} + \frac{1}{k_G} \tag{7-16}$$

对易溶气体，H 很大，故

$$\frac{1}{K_G} \approx \frac{1}{k_G} \text{ 或 } K_G \approx k_G$$

上式表明：易溶气体吸收过程的总阻力集中在气膜内，称"气膜控制"。要提高吸收速率，应注意减小气膜阻力。

$$\frac{1}{K_L} = \frac{H}{k_G} + \frac{1}{k_L} \tag{7-17}$$

对难溶气体，H 很小，故

$$\frac{1}{K_L} \approx \frac{1}{k_L} \text{ 或 } K_L \approx k_L$$

上式表明：难溶气体吸收过程的总阻力集中在液膜内，称"液膜控制"。要提高吸收速率，应注意减小液膜阻力。

对于具有中等溶解度的气体吸收过程，气膜阻力与液膜阻力均不可忽略。要提高吸收速率，必须兼顾气、液两膜阻力的降低。

⑤ 吸收总系数之间的关系

$$K_Y \approx K_G p \tag{7-18}$$

$$K_X \approx K_L c_{总} \tag{7-19}$$

第三节 吸收塔的计算

一、吸收塔的物料衡算与操作线方程

1. 全塔物料衡算

(1) 物料衡算式

$$VY_1 + LX_2 = VY_2 + LX_1$$

或

$$V(Y_1 - Y_2) = L(X_1 - X_2) \tag{7-20}$$

(2) 物料衡算式的应用　已知 V、L、X_1、X_2、Y_1 及 Y_2 中的任何五项，可求其余的一项。

(3) 吸收率 φ　指气相中吸收质被吸收的质量与气相中原有的吸收质质量之比，即

$$\varphi = \frac{V(Y_1 - Y_2)}{VY_1} = \frac{Y_1 - Y_2}{Y_1} = 1 - \frac{Y_2}{Y_1} \tag{7-21}$$

$$Y_2 = Y_1(1 - \varphi) \tag{7-21a}$$

2. 吸收塔的操作线方程与操作线

(1) 吸收操作线方程式

$$Y = \frac{L}{V} X + \left(Y_1 - \frac{L}{V} X_1 \right) \tag{7-22}$$

吸收操作线方程表明塔内任一截面上气相浓度 Y 与液相浓度 X 之间的关系。

(2) 吸收操作线　吸收操作线方程在 X-Y 图上为一条直线，称吸收操作线。直线通过 (X_1, Y_1) 和 (X_2, Y_2) 两点，其斜率为液气比 L/V。吸收过程操作线总是位于平衡线上方，两线相距越远，表示吸收推动力越大，有利于吸收。

二、吸收剂用量的确定

(1) 最小液气比和最小吸收剂用量　在极限情况下，操作线与平衡线相交（有时为相切），此点吸收推动力为零，所需填料层为无限高，对应的液气比即为最小液气比，以 $\left(\dfrac{L}{V}\right)_{\min}$ 表示，相应的吸收剂用量为最小吸收剂用量，以 $L_{\min}$ 表示。

最小液气比及最小吸收剂用量的求法如下：

① 操作线与平衡线相交时

$$\left(\frac{L}{V}\right)_{\min} = \frac{Y_1 - Y_2}{X_1^* - X_2} \tag{7-23}$$

$$L_{\min} = V \frac{Y_1 - Y_2}{X_1^* - X_2} \tag{7-23a}$$

若平衡关系可用 $Y^* = mX$ 表示时，式中 $X_1^* = \dfrac{Y_1}{m}$。

② 操作线与平衡线相切时

$$\left(\frac{L}{V}\right)_{\min} = \frac{Y_1 - Y_2}{X_1' - X_2} \tag{7-24}$$

$$L_{\min} = V \frac{Y_1 - Y_2}{X_1' - X_2} \tag{7-24a}$$

式中，X_1' 由图中读出。

(2) 适宜液气比和适宜吸收剂用量　应通过经济衡算确定，但一般在设计时取经验值，即

$$\frac{L}{V} = (1.1 \sim 2.0)\left(\frac{L}{V}\right)_{\min} \tag{7-25}$$

$$L = (1.1 \sim 2.0) L_{\min} \tag{7-25a}$$

三、塔径的计算

$$D = \sqrt{\frac{4V_S}{\pi u}} \tag{7-26}$$

计算塔径的关键在于确定适宜的空塔气速 u。另外，一般应以塔底的混合气体量为计算依据。

四、填料层高度的计算

1. 基本计算式

$$Z = \frac{V_p}{\Omega} = \frac{F}{a\Omega} \tag{7-27}$$

$$Z = \frac{V}{K_Y a \Omega} \int_{Y_2}^{Y_1} \frac{dY}{Y - Y^*} \tag{7-28}$$

$$Z = \frac{L}{K_X a \Omega} \int_{X_2}^{X_1} \frac{dX}{X^* - X} \tag{7-29}$$

2. 传质单元高度与传质单元数

$$H_{OG} = \frac{V}{K_Y a \Omega} \tag{7-30}$$

$$N_{OG} = \int_{Y_2}^{Y_1} \frac{dY}{Y - Y^*} \tag{7-31}$$

$$H_{OL} = \frac{L}{K_X a \Omega} \tag{7-32}$$

$$N_{OL} = \int_{X_2}^{X_1} \frac{dX}{X^* - X} \tag{7-33}$$

$$Z = H_{OG} N_{OG} \tag{7-34}$$

$$Z = H_{OL} N_{OL} \tag{7-35}$$

3. 传质单元数的求法

(1) 图解积分法　适用于各种平衡关系情况。

(2) 对数平均推动力法　适用于平衡线为直线，或在吸收操作范围内平衡线近似为直线

的情况。

$$N_{OG} = \frac{Y_1 - Y_2}{\Delta Y_m} \tag{7-36}$$

$$N_{OL} = \frac{X_1 - X_2}{\Delta X_m} \tag{7-37}$$

(3) 脱吸因数法　该法与平均推动力法适用条件相同。

$$N_{OG} = \frac{1}{1 - \frac{mV}{L}} \ln\left[\left(1 - \frac{mV}{L}\right)\frac{Y_1 - mX_2}{Y_2 - mX_2} + \frac{mV}{L}\right] \tag{7-38}$$

N_{OG} 也可根据 $\frac{Y_1 - mX_2}{Y_2 - mX_2}$ 由图查得。

4. 用对数平均推动力法计算填料层高度的计算式

$$Z = \frac{V(Y_1 - Y_2)}{K_Y a \Omega \Delta Y_m} \tag{7-39}$$

$$\Delta Y_m = \frac{\Delta Y_1 - \Delta Y_2}{\ln \frac{\Delta Y_1}{\Delta Y_2}} = \frac{(Y_1 - Y_1^*) - (Y_2 - Y_2^*)}{\ln \frac{Y_1 - Y_1^*}{Y_2 - Y_2^*}} \tag{7-40}$$

$$Z = \frac{L(X_1 - X_2)}{K_X a \Omega \Delta X_m} \tag{7-41}$$

$$\Delta X_m = \frac{\Delta X_1 - \Delta X_2}{\ln \frac{\Delta X_1}{\Delta X_2}} = \frac{(X_1^* - X_1) - (X_2^* - X_2)}{\ln \frac{X_1^* - X_1}{X_2^* - X_2}} \tag{7-42}$$

当 $\frac{\Delta Y_1}{\Delta Y_2} < 2$ 或 $\frac{\Delta X_1}{\Delta X_2} < 2$ 时，可用算术平均值代替对数平均推动力。

五、板式吸收塔的塔板层数求法

1. 理论板层数的求法

仍可采用精馏塔确定理论板层数的直角梯级图解法。在吸收操作线与平衡线之间画直角梯级，达到生产规定的指标时，所画的梯级总数，即是所需的理论板层数。

2. 实际塔板层数的确定

$$N = \frac{N_T}{E_T} \tag{7-43}$$

式中，E_T 可由图查得。

第四节　填　料　塔

一、填料塔的构造

1. 塔体

塔体除用金属材料制作外，也可用陶瓷、塑料等非金属材料制作，或在金属壳体内壁衬以橡胶或搪瓷。金属或陶瓷塔体一般为圆柱形，有利于气体和液体的均匀分布，但大型的耐酸石或耐酸砖塔多砌成方形或多角形。

2. 填料

(1) 填料的特性　比表面积、空隙率、填料因子、单位堆积体积内的填料数目。

(2) 填料的类型　拉西环、鲍尔环、阶梯环、弧鞍与矩鞍填料、金属鞍环填料、球形填料、波纹填料的基本构造和特点。

3. 填料支承装置

填料支承装置的作用，要求，常用类型的结构。

4. 液体的分布装置

(1) 塔顶液体分布装置　莲蓬头式喷洒器、盘式分布器、齿槽式分布器的基本构造和适用场合。

(2) 液体再分布器　液体再分布器的作用；截锥式再分布器的结构，适用场合。

二、填料塔的流体力学性能

1. 塔内气、液两相的流动

在逆流操作的填料塔内，液体自上而下沿填料表面呈膜状向下流动，气体通过填料孔隙自下而上与液体逆向接触进行传质，两相组成沿塔高连续变化。流动阻力来自液膜与填料表面及液膜与上升气流之间的摩擦。

在双对数坐标纸上标绘出不同喷淋量下的单位高度填料层的压强降 Δp_f 与空塔气速 u 的实验数据，便得到 Δp_f 与 u 的关系曲线，此曲线表明了压强降、持液量与空塔气速之间的关系。

当无液体喷淋时，Δp_f 与 u 的关系是直线，其斜率约为 1.8。

当有液体喷淋时，Δp_f 与 u 的关系变成折线，气速超过与点 L 相当的数值后，塔内出现载液现象，气速再增加到与点 F 相当的数值后，塔内出现液泛现象。

2. 填料塔的流体力学性能

(1) 填料层的压强降　填料层的压降是确定动力消耗的依据，其计算方法很多，工程设计中应用最广的是埃克特通用关联图。

(2) 泛点气速　泛点气速是填料塔的极限操作条件，实际操作气速要小于泛点气速，泛点气速可由埃克特关联图求得。

三、填料塔设计的几项指标

1. 填料的选择

选择填料尺寸时要考虑塔径。塔径与填料直径（或主要线性尺寸）之比不能太小，一般认为此比值至少要等于 8，以保证塔截面上液体分布均匀。

2. 塔径

填料塔的直径取决于气体的体积流量与适宜的空塔气速，前者由生产条件决定，后者在设计时规定，一般可取泛点气速的 50%～80%，空塔气速与泛点气速的比值称为泛点率。

算出的塔径应按压力容器公称直径进行圆整，还应验算塔内液体的喷淋密度不低于最小喷淋密度。最小喷淋密度可用公式进行计算。

3. 压强降

普通常压塔的压强降 $\Delta p = 147 \sim 490 \text{kPa/m}$ 填料层较为合理；在真空塔中 Δp 在 78Pa/m 填料层以下为宜。

4. 填料层高度

为了避免沿填料层下流时出现壁流趋势,若填料层的总高度与塔径之比超过一定界限时,则填料需分段装填,并在各填料段之间加装液体再分布器。每个填料段的高度 Z_0 与塔径 D 之比 Z_0/D 的上限值与填料的种类有关。一般来讲,每个填料段的高度不应超过 6m。

四、填料塔与板式塔的比较

了解两类塔的主要特点和适用场合。

第五节 脱吸和吸收操作流程

一、脱吸(或解吸)

(1)概念 使溶解于液相中的气体释放出来的操作称为脱吸。脱吸是吸收的逆过程。

(2)目的 回收吸收液中的溶质或使吸收剂再生循环使用。

(3)操作方法 溶液自塔顶引入,在其向下流动过程中与来自塔底的惰性气体或水蒸气逆流接触,溶质气体从液相中解吸出来进入气相从塔顶送出。经解吸后的溶液从塔底引出。如果要求获得较纯净的溶质,需选择适当的载气并对出塔气体作进一步处理。

(4)计算方法 解吸的计算方法在原则上与吸收相同,其差别在于:

① 逆流解吸时塔顶的气、液组成最浓,而塔底最稀。

② 解吸的操作线在平衡线的下方,所以其推动力的表达式与吸收相反。

二、吸收操作流程

1. 吸收设备的布置应考虑的问题

(1)气、液两相的流向 一般吸收操作多采用逆流,以获得最大的传质推动力,减小设备尺寸,还可以提高吸收效率和吸收剂的使用率。如用填料塔时,也可用并流操作,优点是可以防止逆流操作时的纵向搅动现象;提高气速时不受液泛限制。

(2)吸收剂是否需要再循环 当吸收剂喷淋密度很小或塔中需要排除的热量很大时,就需采用吸收剂部分循环,但缺点是不仅减小了过程的平均推动力,还增加了额外的动力消耗,所以非必需时不宜采用。

2. 常见的四种吸收流程

(1)吸收剂不再循环的流程。

(2)吸收剂部分循环流程。

(3)吸收塔串联逆流吸收流程。

(4)吸收与脱吸联合流程。

了解以上流程的操作过程和特点。

第六节 吸 收 系 数

获取吸收系数的途径:

(1)实验测定;

(2) 选用适当的经验公式进行计算。

应用经验式和特征关联式计算时，要注意公式的具体应用条件及使用范围。

例题与解题分析

【例 7-1】 在逆流吸收塔中，用清水吸收混合气体溶质组分 A。吸收塔内操作压强为 106kPa，温度为 30℃，混合气流量为 1300m³/h，组成为 0.03（摩尔分数），吸收率为 95%。若吸收剂用量为最小用量的 1.5 倍，试求进入塔顶的清水用量 L 及吸收液的组成。操作条件下平衡关系为 $Y=0.65X$。

分析： 此题是确定塔顶的清水用量和塔底吸收液的组成。根据生产实践经验认为，一般情况下取收剂用量为最小吸收剂用量的 1.1～2.0 倍是比较适宜的，即 $L=(1.1～2.0)L_{min}$。现题目已给定吸收剂用量为最小用量的 1.5 倍，即求出 L_{min} 后，再乘以 1.5 倍，即得塔顶吸收剂用量。另外塔底吸收液组成，依全塔物料衡算即可求得。

解：（1）清水用量

$$L=1.5L_{min} \quad L_{min}=V\frac{Y_1-Y_2}{\dfrac{Y_1}{m}-X_2}$$

式中

$$V=\frac{1300}{22.4}\times\frac{273}{273+t}\times\frac{p}{101.33}\times(1-y_1)$$

$$=\frac{1300}{22.4}\times\frac{273}{273+30}\times\frac{106}{101.33}\times(1-0.03)$$

$$=53.06\text{kmol/h}$$

$$Y_1=\frac{y_1}{1-y_1}=\frac{0.03}{1-0.03}=0.03093$$

$$Y_2=Y_1(1-\varphi)=0.03093\times(1-0.95)=0.00155$$

$$X_2=0 \quad m=0.65$$

最小吸收剂用量为

$$L_{min}=V\frac{Y_1-Y_2}{\dfrac{Y_1}{m}-X_2}=\frac{53.06\times(0.03093-0.00155)}{\dfrac{0.03093}{0.65}-0}=32.8\text{kmol/h}$$

则清水用量为

$$L=1.5L_{min}=1.5\times32.8=49.2\text{kmol/h}$$

（2）吸收液组成

根据全塔的料衡算式可得

$$X_1=\frac{V(Y_1-Y_2)}{L}+X_2=\frac{53.06\times(0.03093-0.00155)}{49.2}$$

$$=0.0317$$

【例 7-2】 在常压逆流吸收塔中，用纯吸收剂吸收混合气中的溶质组分。进塔气体组成为 4.5%（体积），吸收率为 90%；出塔液相组成为 0.02（摩尔分数），操作条件下相平衡关系为 $Y^*=1.5X$（Y、X 为摩尔比）。试求塔顶、塔底及全塔平均推动力，以摩尔比表示。

分析： 在吸收过程中，若平衡线和操作线均为直线时，则可仿照传热中对数平均温度差推导方法，根据吸收塔塔顶及塔底两个端面上的吸收推动力来计算全塔的平均推动力。此题就是用塔顶气相推动力和塔底气相推动力，来求取全塔气相平均推动力。

解： 全塔气相平均推动力 $\Delta Y_m = \dfrac{\Delta Y_1 - \Delta Y_2}{\ln \dfrac{\Delta Y_1}{\Delta Y_2}}$

式中
$$\Delta Y_1 = Y_1 - Y_1^* = Y_1 - mX_1 = \dfrac{y_1}{1-y_1} - mX_1$$
$$= \dfrac{0.045}{1-0.045} - \dfrac{0.02}{1-0.02} \times 1.5$$
$$= 0.0164$$
$$\Delta Y_2 = Y_2 - Y_2^* = Y_2 - mX_2 = Y_1(1-\varphi_A) - mX_2$$
$$= 0.047 \times (1-0.9) - 0$$
$$= 0.0047$$

得
$$\Delta Y_m = \dfrac{\Delta Y_1 - \Delta Y_2}{\ln \dfrac{\Delta Y_1}{\Delta Y_2}} = \dfrac{0.0164 - 0.0047}{\ln \dfrac{0.0164}{0.0047}} = 0.0094$$

说明： 此题全塔平均推动力也可用液相 ΔX_m 来表示。

【例 7-3】 在逆流操作的填料塔中，用清水吸收焦炉气中氨，氨的浓度为 8g/标准 m^3，混合气处理量为 4500 标准 m^3/h。氨的回收率为 95%，吸收剂用量为最小用量的 1.5 倍。操作压力为 101.33kPa，温度为 30℃，气液平衡关系可表示为 $Y^* = 1.2X$（Y、X 为摩尔比）。气相总体积吸收系数 $K_Y a$ 为 0.06kmol/(m^3·h)，空塔气速为 1.2m/s。试求（1）用水量 L kg/h；（2）塔径和塔高。

分析： 这是一个填料塔计算题。题中要确定用水量、塔径和塔高。用水量的计算可依 $L = 1.5 L_{min}$，在计算塔径时可依 $\sqrt{\dfrac{4V_S}{\pi u}}$ 进行，计算塔高时可依 $Z = H_{OG} N_{OG}$ 进行确定。现分别计算如下。

解：（1）用水量

$$L = 1.5 L_{min} \quad L_{min} = V \dfrac{Y_1 - Y_2}{\dfrac{Y_1}{m} - X_2}$$

式中
$$y_1 = \dfrac{\dfrac{8}{17} \times 1000}{\dfrac{1}{22.4}} = 0.0105$$

$$Y_1 = \dfrac{y_1}{1-y_1} = \dfrac{0.0105}{1-0.0105} = 0.0106$$
$$Y_2 = Y_1(1-\varphi) = 0.0106 \times (1-0.95) = 0.00053$$
$$X_1^* = \dfrac{Y_1}{m} = \dfrac{0.0106}{1.2} = 0.00883$$
$$X_2 = 0$$
$$V = \dfrac{4500}{3600} \times \dfrac{1}{22.4} \times (1-0.0105) = 0.0552 \text{kmol/s}$$

最小吸收剂用量为

$$L_{min} = 0.0552 \times \frac{0.0106 - 0.00053}{0.00883} = 0.063 \text{kmol/s}$$

则清水用量
$$L = 1.5 L_{min} = 1.5 \times 0.063 = 0.0945 \text{kmol/s} = 6123 \text{kg/h}$$

（2）塔径和塔高

塔径 D 可用下式计算

$$D = \sqrt{\frac{4V_S}{\pi u}}$$

式中
$$V_S = \frac{4500}{3600} \times \frac{273 + 30}{273} = 1.387 \text{m}^3/\text{s}$$

所以
$$D = \sqrt{\frac{4 \times 1.387}{\pi \times 1.2}} = 1.21 \text{m}$$

填料层高度 Z 可用下式计算

$$Z = \frac{V}{K_Y a \Omega} \times \frac{Y_1 - Y_2}{\Delta Y_m} = H_{OG} N_{OG}$$

式中
$$\Omega = \frac{\pi}{4} D^2 = \frac{\pi}{4} \times 1.21^2 = 1.149 \text{m}^2$$

$$H_{OG} = \frac{V}{K_Y a \Omega} = \frac{0.0552}{0.06 \times 1.149} = 0.8 \text{m}$$

又
$$\Delta Y_m = \frac{(Y_1 - mX_1) - (Y_2 - mX_2)}{\ln \frac{Y_1 - mX_1}{Y_2 - mX_2}}$$

式中 $X_2 = 0$

$$X_1 = \frac{L}{V}(Y_1 - Y_2) + X_2 = \frac{0.0552}{0.0945} \times (0.0106 - 0.00053) + 0 = 0.00588$$

$$Y_1 - mX_1 = 0.0106 - 1.2 \times 0.00588 = 0.00354$$

$$Y_2 - mX_2 = Y_2 = 0.00053$$

所以
$$\Delta Y_m = \frac{0.00354 - 0.00053}{\ln \frac{0.00354}{0.00053}} = 0.00159$$

则
$$N_{OG} = \frac{Y_1 - Y_2}{\Delta Y_m} = \frac{0.0106 - 0.00053}{0.00159} = 6.333$$

得
$$Z = H_{OG} N_{OG} = 0.8 \times 6.333 = 5.07 \text{m}$$

习 题 解 答

7-1 空气和氨的混合气总压为 101.3kPa，其中含氨的体积百分率为 5%，试以摩尔比和质量比表示该混合气中的组成。

解：（1）摩尔比

由
$$y_{NH_3} = \frac{V_{NH_3}}{V_{混合气}} = 0.05 \qquad y_{空气} = \frac{V_{空气}}{V_{混合气}} = 0.95$$

得
$$Y_{NH_3} = \frac{y_{NH_3}}{1 - y_{NH_3}} = \frac{0.05}{1 - 0.05} = \frac{0.05}{0.95} = 0.0526 \frac{\text{kmolNH}_3}{\text{kmol 空气}} = 5.26 \times 10^{-2} \frac{\text{kmolNH}_3}{\text{kmol 空气}}$$

(2) 质量比

$$Y_{W,NH_3} = Y_{NH_3} \frac{M_{NH_3}}{M_{空气}} = 0.0526 \times \frac{17}{29} = 0.0308 \frac{kgNH_3}{kg\,空气} = 3.08 \times 10^{-2} \frac{kgNH_3}{kg\,空气}$$

7-2 100 克纯水中含有 2 克 SO_2，试以摩尔比表示该水溶液中 SO_2 的组成。

解：

$$X_{W,SO_2} = \frac{m_{SO_2}}{m_{H_2O}} = \frac{2}{100} = 0.02 \frac{kgSO_2}{kgH_2O}$$

得

$$X_{SO_2} = X_{W,SO_2} \frac{M_{H_2O}}{M_{SO_2}} = 0.02 \times \frac{18}{64} = 0.005625 \frac{kmolSO_2}{kmolH_2O} = 5.625 \times 10^{-3} \frac{kmolSO_2}{kmolH_2O}$$

7-3 含 NH_3 3%（体积）的混合气体，在填料塔中为水所吸收。塔内绝对压强为 202.6kPa。在操作条件下，气液平衡关系为

$$p^* = 267x$$

式中 p^*——气相中氨的分压，kPa；
　　　x——液相中氨的摩尔分数。

试求氨溶液的最大浓度。

解：

$$\frac{p}{p_{总}} = \frac{v}{V}$$

得

$$p_{NH_3} = p_{总} \frac{v}{V} = 202.6 \times \frac{3}{100} = 6.078 kPa$$

又

$$p^* = 267x$$

得

$$x = \frac{p^*}{267} = \frac{6.078}{267} = 2.28 \times 10^{-2}$$

7-4 从手册中查得总压为 101.3kPa，温度为 25℃时，在 100 克水中含氨 1 克，该溶液上方蒸气的平衡分压 p^* 为 0.986kPa。已知在此浓度范围内，该溶液服从亨利定律，稀氨水溶液的密度可按纯水计算。试求溶解度系数 H kmol/(m³·Pa) 和相平衡常数 m。

解：
$$H = \frac{\rho}{EM_S}$$

式中 $\rho \approx \rho_{水} = 1000 kg/m^3$，$M = 18 kg/kmol$

$$E = \frac{p^*}{x} = \frac{0.986}{\dfrac{\frac{1}{17}}{\frac{1}{17} + \frac{100}{18}}} = \frac{0.986}{0.0105} = 93.9 kPa$$

所以

$$H = \frac{1000}{93.9 \times 18} = 0.59 kmol/(m^3 \cdot kPa)$$

又

$$m = \frac{E}{P}$$

式中 $E = 93.9 kPa$，$P = 101.3 kPa$

所以

$$m = \frac{93.9}{101.3} = 0.927$$

7-5 某混合气体中含 CO_2 2%（体积），其余为空气。混合气体温度为 30℃，压强为 506.5kPa，已知在 30℃时 CO_2 水溶液的亨利系数 E 为 1.88×10^5 kPa，CO_2 水溶液的密度

可按纯水计算。试求溶解度系数 H kmol/(m³·kPa)，平衡常数 m，并计算与该气体平衡时 100kg 水中，可溶解若干千克 CO_2？

解：

$$H = \frac{\rho}{EM_S}$$

式中 $\rho = 1000 \text{kg/m}^3$，$M_S = 18 \text{kg/kmol}$，$E = 1.88 \times 10^5 \text{kN/m}^2$

所以
$$H = \frac{1000}{1.88 \times 10^5 \times 18} = 2.955 \times 10^{-4} \text{kmol/(m}^3 \cdot \text{kPa)}$$

又
$$m = \frac{E}{P}$$

式中 $E = 1.88 \times 10^5$ kPa，$P = 506.5$ kPa

所以
$$m = \frac{1.88 \times 10^5}{506.5} = 371.17$$

又
$$p^* = Ex$$

得
$$x = \frac{p^*}{E} = \frac{506.5 \times 0.02}{1.88 \times 10^5} = 5.38 \times 10^{-5}$$

所以 100 千克水中溶解 CO_2 的千克数为

$$\frac{5.38 \times 10^{-5} \times 44}{1 \times 18} \times 100 = 1.32 \times 10^{-2} \text{ kgCO}_2/100\text{kg 水}$$

7-6 在 303K 时，CO_2 在水中的溶解度如下：

CO_2 在气相的分压 p/kPa	1.013	5.065	10.13	30.39	50.65	101.3	303.9	506.5
CO_2 在水中的溶解度/(kg/m³ 水)	0.013	0.065	0.130	0.390	0.650	1.28	3.75	6.07

试作出总压 $p = 1722$ kPa（绝压）下的 Y-X 平衡曲线。

解：

$$X_{CO_2} = \frac{n_{CO_2}}{n_{H_2O}} = \frac{\dfrac{m_{CO_2}}{M_{CO_2}}}{\dfrac{m_{H_2O}}{M_{H_2O}}} \qquad Y = \frac{p_{CO_2}}{p - p_{CO_2}}$$

以第一组数据：$p_{CO_2} = 1.013$ kPa，溶解度 $= 0.013$ kg/m³ 水为例，计算如下：

$$X_{CO_2} = \frac{\dfrac{0.013}{44}}{\dfrac{1000}{18}} = 0.00000532 \text{ kmolCO}_2/\text{kmolH}_2\text{O}$$

$$Y_{CO_2} = \frac{1.013}{1722 - 1.013} = 0.000589 \text{ kmolCO}_2/\text{kmol 惰性组分}$$

同法算出其他各点，计算结果列于下表：

Y_{CO_2}	5.89×10^{-4}	2.95×10^{-3}	5.92×10^{-3}	1.8×10^{-2}	3.03×10^{-2}	6.25×10^{-2}	2.14×10^{-1}	4.17×10^{-1}
X_{CO_2}	5.32×10^{-6}	2.66×10^{-5}	5.32×10^{-5}	1.59×10^{-4}	2.66×10^{-4}	5.24×10^{-4}	1.53×10^{-3}	2.45×10^{-3}

依数据在 Y-X 图上绘出 CO_2 水溶液的平衡曲线 OG。（图中 AB 线为题 7-10 的操作线）

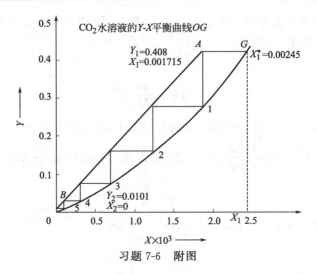

习题 7-6 附图

7-7 于101.3kPa，27℃下用水吸收混于空气中的甲醇蒸气。甲醇在气、液两相中的浓度很低，平衡关系服从亨利定律。已知溶解度系数 $H=1.955\text{kmol}/(\text{m}^3\cdot\text{kPa})$，气膜吸收分系数 $k_G=1.55\times10^{-5}\text{kmol}/(\text{m}^2\cdot\text{s}\cdot\text{kPa})$，液膜吸收分系数 $k_L=2.08\times10^{-5}\text{kmol}/(\text{m}^2\cdot\text{s}\cdot\text{kmol}/\text{m}^3)$。试求吸收总系数 K_G 和气膜阻力在总阻力中所占的分数。

解：

$$\frac{1}{K_G}=\frac{1}{k_G}-\frac{1}{Hk_L}$$

式中 $k_G=1.55\times10^{-5}\text{kmol}/(\text{m}^2\cdot\text{s}\cdot\text{kPa})$；

$k_L=2.08\times10^{-5}\text{kmol}/(\text{m}^2\cdot\text{s}\cdot\text{kmol}/\text{m}^3)$；$H=1.955\text{kmol}/(\text{m}^3\cdot\text{kPa})$

所以 $\dfrac{1}{K_G}=\dfrac{1}{1.55\times10^{-5}}+\dfrac{1}{1.955\times2.08\times10^{-5}}=8.91\times10^4$

$K_G=1.122\times10^{-5}\text{kmol}/(\text{m}^2\cdot\text{s}\cdot\text{kPa})$

气膜阻力在总阻力中所占的分数为

$$\frac{\dfrac{1}{k_G}}{\dfrac{1}{K_G}}=\frac{\dfrac{1}{1.55\times10^{-5}}}{8.91\times10^4}=72.4\%$$

7-8 在一逆流吸收塔中，用清水吸收混合气体中的 CO_2。惰性气体处理量为 300m^3（标准）/h，进塔气体中含 CO_2 8%（体积分数），要求吸收率 95%，操作条件下 $Y^*=1600X$，操作液气比为最小液气比的1.5倍。求：(1) 水用量和出塔液体组成；(2) 写出操作线方程。

解：(1) 水用量和出塔液体组成

$$Y_1=\frac{y_1}{1-y_1}=\frac{0.08}{1-0.08}=0.0870$$

$$Y_2=Y_1(1-\varphi)=0.0870\times(1-0.95)=0.00435$$

$$X_2=0$$

$$\left(\frac{L}{V}\right)_{\min}=\frac{Y_1-Y_2}{\dfrac{Y_1}{m}-X_2}=\frac{0.0870-0.00435}{\dfrac{0.0870}{1600}-0}=1520$$

操作液气比为
$$\frac{L}{V}=1.5\times 1520=2280$$

所以
$$L=V\left(\frac{L}{V}\right)=\frac{300}{22.4}\times 2280=3.05\times 10^4 \text{kmol/h}$$

又
$$\frac{L}{V}=\frac{Y_1-Y_2}{X_1-X_2}$$

所以
$$X_1=\frac{Y_1-Y_2}{\frac{L}{V}}+X_2=\frac{0.0870-0.00435}{2280}+0$$
$$=3.63\times 10^{-5}\text{kmolCO}_2/\text{kmolH}_2\text{O}$$

（2）操作线方程
$$Y=\frac{L}{V}X+Y_1-\frac{L}{V}X_1$$
$$=2280X+0.0870-2280\times 3.63\times 10^{-5}$$
$$=2280X+4.24\times 10^{-3}$$

7-9 在逆流操作的吸收塔中，于101.3kPa、25℃下用清水吸收混合气中的H_2S，将其浓度由2%降至0.1%（体积）。该系统符合亨利定律，亨利系数$E=55200$kPa。若取吸收剂用量为最小用量的1.2倍，试计算操作液气比L/V及液相出口组成X_1。

若操作压强改为1013kPa，其他已知条件不变，再求L/V及X_1。

解：
$$Y_1=\frac{y_1}{1-y_1}=\frac{0.02}{1-0.02}=0.0204$$
$$Y_2=\frac{y_2}{1-y_2}=\frac{0.001}{1-0.001}=0.001$$
$$X_2=0$$
$$m=\frac{E}{p}=\frac{55200}{101.3}=545$$
$$\left(\frac{L}{V}\right)_{\min}=\frac{Y_1-Y_2}{\frac{Y_1}{m}-X_2}=\frac{0.0204-0.001}{\frac{0.0204}{545}-0}=518$$

所以操作液气比为
$$\frac{L}{V}=1.2\times 518=622$$

又
$$\frac{L}{V}=\frac{Y_1-Y_2}{X_1-X_2}$$

所以
$$X_1=\frac{Y_1-Y_2}{\frac{L}{V}}+X_2=\frac{0.0204-0.001}{622}+0$$
$$=3.12\times 10^{-5}\text{kmolH}_2\text{S}/\text{kmolH}_2\text{O}$$

当操作压强改为1013kPa时
$$m=\frac{E}{p}=\frac{55200}{1013}=54.5$$
$$\left(\frac{L}{V}\right)_{\min}=\frac{0.0204-0.001}{\frac{0.0204}{54.5}-0}=51.8$$

所以
$$\frac{L}{V}=1.2\times51.8=62.2$$

$$X_1=\frac{0.0204-0.001}{62.2}=3.12\times10^{-4}\,\text{kmolH}_2\text{S/kmolH}_2\text{O}$$

7-10 某厂有一CO_2水洗塔，塔内装填料50mm×50mm×4.5mm（乱堆）瓷拉西环，用来处理合成原料气，原料气中含CO_2为29%（体积），其余为N_2、H_2和CO等惰性组分，原料气量为12000m³（标准）/h。操作压强为1722kPa（绝压），操作温度为303K，要求水洗后CO_2不超过1%（体积），假定在实际操作中用新鲜水吸收，所得吸收液浓度为最大浓度的70%，平衡线如题7-6所示。试计算CO_2的吸收率和水的耗用量。

解：
$$\varphi=1-\frac{Y_2}{Y_1}$$

式中
$$Y_1=\frac{0.29}{1-0.29}=0.408\,\frac{\text{kmolCO}_2}{\text{kmol 惰性气体}}$$

$$Y_2=\frac{0.01}{1-0.01}=0.0101\,\frac{\text{kmolCO}_2}{\text{kmol 惰性气体}}$$

所以
$$\varphi=1-\frac{0.0101}{0.408}=97.4\%$$

由
$$V(Y_1-Y_2)=L(X_1-X_2)$$

式中
$$V=12000\times(1-0.29)\times\frac{1}{22.4}=380\,\text{kmol/h}$$

由7-6附图中查知与Y_1或平衡的$X_1^*=0.00245\,\text{kmolCO}_2/\text{kmolH}_2\text{O}$

又 $X_1=0.7X_1^*=0.7\times0.00245=0.001715$，吸收剂进口浓度$X_2=0$

所以
$$L=V\frac{Y_1-Y_2}{X_1-X_2}=380\times\frac{0.408-0.0101}{0.001715-0}=1.6\times10^6\,\text{kg/h}$$

7-11 在20℃及101.3kPa下，用清水分离氨和空气的混合气体。混合气体中氨的分压为1.33kPa，经处理后氨的分压下降到6.8×10^{-3}kPa，混合气体的处理量为1020kg/h，操作条件下平衡关系为$Y=0.755X$。若适宜吸收剂用量为最小用量的2倍时，求吸收剂用量。

解：
$$L_{\min}=V\frac{Y_1-Y_2}{X_1^*-X_2}$$

式中 $Y_1=\dfrac{1.33}{101.3-1.33}=0.0133$ $Y_2=\dfrac{6.8\times10^{-3}}{101.3-6.8\times10^{-3}}=0.0000671$

$X_2=0$ $X_1^*=\dfrac{Y_1}{m}=\dfrac{0.0133}{0.755}=0.0176$

$$V=\frac{1020}{M_m}\times\frac{99.97}{101.3}=\frac{1020}{17\times\dfrac{1.33}{101.3}+29\times\dfrac{99.97}{101.3}}\times\frac{99.97}{101.3}=\frac{1020}{28.84}\times0.9869=34.9\,\text{kmol 混合气/h}$$

则
$$L_{\min}=34.9\times\frac{0.0133-0.0000671}{0.0176-0}=26.24\,\text{kmol 水/h}$$

吸收剂用量
$$L=2L_{\min}=2\times26.24\,\text{kmol 水/h}=944.64\,\text{kg 水/h}$$

7-12 在某填料吸收塔中，用清水处理含SO_2的混合气体。进塔气体中含SO_2 18%（质量），其余为惰性气体。混合气的相对分子质量取为28，吸收剂用量比最小用量大65%，要求每小时从混合气体中吸收 2000kg 的 SO_2。在操作条件下气液平衡关系为 $Y^* = 26.7X$，试计算每小时吸收剂用量为若干 m^3？

解：
$$L_{min} = V \frac{Y_1 - Y_2}{X_1^* - X_2}$$

式中
$$Y_1 = \frac{n_{SO_2}}{n_{混} - n_{SO_2}} = \frac{\frac{18}{64}}{\frac{100}{28} - \frac{18}{64}} = 0.0855$$

$$X_1^* = \frac{Y_1}{m} = \frac{0.0855}{26.7} = 3.2 \times 10^{-3}$$

$$X_2 = 0$$

$$V(Y_1 - Y_2) = \frac{2000}{64} = 31.25 \text{kmol} SO_2/h$$

得
$$L_{min} = \frac{31.25}{0.0032 - 0} = 9765.63 \text{kmol} SO_2/h$$

每小时吸收剂用量
$$L = 1.65 L_{min} = 1.65 \times 9765.63 = 16113.28 \text{kmol} H_2O/h$$
$$= \frac{16113.28 \times 18}{1000} = 290 m^3 H_2O/h$$

7-13 在常压填料吸收塔中，以清水吸收焦炉气中的氨气，标准状况下，焦炉气中氨的浓度为 $0.01 kg/m^3$、流量为 $5000 m^3/h$。要求回收率不低于 99%，若吸收剂用量为最小用量的 1.5 倍。混合气体进塔的温度为 30℃，空塔速度为 1.1 m/s。操作条件下平衡关系为 $Y^* = 1.2X$，气相体积吸收总系数 $K_Y a = 200 \text{kmol}/(m^3 \cdot h)$。试分别用对数平均推动力法、脱吸因数法和图解积分法求总传质单元数及填料层高度。

解：（1）用对数平均推动力法
$$N_{OG} = \frac{Y_1 - Y_2}{\Delta Y_m} = \frac{Y_1 - Y_2}{\dfrac{\Delta Y_1 - \Delta Y_2}{\ln \dfrac{\Delta Y_1}{\Delta Y_2}}}$$

式中 $Y_1 = \dfrac{y_1}{1 - y_1}$ 而 $y_1 = \dfrac{\dfrac{0.01}{17}}{\dfrac{1}{22.4}} = 0.0132$

所以 $Y_1 = \dfrac{0.0132}{1 - 0.0132} = 0.0134$

又 $Y_2 = 0.0134 \times (1 - 0.99) = 0.000134$

$$V = \frac{5000}{22.4} \times (1 - 0.0132) = 220.28 \text{kmol 惰性气/h}$$

$$L_{min} = V \frac{Y_1 - Y_2}{X_1^* - X_2} = \frac{220.28 \times (0.0134 - 0.000134)}{\dfrac{0.0134}{1.2} - 0} = 262 \text{kmol} H_2O/h$$

$$L = 1.5 L_{min} = 1.5 \times 262 = 393 \text{kmol} H_2O/h$$

又由 $L = (X_1 - X_2) = V(Y_1 - Y_2)$
$$393(X_1 - 0) = 220.28 \times (0.0134 - 0.000134)$$

解得 $\qquad X_1 = 0.00743$

则 $\qquad Y_1^* = 1.2 \times 0.00743 = 0.00892 \qquad Y_2^* = 0$

$$\Delta Y_m = \frac{(0.0134 - 0.00892) - (0.000134 - 0)}{\ln \frac{0.0134 - 0.00892}{0.000134}} = \frac{0.004346}{\ln 33.4} = 0.00124$$

所以 $\qquad N_{OG} = \dfrac{Y_1 - Y_2}{\Delta Y_m} = \dfrac{0.0134 - 0.000134}{0.00124} = 10.69$

依 $\qquad H_{OG} = \dfrac{V}{K_Y a \cdot \Omega}$

式中 $\qquad \Omega = \dfrac{V_S}{u} = \dfrac{5000 \times \dfrac{273+30}{273}}{1.1 \times 3600} = 1.402 \, \text{m}^2$

$V = 220.28 \, \text{kmol 惰性气/h} \qquad K_Y a = 200 \, \text{kmol/(m}^3 \cdot \text{h)}$

则 $\qquad H_{OG} = \dfrac{220.28}{200 \times 1.402} = 0.786$

依 $\qquad Z = H_{OG} N_{OG}$

得 $\qquad Z = 10.69 \times 0.786 = 8.4 \, \text{m}$

(2) 脱吸因数法

$$\frac{Y_1 - mX_2}{Y_2 - mX_2} = \frac{0.0134}{0.000134} = 100 \qquad \frac{mV}{L} = \frac{1.2 \times 220.28}{393} = 0.673$$

由教材图 7-16 查得 $\qquad N_{OG} = 10.7$

依 $\qquad Z = H_{OG} N_{OG}$

得 $\qquad Z = 10.7 \times 0.786 = 8.41 \, \text{m}$

(3) 图解积分法

$$Z = \frac{V}{K_Y a \Omega} \int_{Y_2}^{Y_1} \frac{dY}{Y - Y^*}$$

式中 $\int_{Y_2}^{Y_1} \dfrac{dY}{Y - Y^*}$ 的求法：首先在坐标系中作 $Y = 1.2X$ 平衡线和操作线，如附图一。然后在 Y_1 与 Y_2 之间，选取一列 Y 值，在附图一中读取相应的 Y^* 值，然后计算出 $\dfrac{1}{Y - Y^*}$，描绘 Y 和相应的 $\dfrac{1}{Y - Y^*}$ 的关系于坐标图中，如附图二。在 $Y = Y_1$ 线、$Y = Y_2$ 线、$\dfrac{1}{Y - Y^*} = 0$ 线和关系曲线之间所包围的面积数值，即为 $\int_{Y_2}^{Y_1} \dfrac{dY}{Y - Y^*}$ 之值，如附图二所示。

计算出 $Y - Y^*$ 和 $\dfrac{1}{Y - Y^*}$ 之值如下表

X	Y	Y^*	$Y - Y^*$	$1/(Y - Y^*)$
0	0.000134	0	0.000134	7463
0.0002	0.000417	0.000215	0.000202	4950
0.00027	0.0007	0.00032	0.00038	2632
0.0016	0.0003	0.0002	0.0001	1000
0.00300	0.0056	0.0036	0.002	500
0.00400	0.0074	0.0048	0.0026	385
0.00600	0.0109	0.0072	0.0037	270
0.00737	0.0134	0.00884	0.00456	219

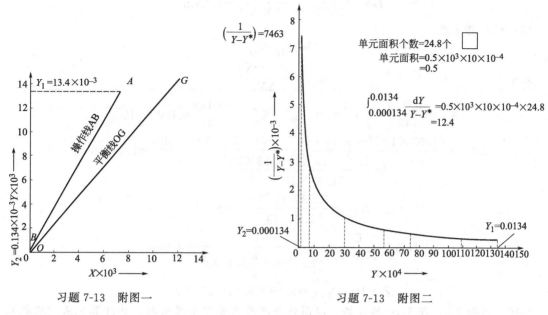

习题 7-13 附图一　　　　　　　习题 7-13 附图二

由图可知 $\int_{Y_2}^{Y_1} \frac{dY}{Y-Y^*} = \int_{0.000134}^{0.0134} \frac{dY}{Y-Y^*} = 0.5\times10^3\times10\times10^{-4}\times24.8 = 12.4$

得　　　　　　　　　　$Z = 0.786 \times 12.4 = 9.75 \text{m}$

7-14 在填料吸收塔中，用清水吸收烟道气中 CO_2。烟道气中 CO_2 含量为 13%（体积），为简化起见，其余皆视为惰性气体。烟道气通过塔后，其中 90% 的 CO_2 被水所吸收，塔底出口溶液的浓度为 $0.2gCO_2/1000gH_2O$。烟道气处理量为 $1000\text{m}^3/\text{h}$，操作条件为 20℃、101.3kPa。

已知：（1）在 20℃、101.3kPa 下，气体空塔速度为 0.2m/s；（2）采用乱堆的 50mm×50mm×4.5mm 的陶瓷拉西环填料，设填料完全被湿润；（3）平衡关系为 $Y^* = 1420X$；（4）吸收总系数 $K_X = 115 \text{kmol}/(\text{m}^2\cdot\text{h})$。试求用水量、塔径和填料层高度。

解：（1）用水量

$$L = V \frac{Y_1 - Y_2}{X_1 - X_2}$$

式中　$Y_1 = \dfrac{0.13}{1-0.13} = 0.149$　　$Y_2 = 0.149(1-0.9) = 0.0149$

$X_1 = \dfrac{\frac{0.2}{44}}{\frac{1000}{18}} = 0.0000818$　　$X_2 = 0$

$$V = \frac{1000}{24} \times \frac{273}{273+20} \times (1-0.13) = 36.2 \text{kmol/h}$$

得　　$L = \dfrac{36.2 \times (0.149 - 0.0149)}{0.0000818 - 0} = 59300 \text{kmol/h} = 1067400 \text{kg/h}$

（2）塔径

$$D = \sqrt{\frac{4V_S}{\pi u}}$$

得
$$D=\sqrt{\frac{4\times1000}{3600\times3.14\times0.2}}=1.33\text{m}$$

(3) 填料层高度
$$Z=H_{OL}N_{OL}$$

式中
$$N_{OL}=\frac{X_1-X_2}{\Delta X_m}$$

$$X_1^*=\frac{0.149}{1420}=1.05\times10^{-4} \qquad X_2^*=\frac{0.0149}{1420}=1.05\times10^{-5}$$

$$\Delta X_m=\frac{(1.05\times10^{-4}-8.18\times10^{-5})-(1.05\times10^{-5}-0)}{\ln\dfrac{1.05\times10^{-4}-8.18\times10^{-5}}{1.05\times10^{-5}-0}}=1.6\times10^{-5}$$

$$N_{OL}=\frac{8.18\times10^{-5}-0}{1.6\times10^{-5}}=5.11$$

$$H_{OL}=\frac{L}{K_x a\Omega}=\frac{59300}{115\times93\times\dfrac{\pi}{4}\times1.33^2}=3.99\text{m}$$

得
$$Z=H_{OL}N_{OL}=3.99\times5.11=20.4\text{m}$$

7-15 用题 7-6、题 7-10 的数据，以图解法求吸收塔理论塔板数，并计算完成该吸收操作所需的实际塔板数。

解：（1）理论板数

依习题 7-6 附图，用直角梯级图解法画出，得
$$N_T=5 \text{ 块}$$

（2）实际塔板数

查附录得知 303K 时，$\rho_{H_2O}=995.7\text{kg/m}^3$，$\mu_L=80.07\times10^{-5}\text{Pa·s}$。查表 7-1 得知 $E=1.88\times10^5\text{kPa}$。

则
$$H=\frac{\rho_{H_2O}}{EM_S}=\frac{995.7}{1.88\times10^5\times18}=2.94\times10^{-4}$$

$$\frac{Hp}{\mu_L}=\frac{2.94\times10^{-4}\times1722}{80.07\times10^{-5}\times10^3}=0.632$$

查图 7-18 得
$$E_T=13\%$$

得
$$N=\frac{N_T}{E_T}=\frac{5}{0.13}=38.46 \text{ 块} \quad \text{取 39 块}$$

7-16 含有 7%（体积百分数）SO_2 的炉气（其余气体的性质可认为与空气相同），在以乱堆 25mm×25mm×2.5mm 陶瓷拉西环为填料的塔内用铵盐溶液进行吸收。已知气体流量为 3000m³/h（101.3kPa 和 300K 下）气体进塔后，SO_2 可近于完全被吸收；溶液流量为 14000kg/h，密度 $\rho=1230\text{kg/m}^3$，黏度 $\mu_L=2.5\text{mPa·s}$。取适宜空塔速度为液泛气速的 70%，试计算塔径和每米填料层的压强降。

解：（1）求塔径
$$D=\sqrt{\frac{4V_S}{\pi u}}$$

式中 u 的求取
$$M_m=0.07\times64+0.93\times29=31.5\text{kg/kmol}$$

$$\rho_v = \frac{pM_m}{RT} = \frac{101.3 \times 31.5}{8.314 \times 300} = 1.28 \text{kg/m}^3$$

$$V = 3000 \times 1.28 = 3840 \text{kg/h} = 0.83 \text{m}^3/\text{s}$$

求图 7-28 横坐标值

$$\frac{W_L}{W_V}\left(\frac{\rho_V}{\rho_L}\right)^{0.5} = \frac{14000}{3840} \times \left(\frac{1.28}{1230}\right)^{0.5} = 0.118$$

查图 7-28 得知纵坐标值

$$\frac{u_F^2 \phi_F \Psi}{g}\left(\frac{\rho_V}{\rho_L}\right)\mu_L^{0.2} = 0.13$$

依上式求 u_F，式中

$$\phi_F = 832 \text{m}^{-1} \qquad \varphi = \frac{1000}{1230} = 0.813$$

$$g = 9.81 \text{m/s} \qquad \mu_L = 2.5 \text{mPa} \cdot \text{s}$$

所以

$$\frac{u_F^2 \times 832 \times 0.813}{9.81} \times \frac{1.28}{1230} \times 2.5^{0.2} = 0.13$$

$$u_F = 1.23 \text{m/s}$$

则适宜空塔气速为

$$u_{适宜} = 0.7 \times 1.23 = 0.861 \text{m/s}$$

得

$$D = \sqrt{\frac{4 \times 0.83}{\pi \times 0.861}} = 1.11 \text{m}$$

取

$$D = 1.1 \text{m}$$

实际气速

$$u = \frac{4V}{\pi D^2} = \frac{4 \times 0.83}{\pi \times 1.1^2} = 0.874 \text{m/s}$$

(2) 每米填料层的压强降

图 7-28 的纵坐标（$\phi = 450 \text{m}^{-1}$）

$$\frac{u^2 \phi \Psi}{g}\left(\frac{\rho_V}{\rho_L}\right)\mu^{0.2} = \frac{0.874^2 \times 450 \times 0.813}{9.81} \times \frac{1.28}{1230} \times 2.5^{0.2} = 0.036$$

图 7-28 的横坐标值已算出为 0.118，现在图 7-28 上以横坐标值和纵坐标值确定塔的操作点，此点位于 $\Delta p/Z = 29 \times 9.81 = 284.5 \text{Pa/m}$ 填料层上，即每米填料层的压强降是 284.5Pa/m 填料层。

第八章 液-液萃取

学 习 要 求

一、掌握的内容

1. 萃取过程的原理；
2. 单级萃取的流程及计算

二、了解的内容

1. 萃取特点及工业应用；
2. 错流萃取流程及计算，逆流萃取流程及计算；
3. 萃取设备的结构及特点。

学 习 要 点

一、基本概念

（1）萃取　萃取是向液体混合物中加入适当的溶剂，利用混合物中各组分在溶剂中溶解度的差异，分离液体混合物的操作。

（2）有关概念　萃取过程中所选用的溶剂称为萃取剂（S）；混合液中欲分离的组分称为溶质（A）；混合液中的原溶剂称为稀释剂（B）；萃取操作中得到两相，其中含萃取剂 S 多的一相称为萃取相（E）；含稀释剂 B 多的一相称为萃余相（R）；萃取相脱除溶剂后称为萃取液（E'）；萃余相脱除溶剂后称为萃余液（R'）。

二、萃取操作基本过程

工业萃取过程由三个基本过程组成。

（1）混合　采取措施使萃取剂与原料液充分混合，实现溶质 A 由原溶液向萃取剂传递。

（2）沉降分层　进行萃取相 E 与萃余相 R 的分离。

（3）脱除溶剂　萃取相和萃余相分别脱除溶剂得到萃取液 E' 和萃余液 R'，萃取剂循环使用。

三、萃取操作主要适用场合

（1）混合液的相对挥发度小，或形成恒沸物，用一般蒸馏方法不能达到分离要求或不经济；

（2）稀溶液的分离，采用蒸馏操作消耗能量过大；

（3）溶液中组分热敏性很高，用蒸馏方法容易使物料受热破坏。

第一节 液-液萃取相平衡

液-液萃取相平衡是指在确定的萃取体系内和一定的条件下,被萃取组分在两液相之间所具有的平衡分配关系。

萃取过程至少要涉及三个组分,即溶质 A、稀释剂 B 和萃取剂 S。对于 B 与 S 不互溶时,其平衡关系可在直角坐标图上标绘。对于 B 与 S 部分互溶时,通常用三角形坐标图表示其平衡关系。

一、组成在三角形相图上的表示方法

三角形相图有正三角形和直角三角形两种。组成的表示方法为:
① 三角形的三个顶点分别表示纯组分 A、B、S。
② 三角形各边上的任一点表示二元混合物的组成,第三组分含量为零。
③ 三角形内任一点表示三元混合物的组成。

二、相平衡关系在三角形相图上的表示方法

根据组分间的互溶度,三元体系分为两类:
第 I 类物系　组分 A、B 及 A、S 完全互溶,组分 B、S 部分互溶或完全不互溶。
第 II 类物系　组分 A、B 完全互溶,但 B、S 及 A、S 形成两对部分互溶体系。
本章主要讨论第 I 类物系。

1. 溶解度曲线与联结线

要能够根据实验数据标绘溶解度曲线和联结线。

溶解度曲线将三角形相图分为单相区与两相区,萃取操作只能在两相区中进行。

相图两相区面积的大小,不仅取决于三组分本身的性质,而且与温度有关。一般温度升高,组分间的互溶度加大,两相区的面积缩小,不利于萃取分离。

2. 临界混溶点和辅助曲线

能够标绘辅助曲线和确定临界混溶点;会利用辅助曲线由一个已知相组成点确定与之平衡的另一相组成点的坐标位置。

3. 分配曲线与分配系数

(1) 分配曲线　将三角形相图上各相对应的平衡液层中溶质 A 的浓度转移到 x-y 直角坐标图上,所得的曲线称为分配曲线,也就是平衡线。分配曲线表达了溶质 A 在相互平衡的 E 相与 R 相的分配关系。

(2) 分配系数　在一定温度下,当原料液与加入的萃取剂达平衡时,组分 A 在 E 相中的浓度与在 R 相中的浓度之比,称分配系数,以 K_A 表示,即

$$K_A = \frac{w_{AE}}{w_{AR}} = \frac{y}{x} \tag{8-1}$$

上式表达平衡时两液层中溶质 A 的分配关系,故又称平衡关系式。

对 S 与 B 部分互溶的物系,K_A 与联结线的斜率有关。当 $K_A=1$ 时,$y=x$,联结线与三角形底边平行,其斜率为零;当 $K_A>1$ 时,则 $y>x$,联结线的斜率大于零;当 $K_A<1$ 时,则 $y<x$,联结线的斜率小于零。显然,联结线的斜率越大,K_A 值也越大,萃取分离

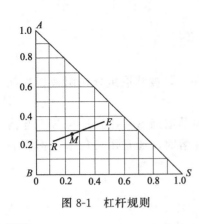

图 8-1 杠杆规则

的效果越好。

4. 杠杆规则（混合规则）

如图 8-1 所示，将两个三元混合液 R 和 E 混合成新的混合液 M。M 点称为 R 点和 E 点的和点，而 R 点是 M 点与 E 点的差点，E 点是 M 点与 R 点的差点。

新混合液 M 点与原两个混合液 R 点与 E 点之间的关系可用杠杆规则描述，即

① 代表新混合液总组成的 M 点和代表原两个混合液组成的 R 点与 E 点在同一直线上；

② E 点混合液与 R 点混合液质量之比等于线段 $\overline{MR}$ 与 $\overline{ME}$ 之比，即

$$\frac{m_E}{m_R} = \frac{\overline{MR}}{\overline{ME}} \tag{8-2}$$

和点与差点混合液质量关系，也服从杠杆规则，即

$$\frac{m_E}{m_M} = \frac{\overline{MR}}{\overline{ER}} \tag{8-3}$$

$$\frac{m_R}{m_M} = \frac{\overline{EM}}{\overline{ER}} \tag{8-4}$$

三、萃取过程在三角形相图上的表示

萃取过程的三个基本阶段可在三角形相图上清晰地表达出来，如图 8-2 所示。

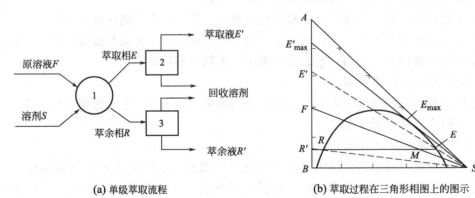

(a) 单级萃取流程　　　　(b) 萃取过程在三角形相图上的图示

图 8-2 单级萃取过程

1—萃取器；2、3—溶剂回收装置

(1) 混合　往溶剂 A 和稀释剂 B 所组成的原料液 F 中加入适量的萃取剂 S，使混合液的总组成落在两相区的某点 M 处。表示原料液的组点 F 必在三角形相图的 AB 边上，M 点必在 FS 的连线上，S 与 F 的数量关系依杠杆规则可表达为

$$\frac{S}{F} = \frac{\overline{MF}}{\overline{MS}} \tag{8-5}$$

(2) 沉降分层　混合液沉降分层后，得到平衡的两相 E、R，其组成由图上读得，两相之间的数量关系为

$$\frac{E}{R}=\frac{\overline{MR}}{\overline{ME}} \tag{8-6}$$

(3) 脱除溶剂　若从萃取相与萃余相中完全脱除溶剂，则得到萃取液 E′和萃余液 R′，E′与 R′之间的数量关系为

$$\frac{E'}{R'}=\frac{\overline{FR'}}{\overline{FE'}} \tag{8-7}$$

若从 S 点作溶解度曲线的切线，交于 AB 边上的 E'_{max} 点，即为在一定操作条件下，可获得的含组分 A 最高的萃取液的组成点。

四、萃取剂的选择

1. 萃取剂的选择性系数

定义式为

$$\beta=\frac{\dfrac{w_{AE}}{w_{AR}}}{\dfrac{w_{BE}}{w_{BR}}}=K_A\dfrac{w_{BR}}{w_{BE}} \tag{8-8}$$

萃取操作中，β 值均应大于 1，β 值越大越有利于组分的分离；$\beta=1$，表明 A 与 B 在两平衡液相 E 及 R 中的比例相等，说明所选的萃取剂不适宜。

2. 萃取剂的选择

在选择萃取剂时，应考虑以下几个方面。

(1) 萃取剂的选择性　选择性好，萃取剂用量少，所得产品质量高。

(2) 萃取剂与稀释剂的互溶度　互溶度越小，有利于萃取，完全不互溶最为理想。

(3) 萃取剂的物理性质　两相密度差要大，界面张力要适中，比热容要小，黏度与凝固点要低，无毒不易燃。

(4) 萃取剂的化学性质　化学性稳定，对设备无腐蚀。

(5) 萃取剂回收的难易　易于回收可降低能量消耗。

(6) 萃取剂应价廉易得。

第二节　萃取操作流程及其计算

萃取操作可在分级接触式或连续接触式设备内进行，本节主要讨论分级接触萃取过程的流程和计算。

在分级接触式萃取过程计算中，无论是单级还是多级操作，均假设各级为理论级，即假设离开每级的 E 相与 R 相互为平衡。实际萃取效果低于此理想情况，两者的差异用级效率校正。

一、单级萃取

单级萃取可用于间歇操作，也可用于连续生产，流程如图 8-2 所示。

1. 原溶剂 B 与萃取剂 S 部分互溶物系

此种情况一般在直角三角形相图上，根据溶解度曲线、辅助曲线、杠杆规则及物料衡算进行求解。

计算中，一般已知物系的相平衡数据，原料液量 F 及其组成 w_{AF}，规定欲达到萃余相 R 的组成 w_{AR}。求萃余相量 R 与萃取相量 E 及其组成 w_{AE} 等。计算步骤如下。

（1）依据物系的平衡数据，在直角三角形相图上绘出溶解度曲线与辅助曲线。

（2）确定 F、R、E、M 的组成点。F 的组成点在 AB 边上，由 w_{AF} 确定；R 的组成点在溶解度曲线上，由 w_{AR} 确定；E 的组成点可借助于辅助曲线求得；若采用纯溶剂作萃取剂，混合物的组成点在 FS 的连线上，故 FS 与 RE 两线交点 M 即代表两相混合物的总组成点。

（3）求 S、E、R 及 E′、R′ 的量。若 E 相及 R 相完全脱除溶剂，则萃取液 E′ 及萃余液 R′ 的组成点应在 AB 边上，且分别在 SE 及 SR 的连连线上。S 及各相的量如下求得。

$$S = F\frac{\overline{MF}}{\overline{MS}} \tag{8-9}$$

由物料衡算得

$$F + S = R + E = M \tag{8-10}$$

$$E = M\frac{\overline{MR}}{\overline{RE}} \tag{8-11}$$

$$R = M - E \tag{8-12}$$

$$E' = F\frac{\overline{FR'}}{\overline{E'R'}} \tag{8-13}$$

因为

$$F = E' + R' \tag{8-14}$$

所以

$$R' = F - E' \tag{8-15}$$

2. 原溶剂 B 与萃取剂 S 不互溶的物系

此种情况，可在 X_W-Y_W 直角坐标图上作出分配曲线（平衡线）和操作线进行图算。

二、多级错流萃取

多级错流接触萃取操作的特点是：每级都加入萃取剂，前级的萃余相为后级的原料，传质推动力大，并可降低最后一级萃余相中的溶质含量。其缺点是萃取剂用量较大，使其回收和输送的能耗增加。

1. 原溶剂 B 与萃取剂 S 部分互溶时理论级数的求算

多级错流萃取的计算，是单级萃取图解的多次重复。

2. 原溶剂 B 与萃取剂 S 不互溶时理论级数的求算

可在 X_W-Y_W 直角坐标图上作出分配曲线及操作线进行图算。

三、多级逆流萃取

多级逆流接触萃取操作的特点是：被萃取的原料 F 和所用的萃取剂 S 以相反的方向流过各级，原料液由第 1 级加入，逐次通过各级，萃余相 R_n 由末级 n 级排出。萃取剂由最后一级加入，逐次通过各级，最终萃取相由第 1 级排出。这种流程操作效果好，萃取剂用量少。

1. 原溶剂 B 与萃取剂 S 部分互溶时理论级数的求算

在多级逆流萃取计算中，一般是已知物系的相平衡数据，原料液的处理量及其组成，所采用的萃取剂的组成，并规定离开最后一级萃余相中溶质的浓度和选择适宜的溶剂比（S/F），计算所需的理论级数和整个萃取操作中最后萃取相、萃余相的量及萃取相的组成。

此种情况可在直角三角形相图上图解计算,步骤如下。

(1) 在三角形相图上绘出溶解度曲线和辅助曲线。

(2) 根据已知原料液组成确定 F 点。若用纯溶剂作萃取剂,连接 FS,在选定溶剂比 S/F 后,按 $\overline{MF}=\dfrac{S}{F}\times\overline{SM}$ 确定 M 点。

(3) 由给出的最后萃余相的组成 w_{AR_n} 在溶解度曲线上确定组成点 R_n。连接 R_nM 并延长交溶解度曲线于 E_1 点,此点即为最终萃取相的组成点。

(4) 对整个萃取过程作物料衡算,解出萃取过程所得最后萃取相量 E_1 及萃余相量 R_n。

$$M=F+S=R_n+E_1 \tag{8-16}$$

$$E_1=M\dfrac{\overline{MR_n}}{\overline{R_nE_1}} \tag{8-17}$$

$$R_n=M-E_1 \tag{8-18}$$

(5) 依物料衡算图解理论级数。多级逆流萃取操作线方程为

$$F-E_1=R_1-E_2=R_2-E_3=\cdots=R_i-E_{i+1}$$
$$=R_{n-1}-E_n=R_n-S=\Delta(\text{常数}) \tag{8-19}$$

图解理论级数的步骤如下:

① 连接 E_1F 及 SR_n,并延长交于 Δ 点;

② 利用辅助曲线,由 E_1 点作联结线,得到与 E_1 相平衡的 R_1 点;

③ 连接 ΔR_1 并延长交溶解度曲线于 E_2 点,再由 E_2 点作联结线得到与之平衡的 R_2 点。

④ 重复上述步骤,直到某联结线所指示的萃余相中溶质 A 的组成等于或小于 w_{AR_n} 为止,相图上所作的联结线数目,即为所需的理论级数。

2. 原溶剂 B 与萃取剂 S 不互溶时理论级数的求算

这种情况,可在 X_W-Y_W 直角坐标图上作出分配曲线(平衡线)及操作线,然后用与精馏过程相似的图解法求取理论级数。

3. 溶剂比和萃取剂最小用量

(1) 溶剂比 $\dfrac{S}{F}$ 或 $\dfrac{S}{B}$ 对萃取操作的影响　完成同样的分离任务,若加大溶剂比,则所需的理论级数减少,但回收溶剂所消耗的能量增加;反之,溶剂比越小,所需的理论级数越多,但回收溶剂所消耗的能量越少。所以应根据情况权衡选定适宜的溶剂比。

(2) 萃取剂最小用量及其计算　萃取剂的最小用量是指,达到规定的分离程度所需的理论级数为无穷多时对应的萃取剂用量,用 $S_{\min}$ 表示。对于组分 B 与 S 完全不互溶时,用 δ 代表操作线的斜率,即 $\delta=B/S$。随 S 值减小,δ 值增大,当操作线与平衡线相交(或相切)时,δ 值达最大值 $\delta_{\max}$,所需的理论级数为无穷多。萃取剂最小用量可用下式计算,即

$$S_{\min}=\dfrac{B}{\delta_{\max}} \tag{8-20}$$

(3) 适宜萃取剂用量　一般取萃取剂最小用量的 $1.1\sim2.0$ 倍,即

$$S=(1.1\sim2.0)S_{\min}$$

四、连续接触逆流萃取

连续接触式的逆流萃取过程通常在塔式设备内进行,重液、轻液各从塔的顶、底进入,

操作时选择两相之一作为分散相,以扩大两相间的接触面积。

连续逆流萃取设备计算,主要是确定塔径和塔高。

第三节 液-液萃取设备

对萃取设备的基本要求:应具有充分混合与完全分离的能力。

一、混合-澄清萃取设备

了解混合-澄清槽的基本结构,操作过程,优缺点和适用场合。

二、塔式萃取设备

了解喷洒塔、填料萃取塔、筛板萃取塔、脉动筛板塔、往复筛板萃取塔、转盘萃取塔、的主要结构,操作方式,优缺点及适用场合。

三、离心萃取机

了解离心萃取机的主要结构,操作原理,优缺点和适用场合。

四、萃取设备的选择

(1) 选择原则 在满足工艺条件和要求的前提下,使设备费和操作费总和趋于最低。

(2) 选择时应考虑的一些因素 系统特性;理论级数;生产能力;物系的稳定性和在设备内的停留时间;以及其他一些因素,如厂房的面积、厂房的高度等。

例题与解题分析

【例 8-1】 含醋酸 35%(质量百分数)的醋酸水溶液,在 20℃下用异丙醚为溶剂进行萃取,料液的处理量为 100kg/h,试求:(1) 用 100kg/h 纯溶剂作单级萃取,所得萃余相和萃取相的数量与醋酸浓度;(2) 每次用 50kg/h 纯溶剂作两级错流萃取,萃余相的最终数量和醋酸浓度;(3) 比较两种操作所得的萃余相中醋酸的残余量与原料中醋酸量之比(萃余百分数 φ)。物系 20℃时的平衡溶解度数据见下表。

醋酸-水异丙醚液-液平衡数据 (20℃)

萃余相(水相)/%(质量)			萃取相(异丙醚相)/%(质量)		
醋酸(A)	水(B)	异丙醚(S)	醋酸(A)	水(B)	异丙醚(S)
0.69	98.1	1.2	0.18	0.5	99.3
1.41	97.1	1.5	0.37	0.7	98.9
2.89	95.5	1.6	0.79	0.8	98.4
6.42	91.7	1.9	1.93	1.0	97.1
13.30	84.4	2.3	4.82	1.9	93.3
25.50	71.1	3.4	11.40	3.9	84.7
36.70	58.9	4.4	21.60	6.9	71.5
44.30	45.1	10.6	31.10	10.8	58.1
46.40	37.1	16.5	36.20	15.1	48.7

分析:本题是用异丙醚为溶剂对含醋酸的水溶液进行萃取。先是用 100kg/h 纯溶剂对

料液进行单级萃取操作,而后是用 50kg/h 纯溶剂对料液进行两级错流萃取操作。最后来比较两种操作最后所得萃余相中醋酸的残余量与原料中醋酸量之比(萃余百分数 φ)。从比较结果可知用同等数量纯溶剂进行萃取,两级错流萃取操作和单级萃取操作效果,哪一种效果更好。

解:(1)单级萃取

由表中数据在三角形相图上作出溶解曲线及若干条平衡联结线,同时画出辅助曲线。如例 8-1 附图 (a) 所示

原料液中含醋酸 35%,可在图 AB 边上找出 F 点。联结 FS,因料液量 F 与溶剂量 S 相等,故混合点 M 位于 FS 线的中点。

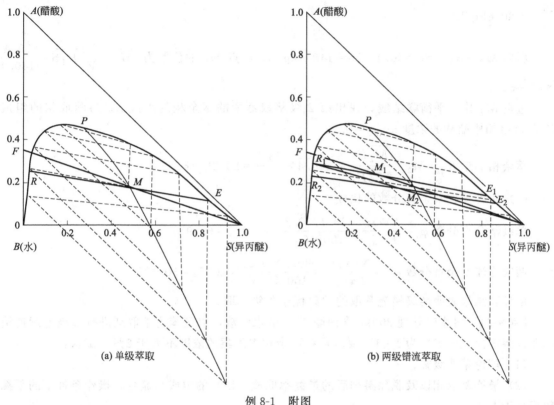

(a) 单级萃取

(b) 两级错流萃取

例 8-1 附图

总物料量 $M=F+S=100+100=200\text{kg/h}$

利用辅助曲线,过 M 点作一条平衡联结线,找出单级萃取的萃取相 E 与萃余相 R 的组成点。

从图上量出线段 $\overline{RE}$、$\overline{ME}$ 的长度,可得

$$R = M\frac{\overline{ME}}{\overline{RE}} = 200 \times \frac{19.4}{44} = 88.1\text{kg/h}$$

萃取相流量 $= M - R = 200 - 88.1 = 111.9\text{kg/h}$

从图 8-1 附图(a)中,可读得萃取相的醋酸浓度 $w_{AE} = 0.11$,萃余相的醋酸浓度 $w_{AR} = 0.25$

(2)两级错流萃取

由表中数据在三角形相图上作出溶解度曲线及若干条平衡联结线,同时画出辅助曲线,如例 8-1 附图(b)所示。

原料液中含醋酸 35%，可在图 AB 边上找出 F 点。连接 FS。而进入第 1 级萃取器的总物料量 $M_1 = S_1 + F = 50 + 100 = 150 \text{kg/h}$。表示混合物组成点 M_1 位置，参照例 8-1 附图(b) 可知 $\overline{SM_1} = \dfrac{F}{M_1} \times \overline{FS} = \dfrac{100}{150} \times 54 = 36$

利用辅助曲线，过 M_1 点作一条平衡联结线，找出离开第 1 级萃取器的萃余相 R_1 与萃取相组成 E_1。

进入第 2 级萃取器的总物料量 $M_2 = R_1 + S_2$，而萃余相流量 $R_1 = M_1 \times \dfrac{\overline{M_1 E_1}}{\overline{R_1 E_1}} = 150 \times \dfrac{25.3}{42} = 90.4 \text{kg/h}$。

所以 $M_2 = R_1 + S_2 = 90.4 + 50 = 140.4 \text{kg/h}$，和点 M_2 的位置为 $\overline{SM_2} = \dfrac{R_1}{M_2} \overline{R_1 S} = \dfrac{90.4}{140.4} \times 51 = 32.8$

过点 M_2 作一平衡联结线，找出第 2 级萃取器中的萃余相的组成 R_2 与萃取相的组成 E_2。萃余相中醋酸的浓度 $w_{AR_2} = 0.22$

萃余相的量 $R_2 = M_2 \times \dfrac{\overline{M_2 E_2}}{\overline{R_2 E_2}} = 140.4 \times \dfrac{25.7}{45} = 80.2 \text{kg/h}$

(3) 两种操作萃余百分数的比较

单级萃余百分数 $\varphi_1 = \dfrac{R w_{AR}}{F x_{AF}} = \dfrac{88.1 \times 0.25}{100 \times 0.35} \times 100\% = 62.9\%$

两级错流萃余百分数 $\varphi_2 = \dfrac{R_2 w_{AR}}{F x_{AF}} = \dfrac{80.2 \times 0.22}{100 \times 0.35} \times 100\% = 50.4\%$

由计算结果表明两级错流萃取的效果优于单级萃取。

【例 8-2】 每小时处理 200kg 含丙酮 50% 的水溶液，以氯苯为萃取剂进行多级连续逆流萃取。溶剂比 (S/F) 为 1:1。要求最终萃余相中丙酮的浓度不大于 2%。试求：

(1) 理论萃取级数；

(2) 最终萃取相以及脱除溶剂后的最终萃取液 (E') 的组成与流量，操作条件下的平衡数据列于下表。

水相/%（质量分数）			氯苯相/%（质量分数）		
丙酮(A)	水(B)	氯苯(S)	丙酮(A)	水(B)	氯苯(S)
0	99.89	0.11	0	0.18	99.82
10	89.79	0.21	10.79	0.49	88.72
20	79.69	0.31	22.23	0.79	76.98
30	69.42	0.58	37.48	1.72	60.80
40	58.64	1.36	49.44	3.05	47.51
50	46.28	3.72	59.19	7.42	33.57
60	27.41	12.59	61.07	22.85	15.08
60.58	25.66	1.76	60.58	25.66	13.76

分析：本题是用三角形坐标图解法，求取多级连续逆流萃取的理论级数，和最终萃取相以及脱除溶剂后的最终萃取液的组成与流量。步骤是依平衡数据在本题附图所示的三角形坐标上绘出溶解度曲线与辅助线。根据已知 w_{AF} 和溶剂比 S/F，在图上确定点 F，并在 SF

联线上确定点 M。近似地认为代表萃余相的组成点 R_n 与萃余液的组成点 R_n' 重合，则依 w_{AR_n} 为 2% 的值在 AB 边上确定点 R_n。最后依图解法求取理论萃取级数和有关问题。

解：（1）理论级数

先依平衡数据在本题附图所示三角形坐标上绘出溶解度曲线和辅助曲线。

按原料液组成 $w_{AF}=0.50$ 在三角形坐标图 AB 边上确定点 F，并在 SF 联线上依 $S/F=1$ 确定点 M ($\overline{FM}=\overline{MS}$)。

现近似地认为代表萃余相的组成点 R_n 与萃余液的组成点 R_n' 重合，则依 w_{AR_n} 为 2% 的值在 AB 边上确定点 R_n。

联 R_nM，并延长与溶解度曲线相交于点 E_1。联 E_1F、R_nS 两直线的延长线相交于点 Δ（操作点）。

利用辅助线由 E_1 作联结线 E_1R_1，此为第一级。作直线 $R_1\Delta$ 与溶解度曲线右侧相交为 E_2，利用辅助线由 E_2 作联结线 E_2R_2，此为第二级。

如此连续作图，由图知 R_4 中的溶质（丙酮）组成 w_{AR_4} 为 0.02，已达到对萃余相浓度的要求，故需四个理论级。

（2）最终萃取相 E_1 与萃取液 E' 的流量与组成，即

$$\frac{E_1}{M}=\frac{\overline{R_nM}}{\overline{R_nE_1}}$$

$$E_1=(200+200)\times\frac{42}{56}=300\text{kg/h}$$

脱除溶剂后最终萃取液 E' 的量为

$$E'=300-200=100\text{kg/h}$$

由图知最终萃取相 E_1 与萃取液 E' 的组成为

E_1：丙酮 33%　氯苯 67%

E_1'：丙酮 97.5%　水 2.5%

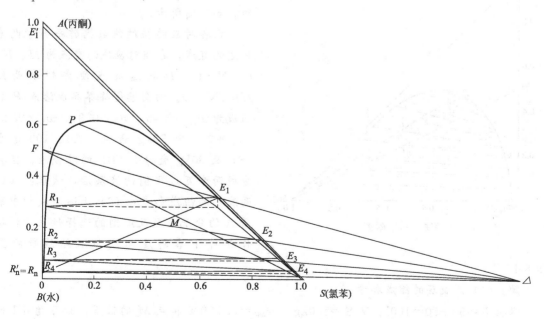

例 8-2　附图

习题解答

8-1 在25℃时,醋酸(A)-水(S)-庚醇-3(B)的平衡数据及联结线数据分别列于下表。

25℃醋酸(A)-水(S)-庚醇-3(B)的相平衡数据(均为质量百分数)

醋酸(A)/%	水(S)/%	庚醇-3(B)/%	醋酸(A)/%	水(S)/%	庚醇-3(B)/%
0	3.6	96.4	47.5	32.1	20.4
3.5	3.5	93.0	48.5	38.7	12.8
8.6	4.2	87.2	47.5	45.0	7.5
19.3	6.4	74.3	42.7	53.6	3.7
24.4	7.9	67.7	36.7	61.4	1.9
30.7	10.7	58.6	29.3	69.6	1.1
34.7	13.1	52.2	24.5	74.6	0.9
41.4	19.3	39.3	19.6	79.7	0.7
44.0	23.9	32.1	14.9	84.5	0.6
45.8	27.5	26.7	7.1	92.4	0.5
46.5	29.4	24.1	0.0	99.6	0.4

25℃时,醋酸-水-庚醇-3的联结线数据(均为质量百分数)即醋酸在两液层中的质量百分数

水层中的醋酸	庚醇-3中醋酸	水层中的醋酸	庚醇-3中醋酸
6.4	5.3	38.2	26.8
13.7	10.6	42.1	30.5
19.8	14.8	44.1	32.6
26.7	19.2	48.1	37.9
33.6	23.7	47.6	44.9

试在直角三角形坐标图上,标绘溶解度曲线,联结线以及辅助曲线。

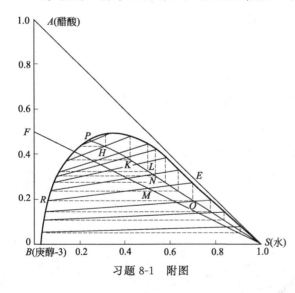

习题 8-1 附图

解: 由题给数据,在直角三角形坐标图上,标绘溶解度曲线,联结线及辅助曲线。如下图所示。

由各对应的联结线数据作平行于两直角边的直线,各组对应线的交点为 H、K、L、N…O,连接这些点便得辅助曲线 $HKLN$…O。由图读得临界界混溶点 P 的组成为 $w_A=0.46$,$w_B=0.31$,$w_S=0.23$

8-2 含50kg醋酸(A)、100kg水(S)及50kg庚醇-3(B)的混合液,当其分成两个互成平衡的液层后,试求:(1)两液层的组成和量?(2)上述两液相中溶质A的分配系数及溶剂的选择性系数?操作条件下溶解度曲线与联结线数据见题 8-1。

解: (1)两液层的组成和量

根据 $F=50+50=100$kg 及 $S=100$kg、$w_{AF}=0.5$ 确定和点 M 的位置,如习题 8-1 附图中所示。过点 M 通过试差作联结线 RE,由 8-1 附图中读得两平衡液层的组成为

水层（E相）：$w_{AE}=0.27$ $w_{BE}=0.01$ $w_{SE}=0.72$

庚醇-3层（R相）：$w_{AR}=0.20$ $w_{BR}=0.74$ $w_{SR}=0.06$

两液层的量由杠杆规则确定，即

$$E=M\times\frac{\overline{MR}}{\overline{ER}}=200\times\frac{24}{34}=141\text{kg}$$

$$R=200-141=59\text{kg}$$

(2) 分配系数及选择性系数

$$K_A=\frac{w_{AE}}{w_{AR}}=\frac{0.27}{0.20}=1.35$$

$$\beta=K_A\frac{w_{BR}}{w_{BE}}=1.35\times\frac{0.74}{0.01}=99.9$$

8-3 A、B、S三元物系的相平衡关系如附图所示，现将50kg的S与50kg的B相混合，试求：(1) 该混合物是否分成两相？两相的组成及数量各为多少？(2) 在混合物中至少加入多少A，才能使混合物变为均相？(3) 从此均相混合物中除去30kgS，剩余液体的数量与组成各为多少？

解：(1) 从相图可知，表示原混合物组成的点M_1，位于两相区，故混合物分为两相R与E。R相中含组分S 4%，含组分B 96%；E相中含组分S 85%，含组分B 15%。

依杠杆规则知E、R相的数量为

习题8-3 附图

$$\frac{E}{M_1}=\frac{\overline{M_1R}}{\overline{RE}}=\frac{0.5-0.04}{0.85-0.04}=0.568$$

$$E=0.568M_1=0.568\times(50+50)=56.8\text{kg}$$

$$R=M_1-E=100-56.8=43.2\text{kg}$$

(2) 根据杠杆规则，在原混合物M_1中加入组分A，其组成将沿直线AM_1变化，而溶解度曲线是单相区与两相区的分界线。因此，根据直线AM_1与溶解度曲线的交点M，即可求出组分A的最小加入量。由附图可知混合物M含S为21%，故

$$\frac{A}{M_1}=\frac{\overline{M_1M}}{\overline{AM}}=\frac{0.5-0.21}{0.21-0}=1.38$$

$$A=1.38M_1=1.38\times100=138\text{kg}$$

(3) 从混合物M中除去30kgS，其差点D必在SM的延长线上，根据杠杆规则：

$$\frac{S}{M}=\frac{\overline{DM}}{\overline{DS}}$$

式中 $S=30\text{kg}$, $M=100+138=238\text{kg}$

则

$$\frac{30}{100+138}=\frac{0.21-w_{SD}}{1-w_{SD}}$$

$$w_{SD}=0.0961$$

直线SM的延长线与$w_{SD}=0.0961$垂线的交点即为差点D。

由D点坐标可读得：$w_{AD}=0.66$

剩余液体的数量为：238－30＝208kg

8-4 在单级接触式萃取器中，以三氯乙烷为萃取剂。从含40％丙酮的水溶液中萃取丙酮。已知处理500kg丙酮的水溶液中萃取剂用量为1000kg，25℃时丙酮（A）-水（B）-三氯乙烷（S）系统的液-液相平衡数据列于附表（均为质量分数）

习题 8-4 附表

水 相			三氯乙烷相		
三氯乙烷/％	水/％	丙酮/％	三氯乙烷/％	水/％	丙酮/％
0.52	93.52	5.96	90.93	0.32	8.75
0.60	89.40	10.00	84.40	0.60	15.00
0.68	85.35	13.97	78.32	0.90	20.78
0.79	80.16	19.05	71.01	1.33	27.66
1.04	71.33	27.63	58.21	2.40	39.39
1.60	62.67	35.73	47.53	4.26	48.21
3.75	50.20	46.05	33.70	8.90	57.40

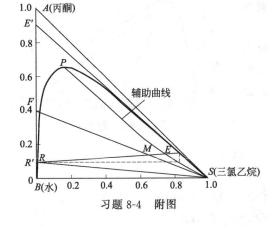

习题 8-4 附图

试求：

(1) 萃取相及萃余相的量及组成；

(2) 脱除溶剂后萃取液的量及组成；

(3) 两平衡液层的分配系数。

解：(1) 萃取相与萃余相的组成与量。

依平衡数据在附图上标绘溶解度曲线及辅助线。按 $w_{AF}=0.4$ 在图上确定 F 点。联 FS 线，依 $S:F=1000:500$ 在图上确定点 M。再利用辅助线找出联结线 RE，由图可读出萃取相 E 及萃余相 R 的组成：

E 相：丙酮 14.6％　三氯乙烷 84.4％　水 1％

R 相：丙酮 9.5％　三氯乙烷 0.6％　水 89.9％

混合液 M 的组成：丙酮 13.5％　三氯乙烷 66.7％　水 19.8％

萃取相及萃余相的量：对萃取相、萃余相及混合液中的丙酮作物料衡算

$$Mw_{AM}=Ew_{AE}+Rw_{AR}=Ew_{AE}+(M-E)w_{AR}$$

$$(1000+500)\times 0.135=E\times 0.146+(1000+500-E)\times 0.095$$

解出：
$$E=1176\text{kg}$$
$$R=1500-1176=324\text{kg}$$

(2) 脱除溶剂后萃取液的量及组成

连 SE 线并延长与 AB 边交于 E′，由图可知

萃取液 E′ 组成：丙酮 91％　水 9％

连 SR 线并延长与 AB 边交于 R′ 由图可知

萃余液 R′ 组成：丙酮 9.4％　水 90.6％

对萃取液 E′、萃余液 R′ 及原料液中的丙酮进行的物料衡算：

$$Fw_{AF}=E'w_{AE'}+R'w_{AR'}=E'w_{AE'}+(F-E')w_{AR'}$$

$$500 \times 0.4 = E' \times 0.91 + (500 - E') \times 0.094$$

解出：萃取液的量 $E' = 188 \text{kg}$

(3) 平衡液层的分配系数

$$K_A = \frac{w_{AE}}{w_{AR}} = \frac{0.146}{0.095} = 1.54$$

8-5 某混合液含溶质 A40kg，稀释剂 B60kg，用 100kg 纯溶剂 S 进行萃取，物质的溶解度曲线及辅助曲线如附图所示，试求：(1) 若采取两级错流萃取，每级所用萃取剂各为 50kg，所得萃余相的浓度为多少？(2) 若采用单级萃取并保持萃余相浓度相同，所需溶剂量有何变化？

解：(1) 根据已知料液组成在相图上定出点 F，连接 F 与 S 两点，并根据杠杆规则在其上确定和点 M_1（见习题 8-5 附图）。

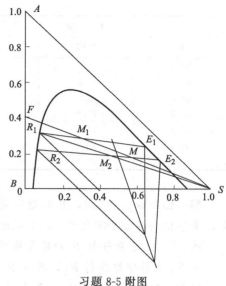

习题 8-5 附图

$$\frac{F}{M_1} = \frac{F}{F+S} = \frac{\overline{M_1 S}}{\overline{FS}}$$

$$\overline{M_1 S} = \frac{F}{F+S} \times \overline{FS}$$

$$= \frac{100}{100+50} \times 54$$

$$= 36$$

利用辅助线用试差法作出通过点 M_1 的联结线 $R_1 E_1$。由杠杆规则可求出第一级萃余相质量为

$$R_1 = \frac{\overline{M_1 E_1}}{\overline{R_1 E_1}} \times M_1 = \frac{18}{29} \times (100 + 50) = 93.1 \text{kg}$$

同理连点 R_1 与点 S，并由杠杆规则确定第二级的和点 M_2（见图）

$$\overline{M_2 S} = \frac{R_1}{R_1 + S} \times \overline{R_1 S} = \frac{93.1}{93.1 + 50} \times 49 = 31.9$$

利用辅助线用试差法作出通过点 M_2 的联结线 $R_2 E_2$ 如本题附图所示。由点 R_2 读得第二级萃余相浓度 $w_{AR_2} = 0.22$

(2) 采用单级萃取并保持萃余相浓度与两级错流时相同，所需溶剂量

通过 $R_2 E_2$ 联结线与 FS 相交点 M，即 F 与 S 的合点。依杠杆规则求出单级萃取所需的溶剂量为（见本题附图）

$$S = \frac{\overline{FM}}{\overline{MS}} \times F = \frac{31}{23} \times 100 = 134.8 \text{kg}$$

比较以上计算结果可知，对于同样的萃余相浓度，单级萃取所需的溶剂量大。

8-6 25℃时，醋酸（A）-水（B）-乙醚（S）物系的相平衡数据如附表（均以质量百分数表示）。在 25℃时，用乙醚对含 40%（质量）的醋酸水溶液进行逆流萃取。料液量为 1000kg/h，要求萃取液含醋酸 30%（质量），萃余液醋酸含量不大于 2%（质量），试求所需的乙醚量和理论级数。

习题 8-6 附表

水 层			乙 醚 层		
水	醋酸	乙醚	水	醋酸	乙醚
93.3	0	6.7	2.3	0	97.7
88.0	5.1	6.9	3.6	3.8	92.6
84.0	8.8	7.2	5.0	7.3	87.7
78.2	13.8	8.0	7.2	12.5	80.3
72.1	18.4	9.5	10.4	18.1	71.5
65.0	23.1	11.9	15.1	23.6	61.3
55.7	27.9	16.4	23.6	28.7	47.7

解： 已知 $w_{AF}=0.4$，在本题附图 AB 边上确定 F 点。连 FS 线，依萃取相含 30% 醋酸、萃余相醋酸含量不大于 2%，定出 E_1 及 R_n 点。连 E_1R_n 与 FS 线交于点 M。

连 FE_1 并延长与 R_nS 的延长线交于△点（操作点）

过 E_1 点作联结线得 R_1，再连 R_1△线与溶解度曲线交于 E_2 点

过 E_2 点作联结线得 R_2，再连 R_2△线与溶解度曲线交于 E_3 点

重复上述步骤，直到第五级萃余相组成 $w_{AR_5} \leqslant w_{AR_n}$，故知需理论级为 5 级

所需的乙醚量为

$$S = F \times \frac{\overline{FM}}{\overline{MS}} = 1000 \times \frac{33}{48} = 687.5 \text{kg/h}$$

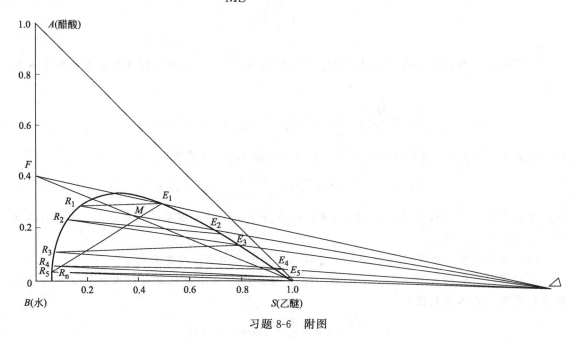

习题 8-6 附图

第九章 干 燥

学 习 要 求

一、掌握的内容

1. 湿空气的性质及其计算;
2. 湿空气的湿度图及其应用;
3. 干燥过程的物料衡算和热量衡算。

二、了解的内容

1. 干燥过程的速率及干燥时间的计算;
2. 常用干燥器的主要结构和特点。

学 习 要 点

一、干燥及其目的

(1) 干燥　通过加热汽化去除固体物料中湿分的方法称为干燥。
(2) 目的　为了满足贮存、运输、加工和使用等方面的不同要求。

二、干燥操作的分类

(1) 按操作压强分　常压干燥和真空干燥。
(2) 按热能传给湿物料的方式分　传导干燥、对流干燥、辐射干燥、介电加热干燥、联合干燥。
(3) 按操作方式分　连续干燥和间歇干燥。

三、对流干燥过程

1. 对流干燥流程

空气经预热器加热到一定温度后进入干燥器,与进入干燥器的湿物料直接接触,空气将热量以对流的方式传给湿物料,湿物料表面的水分升温汽化,并扩散到空气中,最后由干燥器的另一端排出。在间歇干燥中,湿物料成批放入干燥器内,待干燥到指定含水量后一次取出。若为连续干燥过程,物料被连续加入与排出。物料与气流的接触可以是并流、逆流或其他形式。

2. 对流干燥的特点
(1) 对流干燥过程是气、固两相间进行热、质同时反向传递的过程。
(2) 作为干燥介质的热空气,既是载热体又是载湿体。

3. 对流干燥的必要条件

物料表面的水汽压强必须大于干燥介质中的水汽分压。

第一节 湿空气的性质和湿度图

一、湿空气的性质

1. 湿度 H

湿空气中单位质量干空气所带有的水蒸气的质量,称湿空气的绝对湿度简称湿度,单位为 kg 水/kg 干气。

$$H = 0.622 \frac{p_V}{p - p_V} \tag{9-1}$$

当空气达到饱和时,相应的湿度称为饱和湿度

$$H_S = 0.622 \frac{p_S}{p - p_S} \tag{9-2}$$

2. 绝对湿度百分数 Ψ

在一定总压及湿度下,湿空气的绝对湿度与饱和湿度之比的百分数称为绝对湿度百分数。

$$\Psi = \frac{H}{H_S} \times 100\% = \frac{p_V(p - p_S)}{p_S(p - p_V)} \times 100\% \tag{9-3}$$

3. 相对湿度百分数 φ

在一定总压下,湿空气中水蒸气分压 p_V 与同温度下水的饱和蒸气压 p_S 之比的百分数,称为相对湿度百分数,简称相对湿度,即

$$\varphi = \frac{p_V}{p_S} \times 100\% \tag{9-4}$$

由上式知:

干空气 $\quad\quad p_V = 0, \varphi = 0$;

饱和的湿空气 $\quad p_V = p_S, \varphi = 100\%$

未饱和的湿空气 $\quad 0 < \varphi < 100\%$

φ 值的大小可表示湿空气吸收水蒸气的能力,φ 值越小,吸水能力越强。

将式(9-4)代入式(9-1)得

$$H = 0.622 \frac{\varphi p_S}{p - \varphi p_S} \tag{9-5}$$

4. 湿容积 v_H

1kg 干空气及其所带有的 H kg 水汽的总体积,称为湿空气的湿容积,单位为 m^3/kg 干气。

$$v_H = (0.772 + 1.244H) \frac{t + 273}{273} \times \frac{1.013 \times 10^5}{p} \tag{9-6}$$

5. 湿热容 c_H

在常压下,将 1kg 干空气和其所带有的 H kg 水蒸气的温度升高 1℃所需的总热量,称为湿热容,单位为 kJ/(kg 干气·℃)。

$$c_H = c_a + H c_V = 1.01 + 1.88H \tag{9-7}$$

6. 焓 I_H

1kg 干空气的焓和其所带有的 H kg 水蒸气的焓之和,称为湿空气的焓,单位为 kJ/kg

干气。
$$I_H = I_a + HI_V \tag{9-8}$$
或
$$I_H = (1.01 + 1.88H)t + 2490H \tag{9-9}$$

7. 干球温度 t

用普通温度计测得的湿空气的温度为其真实温度，单位为℃或K。

8. 湿球温度 t_W

是由湿球温度计（用湿纱布包裹干球温度计的感温球）置于湿空气中测得的温度，称为湿球温度，单位为℃或K。

湿球温度不是湿空气的真实温度，它实质上是湿空气与湿纱布中水之间传质和传热达到平衡或稳定时，湿纱布中水的温度。

$$t_W = t - \frac{k_H r_W}{\alpha}(H_{S,W} - H) \tag{9-10}$$

9. 绝热饱和温度 t_{as}

湿空气经绝热冷却增湿达到饱和状态时的温度，称为绝热饱和温度，单位为℃或K。绝热增湿过程是一个等焓过程。

$$t_{as} = t - \frac{r_0}{c_H}(H_{as} - H) \tag{9-11}$$

对空气-水蒸气系统 $t_{as} \approx t_W$

10. 露点 t_d

将不饱和的湿空气在总压 p 和湿度 H 不变的情况下冷却至饱和状态时的温度，称为该空气的露点，单位为℃或K。此时的湿度就是露点下的饱和湿度 $H_{S,td}$，其值等于该空气原来的湿度，即 $H_{S,td} = H$。而此时空气中的水汽分压为露点下水的饱和蒸气压 $p_{S,td}$，其值也等于该空气原来的水汽分压，即 $p_{S,td} = p$。

湿空气在露点下，$\varphi = 100\%$，由式(9-2)得

$$H_{S,td} = 0.622 \frac{p_{S,td}}{p - p_{S,td}} \tag{9-12}$$

上式也可改写为

$$p_{S,td} = \frac{H_{S,td} p}{0.622 + H_{S,td}} \tag{9-13}$$

通过式(9-12)及式(9-13)可分别求得湿空气的湿度及露点。

t、t_W（或 t_{as}）及 t_d 之间的关系

不饱和空气　$t > t_W$（或 t_{as}）$> t_d$

饱和空气　$t = t_W$（或 t_{as}）$= t_d$

二、湿空气的 T-H 图

1. 湿度图的组成

(1) 等温线（等 t 线）；

(2) 等湿线（等 H 线）；

(3) 等相对湿度线（等 φ 线）；

(4) 绝热冷却线（等焓线）；

(5) 湿热线；

(6) 水蒸气分压线；

(7) 湿容积线；

(8) 饱和容积线。

2. 湿度图的用法

(1) 会确定湿空气的状态点 A。通常已知条件为

① 湿空气的干球温度 t 和湿球温度 t_W；

② 湿空气的干球温度 t 和露点 t_d；

③ 湿空气的干球温度 t 和相对湿度 φ。

不是独立的两个参数不能确定湿空气的状态点，如露点 t_d 和湿度 H；湿球温度 t_W 和焓 I_H 等。

(2) 会根据湿空气的状态点查取湿空气的各种参数。

三、湿空气的增湿和减湿

提高湿空气中水汽的含量称为增湿，而降低湿空气中水汽的含量称为减湿。

了解增湿和减湿的操作过程。

第二节　干燥的物料衡算和热量衡算

一、湿物料中含水量的表示方法

1. 湿基含水量 w

湿基含水量是以湿物料为基准的水分含量，即

$$w = \frac{湿物料中水分的质量}{湿物料的总质量} \times 100\% \tag{9-14}$$

2. 干基含水量 X

干基含水量是以绝干物料为基准的水分含量，即

$$X = \frac{湿物料中水分的质量}{湿物料中干物料的质量} \times 100\% \tag{9-15}$$

湿基含水量与干基含水量之间的关系

$$X = \frac{w}{1-w} \tag{9-16}$$

$$w = \frac{X}{1+X} \tag{9-17}$$

二、物料衡算

1. 水分蒸发量 W

(1) 对干燥器作水分的物料衡算，可得

$$W = G_C(X_1 - X_2) = L(H_2 - H_1) \tag{9-18}$$

(2) 水分蒸发量为进、出干燥器的湿物料量之差，即

$$W = G_1 - G_2 \tag{9-19}$$

(3) 若干燥中无物料损失，干燥前后绝干物料量不变，即

$$G_C = G_1(1-w_1) = G_2(1-w_2) \tag{9-20}$$

由式(9-19)及式(9-20)可得

$$W = G_1 \frac{w_1 - w_2}{1 - w_2} = G_2 \frac{w_1 - w_2}{1 - w_1} \tag{9-21}$$

2. 空气消耗量

(1) 干空气消耗量

$$L = \frac{W}{H_2 - H_1} \tag{9-22}$$

(2) 单位空气消耗量

$$l = \frac{L}{W} = \frac{1}{H_2 - H_1} \tag{9-23}$$

(3) 新鲜空气消耗量

$$L_0 = L(1 + H_0) \tag{9-24}$$

(4) 湿空气的体积流量（风机的风量）

$$q_V = L v_H = L(0.772 + 1.244H) \frac{t + 273}{273} \tag{9-25}$$

3. 干燥产品量

$$G_2 = G_1 \frac{1 - w_1}{1 - w_2} \tag{9-26}$$

或

$$G_2 = G_1 - W \tag{9-27}$$

三、热量衡算

1. 单位时间内预热器消耗的热量

$$Q_P = L(I_1 - I_0) = L(1.01 + 1.88H_0)(t_1 - t_0) \tag{9-28}$$

2. 单位时间内向干燥器补充的热量

$$Q_D = L(I_2 - I_1) + G_C(I'_2 - I'_1) + Q_L \tag{9-29}$$

3. 单位时间内干燥系统消耗的总热量

$$Q = Q_P + Q_D = L(I_2 - I_0) + G_C(I'_2 - I'_1) + Q_L \tag{9-30}$$

为了便于分析和应用，上式可简化为

$$Q = Q_P + Q_D = 1.01L(t_2 - t_0) + G_C c_m(\theta_2 - \theta_1) + W(2490 + 1.88t_2) + Q_L \tag{9-31}$$

由上式可知，加入干燥系统的总热量用于：加热空气；加热物料；蒸发水分；热损失。

四、空气通过干燥器时的状态变化

根据物料衡算式和热量衡算式，计算干燥器的空气消耗量及热量消耗时，必须知道空气进、出干燥器的状态参数。

当空气通过预热器时，其状态变化较简单，即 H 不变，t 升高，若预热后空气的温度 t_1 为已知，则空气的状态就确定了，一般空气出预热器的状态即为进入干燥器的状态。但空气通过干燥器时，空气与物料间进行传热和传质，有时还向干燥器内补充热量，同时又有热量损失，情况比较复杂，故使干燥器出口状态的确定较困难。通常，根据空气在干燥器内焓的变化，将干燥过程分为等焓过程和非等焓过程。

1. 等焓干燥过程

等焓干燥过程也称绝热干燥过程或理想干燥过程。

在干燥过程中，若 $Q_D=0$、$Q_C=0$、$I'_1=I'_2$ 时，则

$$I_1=I_2$$

这说明空气在干燥器中状态的变化是一个等焓过程，即空气放出的显热全部用于蒸发湿物料中的水分，水蒸气又把汽化时自空气中吸收的热量，以潜热形式全部带回到空气中。该过程在 T-H 图上沿等焓线变化，只要知道空气离开干燥器时的另一个独立参数如温度或湿度等，出干燥器的状态点就可确定。

2. 非等焓干燥过程

非等焓干燥过程也称非绝热干燥过程或实际干燥过程。可分为以下三种情况：

(1) $I_2 > I_1$；

(2) $I_2 < I_1$；

(3) 干燥过程在等温条件下进行。

对非等焓干燥过程，空气出干燥器时的状态点应依具体条件进行确定。

五、干燥器的热效率和干燥效率

干燥器的热效率 η' 一般定义为

$$\eta' = \frac{干燥器内用于汽化物料中水分所消耗的热量}{对干燥系统加入的总热量} \times 100\% \qquad (9\text{-}32)$$

或

$$\eta' = \frac{Q_1}{Q_P + Q_D} \times 100\% \qquad (9\text{-}32a)$$

式中，$Q_1 = W(2490 + 1.88t_2 - 4.187\theta_1)$ (9-33)

干燥器的干燥效率 η 一般定义为

$$\eta = \frac{干燥器内用于汽化物料中水分所消耗的热量}{空气在干燥器内放出的热量} \times 100\% \qquad (9\text{-}34)$$

或

$$\eta = \frac{Q_1}{Q_2} \times 100\% \qquad (9\text{-}34a)$$

式中，$Q_2 = L(1.01 + 1.88H_0)(t_1 - t_2)$ (9-35)

热效率和干燥效率表示干燥器操作的性能，效率越高表示热利用程度越好。为了减少能耗，提高热利用率，可采取如下措施：

① 适当降低空气离开干燥器的温度和提高其湿度；

② 回收利用废气中的热量；

③ 注意干燥设备和管路的保温，以减少干燥系统的热损失。

第三节 固体物料在干燥过程中的平衡关系与速率关系

一、物料中的水分

根据水分在物料中的存在情况分为：

① 化学结合水，即化合物中的结晶水，这种水分不能用干燥方法除去。

② 化学-物理结合水与物理-机械结合水，这两种水分只有变成蒸汽才能从物料中除去。

③ 机械结合水分，这种水分可用机械方法（如过滤、离心分离）除去。

从干燥机理出发，将物料中的水分可分为以下几种。

1. 平衡水分和自由水分

根据水分能否用干燥方法除去，分为平衡水分和自由水分。

（1）平衡水分　湿物料与一定状态的空气接触，当湿物料表面产生的水蒸气压强与空气中的水蒸气分压相等时，湿物料中的含水量称为该空气状态下的平衡水分，用 X^* 表示。其平衡关系用在一定温度下测得的 $\varphi\text{-}X^*$ 曲线表示。

（2）自由水分　物料中的水分超过 X^* 的那部分水分，这部分水分能用干燥方法除去。

物料中平衡水分和自由水分不仅与物料的性质有关，还与接触的空气状态有关。对于一定的物料，若空气状态不同，则其平衡水分和自由水分的数值也不同。

2. 结合水分和非结合水分

根据水分除去的难易程度，分为结合水分和非结合水分。

（1）结合水分　这部分水分与物料结合力较强，其蒸气压低于同温度下纯水的饱和蒸气压，是较难除去的水分。

（2）非结合水分　这些水分与物料结合力较弱，其蒸气压等于同温度下纯水的饱和蒸气压，是较易除去的水分。

物料中结合水分和非结合水分，只取决于物料本身的特性，而与其接触的空气状态无关。二者的分界点是相对湿度 $\varphi=100\%$ 时物料的平衡含水量。

二、干燥时间的计算

恒定干燥和非恒定（变动）干燥：在干燥过程中，若空气进出干燥器的状态参数维持恒定，则称为恒定干燥，反之称为非恒定（变动）干燥。

用大量的空气干燥少量的物料时，接近于恒定干燥。本节只讨论恒定干燥。

1. 干燥实验和干燥曲线

在间歇干燥器中，于恒定干燥条件下，定时测量物料的质量及物料表面的温度随时间的变化情况，直到物料的质量恒定为止，从而得到 $X\text{-}\tau$ 及 $\theta\text{-}\tau$ 关系曲线，即为恒定干燥条件下的干燥曲线。

通过干燥曲线可以看出物料在干燥过程中，其表面温度和含水量随时间的变化情况。

2. 干燥速率曲线

（1）干燥速率　单位时间内在单位干燥面积上被干燥物料所能汽化的水分质量称为干燥速率，其表达式为

$$U=\frac{dW'}{A d\tau} \tag{9-36}$$

或

$$U=-\frac{G'_C dX}{A d\tau} \tag{9-37}$$

（2）干燥速率曲线　干燥速率曲线表明在干燥过程中干燥速率与物料含水量之间的关系。由干燥速率曲线可知，干燥过程分为两个阶段，即恒速干燥阶段和降速干燥阶段。

① 恒速干燥阶段的特点是：水分汽化速率不变，即 $U=$ 常数；物料内部水分的扩散速率大于等于表面水分汽化速率，物料表面始终维持湿润状态，物料表面温度等于空气的湿球温度；空气传给物料的热量等于水分汽化所需的热量；干燥速率取决于表面汽化速率，称为

表面汽化控制阶段。影响干燥速率的因素是干燥介质的状态，提高空气的温度和流速，降低湿度可使干燥速率提高。

② 降速干燥阶段的特点是：水分汽化速率随物料含水量的减少而降低，即 U 下降；物料内部水分的扩散速率小于表面水分汽化速率，空气传给物料的热量大于物料表面水分汽化所需的热量，物料表面温度大于空气的湿球温度；干燥速率取决于物料内部水分向表面迁移的速度，称为物料内部迁移控制阶段。影响干燥速率的因素是物料本身的结构、形状和尺寸大小，而与干燥介质的状态参数关系不大，所以减小物料尺寸，使物料分散在干燥介质中，可提高此阶段的干燥速率。

(3) 临界点和临界含水量　恒速阶段和降速阶段的转折点称为临界点，与该点对应的物料含水量称为临界含水量，用 X_C 表示。

临界含水量 X_C 增大，会使干燥较早的转入降速阶段，在相同的干燥任务下，所需干燥时间较长。所以降低临界含水量会使整个干燥时间缩短。减小物料层厚度，对物料增加搅动等，均能使 X_C 值减小。

3. 干燥时间的计算

(1) 恒速阶段的干燥时间

$$\tau_1 = \frac{G'_C}{U_C A}(X_1 - X_C) \tag{9-38}$$

$$U_C = \frac{\alpha}{r_{tw}}(t - t_w) \tag{9-39}$$

式中，α 同物料与干燥介质的接触方式有关，可用经验公式估算。

(2) 降速阶段的干燥时间

① U 与 X 呈线性关系时

$$\tau_2 = \frac{G'_C}{A k_X} \ln \frac{X_C - X^*}{X_2 - X^*} \tag{9-40}$$

或

$$\tau_2 = \frac{G'_C(X_C - X^*)}{A U_C} \ln \frac{X_C - X^*}{X_2 - X^*} \tag{9-41}$$

当缺乏平衡含水量 X^* 的数据时，可假设降速阶段干燥速率曲线为通过原点的直线，此时 $X^* = 0$，于是上式变为

$$\tau_2 = \frac{G'_C X_C}{A U_C} \ln \frac{X_C}{X_2} \tag{9-42}$$

② U 与 X 不呈线性关系时，可根据实验数据用绘图积分法求积分项的数值。

(3) 每批物料所需的干燥时间

$$\tau = \tau_1 + \tau_2 \tag{9-43}$$

第四节　干　燥　器

一、分类

按加热方式不同，分为以下几类：

① 对流干燥器；

② 传导干燥器；

③ 辐射干燥器；
④ 介电加热干燥器。

二、化工生产中常用的几种干燥器

厢式干燥器（盘架式干燥器）、带式干燥器、气流干燥器、沸腾床干燥器（流化床干燥器）、转筒干燥器、喷雾干燥器、滚筒干燥器的主要构造、操作过程、优缺点、主要应用。

三、干燥器的选择

间歇式干燥器仅适用于物料数量不大，要求产品指标不同的场合。连续式干燥器的干燥时间较短，产品质量均匀，劳动强度小，因此，应尽量采用连续式干燥器。

选用干燥器时应考虑以下因素：
(1) 物料的热敏性；
(2) 成品的形状、质量及价值；
(3) 干燥速率曲线与物料的临界含水量；
(4) 物料的黏性；
(5) 其他方面，如物料干燥过程中表面硬化及收缩现象，物料的毒性，建厂地区的外部条件等。

例题与解题分析

【例 9-1】 在连续干燥器中用热空气作干燥介质对晶体物料进行干燥。湿物料的处理量为 1600kg/h，进出干燥器的湿基含水量分别为 0.12 及 0.02；空气进、出干燥气的湿度分别为 0.01 及 0.028。忽略物料损失，试求水分蒸发量、单位空气消耗量及新鲜空气消耗量、干燥产品量。

分析：本题是在连续干燥器中，用热空气作干燥介质对湿物料晶体进行干燥，在一定条件下求水分蒸发量、单位空气消耗量、新鲜空气消耗量及干燥产品量。解题方法是应用物料衡算。在本例中，已知条件较多，求解的量也多，解题步骤也多。解这类问题的关键在于理清解题思路，思路理清后，解题就顺理成章了。建议做好以下几点：(1) 解题前先分析题目内容，列出已知条件：$G_1=1600$kg/h，$w_1=0.12$，$w_2=0.02$，$H_1=0.01$kg 水/kg 干气，$H_2=0.028$kg 水/kg 干气。(2) 列出求解项目：W；L_0；l；G_2。(3) 可能用到的式子：$W=G_C(X_1-X_2)$；$G_C=G_1(1-w_1)$；$X_1=\dfrac{w_1}{1-w_1}$；$X_2=\dfrac{w_2}{1-w_2}$；$l=\dfrac{1}{H_2-H_1}$；$L=\dfrac{W}{H_2-H_1}$；$L_0=L(1+H_1)$；$L=Wl$；(4) 根据求解的量本身的先后顺序作答。

解：(1) 水分蒸发量

$$W=G_C(X_1-X_2)$$

式中 $G_C=G_1(1-w_1)=1600\times(1-0.12)=1408$kg 干料/h

$$X_1=\frac{w_1}{1-w_1}=\frac{0.12}{1-0.12}=0.1364$$

$$X_2=\frac{w_2}{1-w_2}=\frac{0.02}{1-0.02}=0.0204$$

故 $W=1408(0.1364-0.0204)=163.33$kg/h

(2) 单位空气消耗量 l 及新鲜空气消耗量 L_0

$$l = \frac{1}{H_2 - H_1} = \frac{1}{0.028 - 0.01} = 55.6 \text{kg 干气/kg}$$

$$L_0 = L(1+H_1) = Wl(1+H_1) = 163.33 \times 55.6 \times (1+0.01) = 9170 \text{kg 新鲜空气/h}$$

(3) 干燥产品量 G_2

$$G_1(1-w_1) = G_2(1-w_2)$$

$$G_2 = \frac{G_1(1-w_1)}{1-w_2} = \frac{1600 \times (1-0.12)}{1-0.02} = 1437 \text{kg/h}$$

【例 9-2】 对例 9-1 的干燥系统，湿空气在预热器中从 20℃ 升温至 90℃ 进入干燥器，空气在干燥气中经历等焓增湿过程。湿物料进出干燥器的温度分别为 20℃ 及 45℃，干物料的比热容为 2.44kJ/(kg 干物料·℃)。忽略干燥系统的热损失。试计算：(1) 预热器的传热量 Q_P；(2) 空气离开干燥器的温度 t_2；(3) 干燥器补充的热量 Q_D；(4) 干燥系统的热效率 η；(5) 在 $T\text{-}H$ 图上表达空气在干燥系统中的状态变化情况。

分析：本题是在例 9-1 物料衡算基础上进行热量衡算的，所以在例 9-1 中已经求得的水分蒸发量 W，干物料量 G_C 等都作为本题计算时的参数。另在解题时建议绘出本干燥系统中流程示意图，并标出有关参数如下：

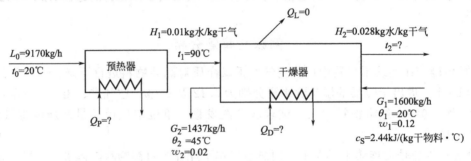

例 9-2 干燥流程示意图

最后按求解的量本身的先后顺序做出答案。

解：(1) 预热器的传热量

$$Q_P = L(1.01 + 1.88H_0)(t_1 - t_0) = Wl(1.01 + 1.88H_0)(t_1 - t_0)$$
$$= 163.33 \times 55.6 \times (1.01 + 1.88 \times 0.01)(90 - 20)$$
$$= 6.538 \times 10^5 \text{ kJ/h} = 181.6 \text{kW}$$

(2) 空气离开干燥器的温度

因为干燥器中空气经历的等焓增湿过程，即 $I_1 = I_2$ 所以

$$(1.01 + 1.88H_1)t_1 + 2490H_1 = (1.01 + 1.88H_2)t_2 + 2490H_2$$

式中 $H_1 = 0.01$ kg 水/kg 干气，$H_2 = 0.028$ kg 水/kg 干气，$t_1 = 90$℃

将其代入上式求解 t_2，得

$$(1.01 + 1.88 \times 0.01) \times 90 + 2490 \times 0.01 = (1.01 + 1.88 \times 0.028)t_2 + 2490 \times 0.028$$

解得 $t_2 = 45$℃

(3) 干燥器补充的热量

$$Q_D = L(I_2 - I_1) + G_C(I_2' - I_1') + Q_L$$

由题所给条件，$I_2 = I_1$，$Q_L = 0$，因而上式简化为

$$Q_D = G_C(I'_2 - I'_1)$$

式中
$$I'_1 = c_S\theta_1 + Xc_w\theta_1 = (c_S + 4.187X_1)\theta_1$$
$$= (2.44 + 4.187 \times 0.1364) \times 20 = 60.2 \text{kJ/kg 干料}$$
$$I'_2 = (2.44 + 4.187 \times 0.0204) \times 45 = 113.6 \text{kJ/kg 干料}$$

将有关数据代入 Q_D 的简化式，得
$$Q_D = 1408 \times (113.6 - 60.2) = 75187 \text{kJ/h} = 20.9 \text{kW}$$

(4) 干燥系统热效率
$$\eta' = \frac{Q_1}{Q_P + Q_D} \times 100\% = \frac{W(2490 + 1.88t_2 - 4.187\theta_1)}{Q_P + Q_D} \times 100\%$$
$$= \frac{163.3 \times (2490 + 1.88 \times 45 - 4.187 \times 20)}{6.538 \times 10^5 + 0.752 \times 10^5} \times 100\% = 56\%$$

(5) 在 T-H 图上表达空气的状态变化过程

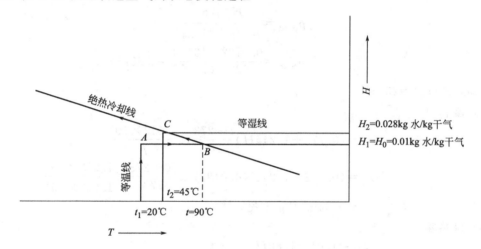

例 9-2 附图

习题解答

9-1 已知 101.3kPa 下空气的干球温度为 50℃，湿球温度为 30℃，求此空气的湿含量、焓、相对湿度、露点、及湿容积。

解：(1) 湿含量

由附录查得 30℃时，水的饱和蒸气压 $p_S = 4.25$kPa，$r_W = 2423.7$kJ/kg。

对空气水蒸气系统 $\alpha/k_H = 1.09$

$$H_S = 0.622 \times \frac{p_S}{p - p_S}$$
$$H_S = 0.622 \times \frac{4.25}{101.3 - 4.25} = 0.0272 \text{kg 水/kg 干气}$$

则
$$t_W = t - \frac{k_H r_W}{\alpha}(H_{S,w} - H)$$
$$30 = 50 - \frac{2423.7}{1.09} \times (0.0272 - H)$$
$$H = 0.0182 \text{kg 水/kg 干气}$$

(2) 焓

$$I_H = (1.01 + 1.88H)t + 2490H$$
$$I_H = (1.01 + 1.88 \times 0.0182) \times 50 + 2490 \times 0.0182$$
$$= 97.53 \text{kJ/kg 干气}$$

(3) 相对湿度

$$H = 0.622 \frac{\varphi p_S}{p - \varphi p_S}$$

由附录查知 50℃时 $p_S = 12.34\text{kPa}$

则
$$0.0182 = 0.622 \times \frac{\varphi \times 12.34}{101.3 - 12.34 \times \varphi}$$
$$\varphi = 23.34\%$$

(4) 露点

$$p_{S,td} = \frac{H_{S,td} p}{0.622 + H_{S,td}}$$

$$p_{S,td} = \frac{0.0182 \times 101.3}{0.622 + 0.0182} = 2.88 \text{kPa}$$

查附录知露点 $(t_d) = 23.5$℃

(5) 湿容积

$$v_H = (0.772 + 1.244H)\frac{t + 273}{273} \times \frac{1.013 \times 10^5}{p}$$

$$v_H = (0.772 + 1.244 \times 0.0182) \times \frac{50 + 273}{273} \times \frac{1.013 \times 10^5}{1.013 \times 10^5}$$

$$= 0.94 \text{m}^3/\text{kg 干气}$$

(6) 湿热容

$$c_H = 1.01 + 1.88H$$
$$c_H = 1.01 + 1.88 \times 0.0182 = 1.045 \text{kJ/kg 干气}$$

9-2 利用湿空气的性质图查出本题附表中空格项的数值，填充下表：

湿空气的总压强 1.013×10^5 Pa

序号	干球温度/℃	湿球温度/℃	湿度/kg 水/kg 干气	相对湿度/%	焓/kJ/kg 干气	水蒸气分压/kPa	露点/℃
1	(20)			(75)			
2	(40)						(25)
3		(35)					(30)

解：依题意分别查出表中空格项的数，填于表中如下：

湿空气的总压强 1.013×10^5 Pa

序号	干球温度/℃	湿球温度/℃	湿度/kg 水/kg 干气	相对湿度/%	焓/kJ/kg 干气	水蒸气分压/kPa	露点/℃
1	(20)	16	0.011	(75)	48	1.6	15
2	(40)	28.5	0.02	43	92	3.2	(25)
3	55	(35)	0.028	25	127	4.3	(30)

9-3 将温度为120℃，湿度为0.15kg 水/kg 干空气的湿空气在101.3kPa的恒定总压下加以冷却，试分别计算冷却至以下温度每kg 干空气所析出的水分；(1) 冷却到100℃；(2)

冷却到 50℃；(3) 冷却到 20℃。

解：该空气在原来状态下的水蒸气分压为

$$H_S = 0.622 \frac{p_S}{p-p_S}$$

$$0.15 = 0.622 \frac{p_S}{101.3-p_S}$$

$$p_S = \frac{101.3 \times 0.15}{0.622+0.15} = 19.68 \text{kPa}$$

(1) 冷却到 100℃ 时

查附录知水在 100℃ 时的饱和蒸气压为 101.3kPa，现将原空气冷却到 100℃，其 $p_S < p$，未达到饱和状态，故不会有液态水析出。

(2) 冷却到 50℃ 时

查附录知水在 50℃ 时饱和蒸气压为 12.34kPa，空气在此温度下饱和湿度 $H_饱$ 即为容纳水分的极限能力

$$H_饱 = 0.622 \times \frac{12.34}{101.3-12.34} = 0.0862$$

故将原空气冷却到 50℃ 时，每 kg 干空气所析出水分为

$$H - H_饱 = 0.15 - 0.0862 = 0.0638 \text{kg 水/kg 干空气}$$

(3) 冷却到 20℃ 时

查附录知水在 20℃ 时的饱和蒸气压为 2.3346kPa，空气在 20℃ 时的饱和湿度 $H_饱$，即容纳水分的极限能力

$$H_饱 = 0.622 \times \frac{2.3346}{101.3-2.3346} = 0.0146$$

故将原空气冷却到 20℃ 时，每 kg 干空气所析出水分为

$$H - H_饱 = 0.15 - 0.0146 = 0.1354 \text{kg 水/kg 干空气}$$

9-4 空气的干球温度为 20℃，湿球温度为 16℃，此空气经一预热器后温度升高到 50℃，送入干燥器时温度降至于 30℃，试求：

(1) 此时出口空气的湿含量，焓及相对湿度；

(2) 100m³ 的新鲜干空气预热到 50℃ 所需的热量及通过干燥器所移走的水蒸气量各为若干？

解：由 T-H 图查知：当 $t = 20℃$，$t_W = 16℃$ 时，查得：$H_0 = 0.01$ kg 水/kg 干气，$I_0 = 45$ kJ/kg 干气。当经过预热器后，加热到 50℃ 时，$H_1 = 0.01$ kg 水/kg 干气，$I_{H_1} = 78$ kJ/kg 干气；$\varphi_1 = 13\%$。再送入干燥器绝热冷却 30℃ 时，$H_2 = 0.019$ kg 水/kg 干气，$\varphi_2 = 70\%$，$I_{H_2} = 78$ kJ/kg 干气。

(1) 出口空气的湿含量、焓及相对湿度

查 T-H 图：$H_2 = 0.019$ kg 水/kg 干气 $I_{H_2} = 78$ kJ/kg 干气 $\varphi_2 = 70\%$

(2) 100m³ 的新鲜空气预热 50℃ 所需热量

$$v_H = (0.772 + 1.244H) \frac{t+273}{273} \times \frac{1.013 \times 10^5}{p}$$

得

$$V = L v_H = L(0.772 + 1.244H) \frac{t+273}{273} \times \frac{1.013 \times 10^5}{1.013 \times 10^5}$$

$$100 = L(0.772 + 1.224 \times 0.01) \times \frac{20+273}{273} \times \frac{1.013 \times 10^5}{1.013 \times 10^5}$$

$$L = 118.78 \text{kg 干气}$$
$$Q = L(I_2 - I_0) = 118.78 \times (78 - 45) = 3920 \text{kJ}$$

(3) 通过干燥器所移走水蒸气量
$$W = L(H_2 - H_0) = 118.78 \times (0.019 - 0.01) = 1.07 \text{kg 水蒸气}$$

9-5 某转筒式干燥器，转筒的内直径为 1.2m，用以干燥一种粒状物料，物料中水分自 30% 干燥到 2%（均为湿基）。所用湿空气的状态：进入干燥器时温度为 110℃、湿球温度为 40℃，离开干燥器时温度为 75℃，湿球温度设为 70℃。绝干空气在转筒内的质量流速为 300kg/(m²·h) 问这个干燥器每小时最多能处理多少 kg 湿物料？

解：
$$G_1 = W \frac{1 - w_2}{w_1 - w_2}$$

式中 $W = L(H_2 - H_1)$ $L = \frac{\pi}{4} D^2 G = \frac{\pi}{4} \times 1.2^2 \times 300 = 339 \text{kg/h}$

空气状态：$t_1 = 110℃$，$t_{w1} = 40℃$，$t_2 = 75℃$，$t_{w2} = 70℃$。

查附录得知 40℃时水的汽化潜热 $r = 2401.1 \text{kJ/kg}$、水的饱和蒸气压 $p_S = 7.3766 \text{kPa}$；70℃时，$r = 2331.2 \text{kJ/kg}$、$p_S = 31.164 \text{kPa}$。

依式 $H_S = 0.622 \frac{p_S}{p - p_S}$ 求 $t_{w1} = 40℃$ 和 $t_{w2} = 70℃$ 时的 H_S

$$H_{S1} = 0.622 \times \frac{7.3766}{101.3 - 7.3766} = 0.0489 \text{kg 水/kg 干气}$$

$$H_{S2} = 0.622 \times \frac{31.164}{101.3 - 31.164} = 0.2764 \text{kg 水/kg 干气}$$

依式 $t_w = t - \frac{k_H r_w}{\alpha}(H_{S,w} - H)$ 求 t_{w1} 和 t_{w2} 时的 H_1 和 H_2

$$40 = 110 - \frac{2401.1}{1.09} \times (0.0489 - H_1)$$

$$H_1 = 0.017 \text{kg 水/kg 干气}$$

$$70 = 75 - \frac{2331.2}{1.09} \times (0.2764 - H_2)$$

$$H_2 = 0.274 \text{kg 水/kg 干气}$$

则 $W = L(H_2 - H_1) = 339 \times (0.274 - 0.017) = 87.1 \text{kg 水/h}$

得 $G_1 = 87.1 \times \frac{1 - 0.02}{0.30 - 0.02} = 305 \text{kg/h}$

9-6 在一连续干燥器中，每小时处理湿物料 1000kg，经干燥后物料的含水量由 10% 降到 2%（均为湿基）。湿空气的初温为 20℃，湿度为 0.008kg 水/kg 干气，离开干燥器时湿度为 0.05kg 水/kg 干气。假设干燥过程中无物料损失。试求：(1) 水分蒸发量；(2) 干空气消耗量、湿空气消耗量和单位空气消耗量；(3) 干燥产品量；(4) 如鼓风机装在新鲜空气进口处，风机的风量应为若干 m³/h？

解：（1）水分蒸发量
$$W = G_1 \frac{w_1 - w_2}{1 - w_2} = 1000 \times \frac{0.1 - 0.02}{1 - 0.02} = 81.6 \text{kg/h}$$

（2）空气消耗量
$$L = \frac{W}{H_2 - H_1} = \frac{81.6}{0.05 - 0.008} = 1943 \text{kg 干气/h}$$

原湿空气的消耗量为
$$L_0 = L(1+H_1) = 1943 \times (1+0.008) = 1959 \text{kg 湿空气/h}$$
单位空气消耗量为
$$l = \frac{1}{H_2 - H_1} = \frac{1}{0.05 - 0.008}$$
$$= 23.8 \text{kg 干气/kg 水}$$

（3）干燥产品量
$$G_2 = G_1 \frac{1-w_1}{1-w_2} = 1000 \times \frac{1-0.1}{1-0.02} = 918 \text{kg/h}$$
或
$$G_2 = G_1 - W = 1000 - 81.6 = 918 \text{kg/h}$$

（4）鼓风机风量
$$q_V = L v_H = (0.772 + 1.244 H_0) \frac{273 + t_0}{273}$$
$$= 1943 \times (0.772 + 1.244 \times 0.008) \times \frac{273+20}{273}$$
$$= 1631 \text{m}^3/\text{h} = 0.453 \text{m}^3/\text{s}$$

9-7 常压下以温度为20℃、相对湿度为60%的新鲜空气为介质干燥某种物料。空气在预热器中被加热到90℃后送入干燥器，离开时的温度为50℃、湿度为0.03kg 水/kg 干气。每小时有1000kg 温度为20℃、湿基含水量为5%的湿物料送入干燥器中，物料离开时温度升高到60℃，湿基含水量降到2%。湿物料的平均比热容为3.28kJ/(kg 干物料·℃)。忽略预热器热损失，干燥器热损失为1.0kW。试求：（1）水分蒸发量；（2）新鲜空气消耗量；（3）若风机装在预热器前新鲜空气入口处，求风机的风量；（4）预热器消耗的热量和预热器中加热蒸汽消耗量（设加热蒸汽的饱和温度为110℃）；（5）干燥系统消耗的总热量；（6）向干燥器补充的热量。

解：根据题意画出流程图如下所示

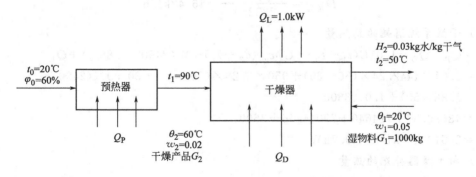

习题9-7 附图

（1）水分蒸发量
$$W = G_C(X_1 - X_2)$$
式中
$$X_1 = \frac{w_1}{1-w_1} = \frac{0.05}{1-0.05} = 0.0526$$
$$X_2 = \frac{w_2}{1-w_2} = \frac{0.02}{1-0.02} = 0.0204$$

$$G_C = G_1(1-w_1) = 100 \times (1-0.05) = 950 \text{kg 干物料/h}$$

得
$$W = 950 \times (0.0526-0.0204) = 30.59 \text{kg 水/h}$$

（2）新鲜空气消耗量

$$L = \frac{W}{H_2 - H_1}$$

式中 $H_1 = H_0$，查 20℃水的饱和蒸气压 $p_S = 2.3346$ kPa，

所以
$$H_0 = 0.622 \times \frac{0.6 \times 2.3346}{101.3 - 2.3346}$$
$$= 0.00879 \text{kg 水/kg 干气}$$

则
$$L = \frac{30.59}{0.03 - 0.00879} = 1442.24 \text{ 干气/h}$$

得
$$L_0 = L(1+H_0) = 1442.24 \times (1+0.00879) = 1454.92 \text{kg/h} = 1.45 \times 10^3 \text{kg/h}$$

（3）风机的风量

$$q_V = Lv_H = L(0.772 + 1.244H_0) \times \frac{273+t_0}{273}$$
$$= 1454.92 \times (0.772 + 1.244 \times 0.00879) \times \frac{273+20}{273}$$
$$= 1.22 \times 10^3 \text{ m}^3/\text{h}$$

（4）预热器中加热蒸汽消耗量

若忽略预热器的热损失
$$Q_P = L(I_1 - I_0) = L(1.01 + 1.88H_0)(t_1 - t_0)$$
$$= 1442.24 \times (1.01 + 1.88 \times 0.00879)(90-20)$$
$$= 1.306 \times 10^5 \text{kJ/h} = 28.78 \text{kW}$$

因为 $D_{蒸汽} r = Q_P$，查附录知 110℃时，饱和水蒸气的汽化热 $r = 2232.0$ kJ/kg

所以
$$D_{蒸汽} = \frac{1.036 \times 10^5}{2232.0} = 46.42 \text{kJ/h}$$

（5）干燥系统消耗的总热量

$$Q = Q_P + Q_D = 1.01L(t_2-t_0) + G_C c_m(\theta_2-\theta_1) + W(2490+1.88t_2) + Q_L$$
$$= 1.01 \times 1442.24 \times (50-20) + 950 \times 3.28 \times (60-20) + 30.59 \times (2490 + 1.88 \times 50) + 1.0 \times 3600$$
$$= 43699.87 + 124640 + 79044.56 + 3600$$
$$= 2.51 \times 10^5 \text{kJ/h} = 69.7 \text{kW}$$

（6）向干燥器补充的热量

已知 $Q = 69.7$ kW, $Q_P = 28.78$ kW

则
$$Q_D = Q - Q_P$$

得
$$Q_D = 69.7 - 28.78 = 40.92 \text{kW}$$

9-8 在常压干燥器中，将某物料从含水量 5% 干燥至 0.5%（均为湿基），干燥器的生产能力为 1.5kg 干物料/s，干燥产品的比热容为 1.9kJ/（kg 干物料·℃）。物料进、出干燥器的温度分别为 21℃和 66℃。热空气进入干燥器的温度为 127℃，湿度为 0.007kg 水/kg 干气，离开时温度为 62℃。若不计热损失，试确定干空气的消耗量及空气离开干燥器时的湿度。

解： 根据题意画出流程图如下所示

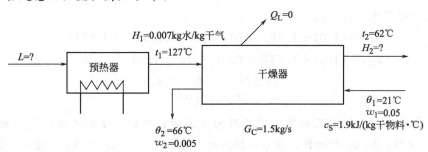

习题 9-8 附图

(1) 干空气消耗量

$$W = G_1 \frac{w_1 - w_2}{1 - w_2}$$

式中

$$G_1 = \frac{G_C}{1 - w_1} = \frac{1.5}{1 - 0.05} = 1.58 \text{kg/s}$$

得

$$W = G_1 \frac{w_1 - w_2}{1 - w_2} = 1.58 \times \frac{0.05 - 0.005}{1 - 0.005} = 0.0715 \text{kg/s}$$

因忽略热损失，所以热空气在干燥器内放出的热量，则用于汽化湿物料中的水分和产品升温，即

$$L(1.01 + 1.88H_1)(t_1 - t_2) = W(1.88t_2 + 2490 - 4.19\theta_1) + G_C c_S(\theta_2 - \theta_1)$$

$$L(1.01 + 1.88 \times 0.007)(127 - 62) = 0.0715 \times (1.88 \times 62 + 2490 - 4.19 \times 21) +$$
$$1.5 \times 1.9 \times (66 - 21)$$

$$66.5L = 180.08 + 128.25$$

$$L = 4.64 \text{kg 干气/s}$$

(2) 空气离开干燥器时的湿度

$$L = \frac{W}{H_2 - H_1}$$

得

$$H_2 = \frac{W}{L} + H_1 = \frac{0.0715}{4.64} + 0.007 = 0.0224 \text{kg 水/kg 干气}$$

9-9 常压下，空气在温度为 20℃、湿度为 0.01kg 水/kg 干气状态下，预热到 120℃ 后进入理论干燥器，废气出口的湿度为 0.03kg 水/kg 干气。物料的含水量由 3.7% 干燥至 0.5%（均为湿基）。干空气的流量为 8000kg 干空气/h。试求：(1) 每小时加入干燥器的湿物料量；(2) 废气出口的温度。

解： (1) 每小时加入干燥器的湿物料量

$$W = L(H_2 - H_1) = 8000 \times (0.03 - 0.01) = 160 \text{kg 水/h}$$

因为

$$G_C = G_1(1 - w_1) = G_2(1 - w_2)$$

又

$$G_1 - G_2 = W$$

$$G_1(1 - w_1) = (G_1 - W)(1 - w_2)$$

则

$$W = G_1 \frac{w_1 - w_2}{1 - w_2} \quad \text{或} \quad G_1 = W \frac{1 - w_2}{w_1 - w_2}$$

故

$$G_1 = 160 \times \frac{1 - 0.005}{0.037 - 0.005} = 4975 \text{kg 湿物料/h}$$

(2) 废气出口的温度

在理论干燥器中，$I_1 = I_2$

$$I_{H_1} = (1.01 + 1.88 \times 0.01) \times 120 + 2490 \times 0.01 = 148.37$$

$$I_{H_2} = (1.01 + 1.88 \times 0.03)t_2 + 2490 \times 0.03 = 1.066t_2 + 74.7$$

则

$$148.37 = 1.066t_2 + 74.7$$

得

$$t_2 = 69.1℃$$

9-10 常压下，已知25℃时氧化锌物料的气固两相水分的平衡关系，其中当$\varphi = 100\%$时，$X^* = 0.02$kg 水/kg 干物料，当$\varphi = 40\%$时，$X^* = 0.007$kg 水/kg 干物料。设氧化锌的含水量为0.25kg 水/kg 干物料，若与$t = 25℃$，$\varphi = 40\%$的恒定空气条件长时间充分接触。试问该物料的平衡含水量和自由含水量，结合水分和非结合水分的含量各为多少？

解：该物料的平衡含水量$X^* = 0.007$kg 水/kg 干物料，自由含水量 = $0.25 - 0.007 = 0.243$kg 水/kg 干物料，非结合水含量 = $0.25 - 0.02 = 0.23$kg 水/kg 干物料，结合水含量为0.02kg 水/kg 干物料。

9-11 将200kg 湿物料在恒定干燥条件下的间歇式干燥器内，由27%干燥到5%（均为湿基）。已测得干燥条件下降速阶段的干燥速率曲线为直线，物料的临界含水量为0.20kg 水/kg 干物料，平衡含水量为0.05kg 水/kg 干物料，等速阶段的干燥速率为1.5 kg 水/(m²·h)，干燥表面积为0.025m²/kg 干物料。试确定干燥所需时间。

解：(1) 恒速阶段的干燥时间

$$\tau_1 = \frac{G'_C}{U_C A}(X_1 - X_C)$$

式中 $G'_C = 200 \times (1 - 0.27) = 146$kg　　$A = 0.025 \times 146 = 3.65$m²/kg 干物料

$U_C = 1.5$kg 水/(m²·h)　　$X_C = 0.20$kg 水/kg 干物料

$$X_1 = \frac{w_1}{1 - w_1} = \frac{0.27}{1 - 0.27} = 0.3698 \text{kg 水/kg 干物料}$$

得

$$\tau_1 = \frac{146}{1.5 \times 3.65} \times (0.3698 - 0.2) = 4.53\text{h}$$

(2) 降速阶段的干燥时间

$$\tau_2 = \frac{G'_C(X_C - X^*)}{U_C A} \ln \frac{X_C - X^*}{X_2 - X^*}$$

式中 $X_2 = \frac{w_2}{1 - w_2} = \frac{0.05}{1 - 0.05} = 0.0526$kg 水/kg 干物料

$X^* = 0.05$kg 水/kg 干物料

得

$$\tau_2 = \frac{146 \times (0.2 - 0.05)}{3.65 \times 1.5} \ln \frac{0.2 - 0.05}{0.0526 - 0.05} = 4 \times 4.055 = 16.22\text{h}$$

因此，该批物料在间歇干燥器内所需干燥时间为

$$\tau = \tau_1 + \tau_2 = 4.53 + 16.22 = 20.75\text{h}$$

9-12 某湿物料经过5.6h 恒定条件下干燥后，含水量由0.40kg 水/kg 干物料降至0.08kg 水/kg 干物料，物料的临界含水量为0.15kg 水/kg 干物料，平衡含水量为0.04kg 水/kg 干物料。假设在降速阶段中干燥速率曲线为直线。若在相同条件下，要求将物料含水量由0.40kg 水/kg 干物料干燥至0.05kg 水/kg 干物料，试求干燥时间。

解：本题所求干燥时间为在相同条件下，恒速与降速两个干燥阶段的干燥时间。

求 $\dfrac{G'_C}{U_C A}$ 即

$$\tau_1 + \tau_2 = \frac{G'_C}{U_C A}\left[(X_1 - X_C) + (X_C - X^*)\ln\frac{X_C - X^*}{X_2 - X^*}\right]$$

式中 $\tau_1 + \tau_2 = 5.6$，$X_1 = 0.40$，$X_C = 0.15$，$X_2 = 0.08$，$X^* = 0.04$

则

$$5.6 = \frac{G'_C}{U_C A} = \left[(0.4 - 0.15) + (0.15 - 0.04)\ln\frac{0.15 - 0.04}{0.08 - 0.04}\right]$$

$$\frac{G'_C}{U_C A} = \frac{5.6}{0.361} = 15.51$$

再求题目所求的干燥时间，即

$$\tau_1 + \tau_2 = \frac{G'_C}{U_C A}\left[(X_1 - X_C) + (X_C - X^*)\ln\frac{X_C - X^*}{X_2 - X^*}\right]$$

式中 $\dfrac{G'_C}{U_C A} = 15.51$，$X_1 = 0.40$，$X_C = 0.15$，$X^* = 0.04$，$X_2 = 0.05$

得

$$\tau_1 + \tau_2 = 15.51\left[(0.40 - 0.15) + (0.15 - 0.04)\ln\frac{0.15 - 0.04}{0.05 - 0.04}\right]$$

$$= 15.51 \times 0.5138 = 7.97\,\text{h}$$

第十章 结 晶

学 习 要 求

一、掌握的内容

1. 结晶操作的基本概念、基本原理；
2. 影响结晶操作的主要因素。

二、了解的内容

1. 常用的结晶方法及结晶器的基本结构和操作原理；
2. 结晶过程的物料衡算和热量衡算。

学 习 要 点

结晶：是固体物质以晶体状态从蒸气、溶液或熔融物中析出的过程。
结晶的主要应用：分离和提纯。

第一节 结晶过程的理论基础

一、基本概念

（1）晶体　是内部结构的质点元素（原子、离子或分子）作三维有序规则排列的固体物质，具有规则的几何外形。晶体中每一宏观质点的物理性质和化学组成都相同。
（2）晶浆　结晶出来的晶体和剩余的溶液所构成的混合物。
（3）母液　从晶浆中分离出晶体后剩余的溶液。

二、结晶过程的相平衡

1. *溶解度和溶解度曲线*
（1）溶解度
① 概念　一定条件下，溶解达平衡时的溶液称为饱和溶液，饱和溶液中溶质的浓度称为此条件下该溶质的溶解度。
② 常用的表示方法　溶质在溶液中的质量分数；kg 溶质/100kg 溶剂；mol 溶质/kg 溶剂等。
③ 影响因素　一定固体物质在一定溶剂中的溶解度主要受温度变化的影响，而受压强变化的影响很小，常可忽略不计。
（2）溶解度曲线　表示溶解度随温度变化关系的曲线。溶解度曲线有三种类型：
第一类是曲线比较陡，表明这些物质的溶解度随温度升高而明显增大；

第二类是溶解度曲线比较平坦，表明物质的溶解度受温度的影响并不显著；

第三类是溶解度曲线有折点，表明物质的组成随温度的变化有所改变。

溶解度曲线对结晶操作的指导意义：

① 选择结晶方法；

② 计算结晶过程的理论产量。

2.过溶解度曲线与介稳区

（1）过饱和溶液与过饱和度

① 过饱和溶液　在一定条件下，溶液中所含溶质的量超过该溶质的溶解度时，称为过饱和溶液。

实际生产中的结晶操作，都是利用过饱和溶液来制取晶体。将饱和溶液谨慎、缓慢地冷却，并防止掉进固体颗粒，可制得过饱和溶液。

② 过饱和度　溶液过饱和的程度称为过饱和度。过饱和度是结晶的推动力。过饱和度常用以下两种方法表述。

用浓度差表示 $$\Delta C = C - C^* \tag{10-1}$$

用温度差表示 $$\Delta t = t^* - t \tag{10-2}$$

（2）过溶解度曲线与介稳区

① 过溶解度曲线　表示能自发地析出结晶的过饱和溶液的浓度与温度的关系曲线称为过溶解度曲线。它与溶解度曲线大致平行，其位置受多种因素影响。

② 浓度-温度图的三个区域　溶解度曲线以下为稳定区，在此区内溶液未达饱和，没有晶体析出的可能；两曲线之间为介稳区，此区虽为饱和溶液，但不会自发地析出晶体，若加入晶种，能促使溶液析出晶体，通常结晶操作都在介稳区内进行；过溶解度曲线以上为不稳区，溶液处在此区内，能自发地产生晶核。

三、结晶过程

结晶过程包括晶核的形成和晶体的成长两个阶段。即首先是产生晶核作为结晶的核心；其次是晶核长大成为宏观的晶粒。

1.晶核的形成

晶核形成的两种方式：初级成核和二次成核。初级成核又分为均相初级成核和非均相初级成核。一般工业上主要采用二次成核，即在处于介稳区内的澄清过饱和溶液中，加入一定数量的晶种来诱发晶核的形成，制止自发成核。

2.晶体的成长

晶体的成长包括两个步骤：首先是溶液中的过剩溶质从液体主体向晶体表面扩散，属扩散过程。其次是到达晶体表面的溶质分子或离子按一定排列方式嵌入晶体格子中，使晶体长大，同时放出结晶热，称为表面反应过程。

第二节　影响结晶操作的因素

影响晶核形成速率和晶体成长速率的因素就是影响结晶操作的因素，主要有以下几点。

一、过饱和度的影响

过饱和度增加，晶核形成速率和晶体成长速率增大。但过饱和度过大，使溶液进入不稳区会产生大量的晶核,不利于晶体成长。所以过饱和度不能过大,应使操作控制在介稳区内。适宜的过饱和度一般由实验测定。

二、冷却（蒸发）速度的影响

快速冷却或蒸发将使溶液很快达到饱和状态,甚至直接穿过介稳区,到达不稳区,而得到大量细小的晶体。反之,如果缓慢冷却或蒸发,使结晶在介稳区内进行,可得到颗粒较大的晶体。

三、晶种的影响

晶种的作用主要是用来控制晶核的数量,以得到颗粒大而均匀的结晶产品。加晶种时,应在溶液进入介稳区适当温度时加入。

四、搅拌的影响

适当搅拌有利于传质、传热,可防止溶液局部浓度不均,避免在器壁上形成晶垢,防止晶体粘连形成晶簇,保证产品质量。但搅拌时要注意选择适宜型式的搅拌器及控制适宜的搅拌转速。搅拌转速太快,会使晶体的机械破损加剧,使晶核数量增加,影响产品质量。

除以上影响因素外,还有一些其他因素,如杂质的存在、操作温度等。

一般来说,要想得到颗粒较大而均匀的晶体,可从以下几方面着手:采用较小的过饱和度;缓慢地冷却和蒸发;控制晶核的数量;使晶种或晶核均匀散布在溶液中;延长小晶体在结晶器内的时间和及时分离出已成长好的晶体;搅拌适度,尽量减少晶体的机械破损等。

第三节 结晶方法和结晶器

一、结晶方法

1. 冷却法

冷却法也称降温法,它是通过冷却降温使溶液达到过饱和的方法。这种方法适用于溶解度随温度的降低而显著下降的物质,是一种既经济又有效的方法。冷却方式有自然冷却、间壁冷却和直接接触冷却。

(1) 自然冷却 是使溶液在大气中冷却而结晶。其设备与操作均较简单,但冷却缓慢,生产能力低。

(2) 间壁冷却 原理和设备如同换热器,多用水作冷却剂,也可用其他冷却剂（如冷冻盐水）。这种方式耗能少,应用较广泛,但传热速率较低,冷却壁面上常形成晶垢,影响冷却效果。

(3) 直接冷却 是将冷却剂直接与溶液接触,传热效率高,没有结疤问题,但设备体积庞大。

2. 蒸发法

蒸发法是使溶液加热蒸发而浓缩达到过饱和。适用于当温度变化时溶解度变化不大的物质。这种方法耗能较多,也存在着加热面易结垢的问题。为了节省热能,常采用多效蒸发。

3. 真空结晶法

这种方法是使溶液在真空状态下绝热蒸发,除去一部分溶剂,这部分溶剂又以汽化热的形式带走一部分热量，而使溶液温度降低达到过饱和。这种方法实质上是将冷却和蒸发两种方法结合起来同时进行的。此法适用于随温度的升高溶解度以中等速度增大的物质。这种方法的优点是：所用主体设备较简单，操作稳定，器内无换热面，因而不存在结垢、结疤问题；其设备易于防腐，劳动条件好，生产率高，大规模生产中应用较多。

4. 盐析法

盐析法是指向溶液中加入某种物质以降低原溶质在溶剂中的溶解度，使溶液达到过饱和状态的方法。这种方法工艺简单，操作方便，尤其适用于热敏性物料的结晶。

5. 喷雾结晶法

喷雾结晶也称喷雾干燥，是把高度浓缩后的悬浮液或膏状物料从喷雾器中喷出，使其成为细雾滴，与此同时，在设备内通以热风使其中的溶剂迅速蒸发，从而得到粉末状或粒状产品。这一过程实际上是把蒸发、结晶、干燥、分离等操作融为一体。这种方法生产周期短，特别适用于热敏性物料。

6. 升华结晶

固体物质不经过液态而直接变为气态的现象称为升华。将升华后的气态冷凝，便获得升华结晶的固体产品。

7. 反应结晶法

有些气体与液体或液体与液体之间进行化学反应，产生固体沉淀。这种情况实际上是反应过程与结晶过程结合进行，称为反应结晶法。

二、结晶器

分类：

（1）按操作方式分　间歇式和连续式；

（2）按结晶方法分　冷却型结晶器、蒸发型结晶器、真空蒸发冷却结晶器、盐析结晶器和其他类型结晶器。

1. 冷却型结晶器

桶管式结晶器、夹套螺旋带式搅拌结晶器、循环冷却结晶器的基本结构，操作原理，适用场合，优缺点。

2. 蒸发型结晶器、真空蒸发冷却结晶器、盐析结晶器

基本结构、操作原理、优缺点。

第四节　结晶过程的计算

一、物料量衡算

对总量进行物料衡算，得

$$F=E+M+W \tag{10-3}$$

对溶质进行物料衡算，得

$$Fw_F=Ew_E+Mw_M \tag{10-4}$$

联立上两式得

$$E = \frac{F(w_F - w_M) + W w_M}{w_E - w_M} \tag{10-5}$$

对不同的结晶过程，应用式(10-5)时，具体情况各有不同。

(1) 对于不移出溶剂的冷却结晶，$W=0$，则

$$E = \frac{F(w_F - w_M)}{w_E - w_M} \tag{10-6}$$

(2) 对于移出部分溶剂的结晶，又可分为：

① 蒸发结晶　在蒸发器中，如移出的溶剂量 W 被预先规定，则可根据式(10-5)求得结晶产量 E；反之，若已知结晶产量 E，则可求得溶剂蒸发量 W。

② 真空结晶　需将式(10-5)与结晶过程中的热量衡算相结合，才能求得 W 和 E。

二、热量衡算

1. 输入结晶器的热量

(1) 随原料带入的热量 Q_1

$$Q_1 = F c_F t_1 \tag{10-7}$$

(2) 结晶热 Q_2

$$Q_2 = E Q_C \tag{10-8}$$

(3) 由加热而传给溶液的热量 Q_3　其值可由一般方法计算。

2. 输出结晶器的热量

(1) 随母液带出的热量 Q_4

$$Q_4 = M c_M t_2 \tag{10-9}$$

(2) 随晶体带出的热量 Q_5

$$Q_5 = E c_E t_2 \tag{10-10}$$

(3) 随溶剂蒸气带出的热量 Q_6

$$Q_6 = W i \tag{10-11}$$

(4) 由冷却剂带走的热量 Q_7

$$Q_7 = W_{冷} c_{冷} (t_{出} - t_{进}) \tag{10-12}$$

(5) 结晶器向周围环境损失的热量 Q_8　此项热量可由传热章中的热损失公式计算，或按经验予以估算。

3. 热量衡算式

$$Q_1 + Q_2 + Q_3 = Q_4 + Q_5 + Q_6 + Q_7 + Q_8 \tag{10-13}$$

对于各种不同情况，式(10-13)可作如下简化：

① 蒸发结晶时，不用冷却剂，$Q_7 = 0$；

② 不移除溶剂的冷却结晶，$Q_3 = 0$，$Q_6 = 0$，因为用冷却方法操作，热损失很小可以忽略不计，故 $Q_8 = 0$；

③ 真空蒸发结晶时，$Q_3 = 0$，$Q_7 = 0$，因为是绝热过程，所以 $Q_8 = 0$。

例题与解题分析

【例 10-1】 下例叙述正确的是（　　）

A. 溶液一旦达到过饱和，就能自发地析出晶体。

B. 过饱和溶液可通过冷却饱和溶液来制备。

C. 对一定的溶质和溶剂，其超溶解度曲线只有一条。

分析：溶液一旦达到过饱和，还不能自发地析出晶体，当溶液浓度超过介稳区后才能自发析出晶体。

过饱和溶液的浓度大于饱和溶液的浓度。饱和溶液中，固液两相处于平衡状态，不能通过加溶质使其浓度增大。对溶解度随温度下降而减少的物系，可通过冷却其饱和溶液的方法来制备过饱和溶液。

对给定物系只有一条明确的溶解度曲线，但过溶解度曲线却受到多种因素的影响，如有无搅拌、搅拌强度的大小、有无晶种、晶种的大小及多少、冷却速度快慢等，改变这些条件，超溶解度曲线的位置也会随之改变。

答：上面所提几项正确的是 B。

【**例 10-2**】 在结晶操作中，下列措施中有利于得到晶体颗粒大而少的产品是（ ）

A. 增大过饱和度　　B. 迅速降温

C. 强烈地搅拌　　　D. 加少量晶种

分析：结晶颗粒的大小实质上由晶核形成速率和晶体成长速率所决定。晶核形成速率小于晶体成长速率，得到晶体颗粒大而少。反之得到的晶体颗粒小而多。

晶核形成速率和晶体成长速率均随过饱和度的增加而增大，但过饱和度增大，对成核速率的影响大于晶体生长的速率。迅速冷却，溶液很快达到饱和，并穿过介稳区到达不稳区时，即自发地产生大量晶核，开始结晶过程，使溶液浓度降低，对晶体成长不利。温度降低，溶质质点的扩散速率下降，对晶体的生长也不利。强烈的搅拌，会使介稳区缩小，容易超越介稳区而产生大量细晶，同时大颗粒晶体会摩擦、撞击而破碎。

若加入少量晶种后，溶液中溶质质点便会在晶种的各晶面上排列，使晶体生长速率加快。

答：(D) 加入少量晶种，有利于得到晶体大而少的产品。

习 题 解 答

10-1　今有一种 KCl 的水溶液，已知在 100kg 水中溶有 30kg 的 KCl，试分别以 kg 无水盐/kg 溶液和 mol 无水盐/kg 水表示溶液的浓度。

解：(1) 以溶质在溶液中的质量分数表示

$$溶液的浓度 = \frac{30}{100+30} = 0.231 \text{kgKCl/kg 溶液}$$

(2) 以溶质量 mol 在 kg 溶剂中的量表示

$$溶液的浓度 = \frac{\frac{30}{74} \times 1000}{100} = 4.05 \text{molKCl/kg 水}$$

10-2　将浓度为 30% 的 Na_2CO_3 水溶液 4000kg，缓慢冷却到 15℃ 而结晶，生成的晶体为 $Na_2CO_3 \cdot 10H_2O$，母液浓度为 14.5%（以上均为质量分数）。结晶过程中汽化的水分量为原料液量的 2%，求结晶产量。

解：
$$E = \frac{F(w_F - w_M) + W w_M}{w_E - w_M}$$

式中 $F = 4000$kg $w_F = 0.30$ $w_M = 0.145$ $W = 4000 \times 0.02 = 80$kg

$$w_E = \frac{Na_2CO_3}{Na_2CO_3 \cdot 10H_2O} = \frac{106}{286} = 0.371$$

得结晶产量为

$$E = \frac{4000 \times (0.3 - 0.145) + 80 \times 0.145}{0.371 - 0.145} = 2.79 \times 10^3 \text{kg}$$

10-3 在一连续操作真空蒸发结晶器中，每日所生产 $MgSO_4 \cdot 7H_2O$ 的晶体 20000kg，溶液在结晶器中汽化的水分量为原料液量的 10%，已知原料液的浓度为 35%，母液的浓度为 25%（以上均为质量分数），试求每日对结晶器的供料量。

解：
$$E = \frac{F(w_F - w_M) + Ww_M}{w_E - w_M}$$

式中 $E = 20000$kg $w_F = 0.35$ $w_M = 0.25$ $W = 0.1F$

$$w_E = \frac{MgSO_4}{MgSO_4 \cdot 7H_2O} = \frac{120}{246} = 0.488$$

所以 $$20000 = \frac{F(0.35 - 0.25) + 0.1F \times 0.25}{0.488 - 0.25} = \frac{0.125F}{0.238}$$

解得 $F = 3.81 \times 10^4$kg

10-4 将 5000kg/h 的硫酸铵饱和水溶液，自 80℃ 冷却到 40℃ 而结晶，结晶产品为 $(NH_4)_2SO_4$。已知 $(NH_4)_2SO_4$ 固体的比热容为 1.64kJ/(kg·℃)，结晶热为 87.23kJ/kg，80℃ 时的溶解度为 95.3g/100g 水，40℃ 时的溶解度为 81.0g/100g 水。若在结晶过程中汽化的水分量与结晶器的热损失忽略不计，试求：（1）结晶产品量；（2）冷却剂带走的热量；（3）若结晶过程在连续式敞口搅拌结晶器内进行，冷却水进夹套的温度为 15℃，出口温度为 25℃，求冷却水消耗量。

解：（1）结晶产品量

$$E = \frac{F(w_F - w_M) + Ww_M}{w_E - w_M}$$

式中 80℃ 时 $(NH_4)_2SO_4$ 溶解度为 95.3g/100g 水 $w_F = \frac{95.3}{100 + 95.3} = 0.488$

40℃ 时 $(NH_4)_2SO_4$ 溶解度为 81.0g/100g 水 $w_M = \frac{81.0}{100 + 81.0} = 0.448$

$F = 5000$kg/h $w_E = 1$（本过程不形成结晶水合物） $W = 0$

得结晶产品量 $$E = \frac{5000 \times (0.488 - 0.448) + 0}{1 - 0.448} = 362 \text{kg/h}$$

（2）冷却剂带走的热量

依热量衡算式 $Q_1 + Q_2 + Q_3 = Q_4 + Q_5 + Q_6 + Q_7 + Q_8$

式中 $Q_1 = Fc_F t_1$ [依式(5-7) $c_F = c_B w_F + c_w(1 - w_F)$]
$= 5000 \times [1.64 \times 0.488 + 4.187 \times (1 - 0.488)] \times 80$
$= 5000 \times 2.94 \times 80$
$= 1176000$ kJ/h

$Q_2 = EQ_C = 362 \times 87.23 = 31577$ kJ/h

$Q_3 = 0$（因为结晶过程是降温冷却）

$$Q_4 = Mc_M t_2 = (F-E-W)[1.64 \times 0.448 + 4.187 \times (1-0.448)] \times 40$$
$$= (5000-362-0) \times 3.05 \times 40$$
$$= 565836 \text{kJ/h}$$

$Q_5 = Ec_E t_2 = 362 \times 1.64 \times 40 = 23747 \text{kJ/h}$

$Q_6 = 0$(结晶过程中汽化水分量忽略不计)

$Q_8 = 0$(结晶器向周围环境损失热量忽略不计)

得冷却剂带走的热量 Q_7

$$Q_7 = Q_1 + Q_2 - Q_4 - Q_5 = 1176000 + 31577 - 565836 - 23747$$
$$= 6.18 \times 10^5 \text{kJ/h}$$

(3) 冷却水消耗量

由 $$Q_7 = q_{m水} c_水 (t_出 - t_进)$$

得 $$q_{m水} = \frac{Q_7}{c_水 (t_出 - t_进)}$$

查得 $t_m = (15+25)/2 = 20℃$ 时 $c_水 = 4.183 \text{kJ/(kg·℃)}$

所以冷却水消耗量为

$$q_{m水} = \frac{6.18 \times 10^5}{4.183 \times (25-15)} = 1.48 \times 10^4 \text{kg/h}$$

参 考 文 献

[1] 陈守约. 化工原理例题分析与练习. 北京：化学工业出版社，1994
[2] 朱强. 化工单元过程及操作例题与习题. 北京：化学工业出版社，2005
[3] 柴诚敬，王军，陈常贵，郭翠梨. 化工原理课程学习指导. 第2版. 天津：天津大学出版社，2005
[4] 杨富云，孙怀东. 化工原理辅导及习题全解. 天大修订版. 北京：人民日报出版社，2005
[5] 余立新，戴猷元. 化工原理习题解析（上、下册）. 北京：清华大学出版社，2005（上册），2004（下册）
[6] 何潮洪. 化工原理习题精解（上、下册）. 北京：科学出版社，2003
[7] 阮奇，叶长燊，黄诗煌. 化工原理优化设计与解题指南. 北京：化学工业出版社，2001
[8] 姚玉英，陈常贵，柴诚敬. 化工原理学习指南——问题与习题解析. 天津：天津大学出版社，2003